全国高等职业教育计算机类规划教材·实例与实训教程系列

Flash 动画实例教程

李冬芸　主编
史美艳　王一如　秦　菊　陈　彦　副主编

电子工业出版社
Publishing House of Electronics Industry
北京·BEIJING

内 容 简 介

本书主要讲解 Flash CS3 在动画制作中的应用，使初学者全面认识软件功能，进而掌握 Flash 动画制作的方法与技巧，从入门升至提高。全书分为三部分共 12 章，第一部分为动画入门（第 1～5 章），主要介绍 Flash CS3 的基础知识、绘画技巧、图形处理、文字特效和多媒体素材的应用。第二部分为动画制作（第 6～11 章），主要介绍时间轴动画、图层动画、时间轴特效动画、交互式动画的制作技巧，以及影片的优化与发布。第三部分为 Flash 动画技术的领域应用（第 12 章），介绍多媒体教学课件制作、网络广告制作、MV 创作、Flash 个人网站制作、幽默动画短片创作、Flash 手机游戏制作的创作规范、创意与构思、设计与实现。

本书采用"案例驱动式"的编写方式，以实际案例引出知识点，进而以小型实例逐一展开知识讲解，最后再以综合实例进一步巩固和拓展知识。本书内容全面，讲解细致，步骤翔实，实用性强，特别适合高职院校相关专业教材及 Flash 初学者和爱好者。

未经许可，不得以任何方式复制或抄袭本书之部分或全部内容。
版权所有，侵权必究。

图书在版编目（CIP）数据

Flash 动画实例教程 / 李冬芸主编．—北京：电子工业出版社，2010.8
全国高等职业教育计算机类规划教材·实例与实训教程系列
ISBN 978-7-121-11466-3

Ⅰ.①F… Ⅱ.①李… Ⅲ.①动画－设计－图形软件，Flash－高等学校：技术学校－教材 Ⅳ.①TP391.41

中国版本图书馆 CIP 数据核字（2010）第 146016 号

策划编辑：左　雅
责任编辑：陈　虹
印　　刷：北京京师印务有限公司
装　　订：北京京师印务有限公司
出版发行：电子工业出版社
　　　　　北京市海淀区万寿路 173 信箱　邮编　100036
开　　本：787×1 092　1/16　印张：21.25　字数：544 千字
版　　次：2010 年 8 月第 1 版
印　　次：2014 年 6 月第 4 次印刷
印　　数：2 000 册　定价：39.00 元

凡所购买电子工业出版社图书有缺损问题，请向购买书店调换。若书店售缺，请与本社发行部联系，联系及邮购电话：(010) 88254888。

质量投诉请发邮件至 zlts@phei.com.cn，盗版侵权举报请发邮件至 dbqq@phei.com.cn。
服务热线：(010) 88258888。

前　　言

　　Flash 是一款交互式矢量多媒体制作软件，支持动画、声音、视频，具有强大的多媒体编辑功能。Flash CS3 Professional 作为 Adobe CS3 系统组件中的一个产品，对用户界面进行了更新，与其他 CS3 系列产品保持了界面的一致性；增强了图形编辑、视频编辑功能；增加了滤镜功能，Photoshop 文件导入功能；将脚本语言更新为 ActionScript 3.0；还提供了一种模拟移动设备上对创建作品进行测试的 Adobe Device Central，从而可以看出 Flash 进军手机市场的决心。

　　本书以"职业技能培养为主，知识与能力并重"为指导思想，充分考虑了高职教育教学改革的方向和高职学生的学习特点，以作者多年的教学经验与实际工作积累为基点，积极与企业合作，从实用角度引入示教案例、拓展案例、实训案例，以及企业应用级综合案例，全面讲解 Flash CS3 的设计方法和应用技巧，包含了大量开发经验和设计理念。

　　本书在内容编排和知识讲解上具有以下特点：

　　（1）集 Flash 知识与应用技能于一体，既学知识，又练技术。本书总结了 Flash 最常用的知识点，将其整合在大量具有指导性的具体实例中，具有很强的实用性、操作性和针对性。通过 6 个企业级应用案例，对 Flash 在不同领域的应用进行了总结和介绍，将教学与实际工作紧密结合，真正做到学以致用。

　　（2）真实的任务驱动教学。首先以真实案例引出典型知识点，接着通过"效果描述"、"技术要点"、"操作步骤"和"小结一下"等方式逐一分析效果特点、技术应用特点、操作实现步骤和开发经验，并列出实例中的知识点、重点、难点及制作思路，在学生头脑中产生直观、深刻的印象，使学生带着问题和明确的目标去学习，利于增强学习兴趣和学习效果。在每章的最后提供一到两个综合性实训案例，进行"效果描述"、"技术要点"分析，以及简单的"操作步骤"提示，要求学生独立完成，巩固所学知识，充分体现"做中学，学以致用"的教学理念。

　　（3）知识延伸，利于分层次教学。每章的最后一节为"知识进阶"，或在知识难度、广度上进行延伸和突破，使学习能力较强的学生增加知识储备，提高技能；或引入两三个综合案例，融会贯通该阶段知识点，提高学生的综合应用能力。

　　（4）校企合作，突出学生职业素养。与齐鲁银行对外宣传部合作，引入了多个企业应用级案例，分别对应 6 个不同的应用领域。通过分析行业规范和应用领域的需求特点，总结作品的创意和构思规律、引导创作思路，突出作者的经验介绍，化解复杂、抽象的理论陈述，以提高学生的职业素养和创新意识。该综合实例部分也可作为集中实训教学的课题。

　　本书的知识编排主要包含三部分：

　　第一部分，Flash 动画入门。其中，第 1 章简要介绍 Flash CS3 Pro 的基本功能、特点和创作流程；第 2 章通过实例介绍绘制图形的技巧；第 3 章通过实例介绍艺术字技巧，对文字应用滤镜效果；第 4 章通过实例介绍图形对象的处理；第 5 章通过实例介绍声音、图像和视频素材的应用。

第二部分，Flash 动画制作。其中，第 6 章通过实例介绍时间轴动画制作，包括逐帧动画、运动补间动画和形状补间动画；第 7 章通过实例介绍元件的制作，元件和元件库的应用技巧；第 8 章通过实例介绍图层效果动画制作，包括引导层动画、遮罩层动画、多场景动画；第 9 章通过实例介绍交互式动画的制作，包括应用 ActionScript 创建交互式动画，应用 Flash CS3 的内置行为实现动画的交互；第 10 章通过实例介绍应用模板与组件提高创作水平；第 11 章介绍影片优化与发布技术。

第三部分，Flash 动画的领域应用实例。通过 6 个企业应用级实例，介绍 Flash 动画技术在多媒体教学、网络广告、音乐动画、网站建设、故事短片、手机游戏等领域中的应用规律、创作思路和设计实现。

本书中提到的实例及素材请在华信教育资源网（www.hxedu.com.cn）下载。

本书由山东电子职业技术学院李冬芸、史美艳、王一如、秦菊和来自齐鲁银行对外宣传部的 Flash 工程师陈彦共同编著。感谢电子工业出版社相关编辑的大力支持和帮助，同时感谢您选择了本书，希望本书能为您学习 Flash 技术提供有力的帮助。

由于多媒体技术和 Flash 动画技术日新月异，限于编者水平有限，书中错误和不妥之处在所难免，敬请广大读者批评指正。E-mial：lidongyun@sdcet.cn。

编　者

目　　录

第一部分　Flash 动画入门

第 1 章　Flash 动画基础——了解 Flash 动画的创建流程 … 3
- 1.1　Flash 动画基础 … 3
  - 1.1.1　动画基础 … 3
  - 1.1.2　Flash 动画的特点 … 6
  - 1.1.3　Flash 动画的应用领域 … 7
  - 1.1.4　Flash 动画的创作 … 9
- 1.2　Flash 动画入门 … 9
  - 1.2.1　安装中文版 Adobe Flash CS3 Professional … 9
  - 1.2.2　Adobe Flash CS3 Professional 的新增功能 … 12
  - 1.2.3　Adobe Flash CS3 Professional 工作界面 … 13
  - 1.2.4　Adobe Flash CS3 Professional 功能面板 … 16
- 1.3　Flash 动画的创建流程 … 20
  - 1.3.1　芝麻开门——创建一个简单 Flash 动画 … 20
  - 1.3.2　创建文档 … 22
  - 1.3.3　设置文档属性 … 22
  - 1.3.4　保存文档 … 23
  - 1.3.5　导出影片 … 24
  - 1.3.6　使用辅助工具 … 25
- 1.4　知识进阶——使用帮助面板 … 27
- 1.5　实训及指导 … 28

第 2 章　画出漂亮的矢量图形——应用 Flash 绘图工具 … 30
- 2.1　位图图像与矢量图形 … 30
- 2.2　线条工具与矩形工具 … 32
  - 2.2.1　芝麻开门——绘制房子 … 32
  - 2.2.2　线条的属性 … 36
  - 2.2.3　线条的变形 … 39
  - 2.2.4　矩形的变形 … 40
- 2.3　颜料桶工具与滴管工具 … 41
  - 2.3.1　芝麻开门——填充房子 … 41
  - 2.3.2　填充的类型 … 44
  - 2.3.3　填充效果的实现 … 46
  - 2.3.4　填充效果的变形 … 47
  - 2.3.5　复制笔触与填充 … 49
- 2.4　刷子工具与橡皮擦工具 … 49

- 2.4.1 芝麻开门——房前的小路 ················ 50
- 2.4.2 刷子的模式 ················ 51
- 2.4.3 橡皮擦的模式 ················ 52
- 2.4.4 墨水瓶工具 ················ 53
- 2.5 椭圆工具与多角星形工具 ················ 53
  - 2.5.1 芝麻开门——草原上的小熊 ················ 53
  - 2.5.2 基本椭圆与多角星形 ················ 57
  - 2.5.3 填充图形的变形 ················ 59
- 2.6 铅笔工具与钢笔工具 ················ 61
  - 2.6.1 芝麻开门——可爱的卡通狗 ················ 61
  - 2.6.2 铅笔工具 ················ 64
  - 2.6.3 关于路径 ················ 66
  - 2.6.4 钢笔工具及部分选取工具 ················ 66
- 2.7 知识进阶——绘图工具的综合应用 ················ 71
  - 2.7.1 动画场景造型设计——星空小屋 ················ 71
  - 2.7.2 动画角色造型设计——花之伞 ················ 73
- 2.8 实训及指导 ················ 75

第3章 写出漂亮的艺术字——应用 Flash 文本工具 ················ 78

- 3.1 静态文本、动态文本与输入文本 ················ 78
  - 3.1.1 Flash 中的文本 ················ 78
  - 3.1.2 文本工具 ················ 79
  - 3.1.3 修改文本属性 ················ 79
- 3.2 金属字效果 ················ 81
  - 3.2.1 芝麻开门——金属文字 ················ 81
  - 3.2.2 分离文本 ················ 82
  - 3.2.3 填充文字 ················ 83
- 3.3 荧光字效果 ················ 83
  - 3.3.1 芝麻开门——荧光文字 ················ 83
  - 3.3.2 将线条转换为填充 ················ 84
  - 3.3.3 柔化填充边缘 ················ 85
- 3.4 位图填充文字效果 ················ 85
  - 3.4.1 芝麻开门——花朵文字 ················ 85
  - 3.4.2 以位图填充文字 ················ 86
  - 3.4.3 扭曲文字 ················ 87
- 3.5 知识进阶——对文本应用滤镜 ················ 89
  - 3.5.1 综合实例——立体字 ················ 89
  - 3.5.2 综合实例——投影字 ················ 90
- 3.6 实训及指导 ················ 91

第4章 将分散的图形合成一组——应用图形对象编辑工具 ················ 94

- 4.1 对象的变形 ················ 94
  - 4.1.1 对象的缩放、旋转、倾斜 ················ 94

	4.1.2 翻转对象	96
	4.1.3 扭曲对象	97
	4.1.4 更改和跟踪变形点	97
	4.1.5 封套功能	97
	4.1.6 复制并应用变形	98
4.2	对象的组合与分离	98
	4.2.1 组合对象	98
	4.2.2 分离对象	99
	4.2.3 层叠对象	99
4.3	对象的对齐与合并	100
	4.3.1 对齐对象	100
	4.3.2 合并对象	100
4.4	知识进阶——绘图工具与文字工具的综合应用	101
	4.4.1 动画场景造型设计——立体倒影文字	101
	4.4.2 动画场景造型设计——图片的模糊效果	103
4.5	实训及指导	104

第 5 章 应用其他媒体素材——应用多媒体素材 … 107

5.1	多媒体素材	107
5.2	应用图像素材	108
	5.2.1 导入位图	108
	5.2.2 导入矢量图	109
	5.2.3 图像素材的编辑	109
5.3	应用视频素材	111
	5.3.1 视频的导入	111
	5.3.2 视频的编码	114
	5.3.3 Flash 视频控制	115
5.4	应用声音素材	116
	5.4.1 声音的导入	116
	5.4.2 声音的编辑	117
	5.4.3 压缩 Flash 声音	118
5.5	知识进阶——Flash 对多媒体素材的控制	119
	5.5.1 综合实例 1——对按钮添加声音	119
	5.5.2 综合实例 2——为动画添加背景音乐	120
5.6	实训及指导	122

第二部分　Flash 动画制作

第 6 章 将素材按时间顺序串起来——时间轴动画 … 127

6.1	逐帧动画	127
	6.1.1 芝麻开门——生日贺卡	127
	6.1.2 帧与关键帧	130
	6.1.3 时间轴中的动画表示方法	131

	6.1.4 洋葱皮工具		132
6.2	形状补间动画		133
	6.2.1 芝麻开门——变幻文字		133
	6.2.2 创建形状补间动画		134
	6.2.3 应用形状特征提示点		135
6.3	动作补间动画		136
	6.3.1 芝麻开门——弹跳的小球		136
	6.3.2 创建动作补间动画		139
	6.3.3 应用时间轴特效		141
6.4	知识进阶——时间轴动画		146
	6.4.1 逐帧动画综合实例——眨眼睛娃娃		146
	6.4.2 旋转动画实例——飘舞的雪绒花		148
	6.4.3 综合实例——太阳公公起床了		150
6.5	实训及指导		152

第7章 提高工作效率——应用元件、实例和库 156

7.1	元件、实例、库及其关系		156
7.2	元件的创建与应用		157
	7.2.1 应用图形元件——美丽的花		158
	7.2.2 应用按钮元件——音乐按钮		160
	7.2.3 应用影片剪辑——眨眼娃娃		163
	7.2.4 补间元件		164
7.3	库面板的应用		165
7.4	实例的创建与编辑		168
	7.4.1 创建实例并设置属性		168
	7.4.2 实例的转换与替换		172
	7.4.3 分离实例		172
7.5	知识进阶		173
	7.5.1 应用滤镜制作闪光按钮		173
	7.5.2 应用影片剪辑制作旋转效果		176
7.6	实训及指导		180

第8章 制作多图层动画——图层动画 184

8.1	引导层动画		184
	8.1.1 芝麻开门——盘旋的飞机		184
	8.1.2 图层的基本概念及操作		187
	8.1.3 普通引导层动画		190
	8.1.4 运动引导层动画		191
8.2	遮罩层动画		193
	8.2.1 芝麻开门——展开画卷		193
	8.2.2 静态遮罩动画		196
	8.2.3 动态遮罩动画		197
8.3	多场景动画		202

8.4 知识进阶——图层动画 ··· 203
    8.4.1 综合实例——拉伸的百叶窗 ··· 203
    8.4.2 综合实例——写描边字 ··· 205
8.5 实训及指导 ··· 208

第 9 章 控制影片播放效果——交互式动画 ··· 212

9.1 ActionScript 3.0 基础 ··· 212
    9.1.1 芝麻开门——鼠标跟随效果 ··· 212
    9.1.2 ActionScript 与"动作"面板 ··· 215
    9.1.3 ActionScript 3.0 编程基础 ··· 217
    9.1.4 处理对象 ··· 220
9.2 应用 ActionScript 创建交互式动画 ··· 224
    9.2.1 运算符和流控制 ··· 224
    9.2.2 应用 if 条件语句——单词拼写练习 ··· 226
    9.2.3 应用 for 循环语句——闪烁星空 ··· 229
9.3 Flash CS3 的内置行为 ··· 231
9.4 知识进阶——ActionScript 的高级应用 ··· 233
    9.4.1 构造日期对象——电子台历 ··· 233
    9.4.2 应用随机函数——飘落的雪花 ··· 236
9.5 实训及指导 ··· 239

第 10 章 提高创作水平——应用模板与组件 ··· 243

10.1 应用模板 ··· 243
    10.1.1 芝麻开门——制作幻灯片 ··· 243
    10.1.2 模板的应用 ··· 246
10.2 应用组件 ··· 246
    10.2.1 组件的相关操作 ··· 246
    10.2.2 UI 组件及其应用 ··· 248
10.3 知识进阶——应用模板与组件提高动画创作速度 ··· 252
    10.3.1 应用测验模板——制作知识问卷 ··· 252
    10.3.2 应用 UI 组件——制作留言板 ··· 257
10.4 实训及指导 ··· 260

第 11 章 让影片变得形式多样——影片优化与发布 ··· 261

11.1 优化与测试影片 ··· 261
    11.1.1 优化 Flash 影片 ··· 261
    11.1.2 测试影片 ··· 262
11.2 导出影片 ··· 263
11.3 发布影片 ··· 264
    11.3.1 输出影片设置 ··· 265
    11.3.2 芝麻开门——发布"展开画卷"为 SWF ··· 265
    11.3.3 发布为 HTML 文件 ··· 267
    11.3.4 发布为 GIF 文件 ··· 268
    11.3.5 发布为 JPEG 文件 ··· 269
    11.3.6 发布为 PNG 文件 ··· 270

11.4　实训及指导 ·· 270

第三部分　Flash 动画技术的领域应用

第 12 章　Flash 动画的领域应用实例 ·· 275
12.1　多媒体教学领域应用 ··· 275
　　12.1.1　多媒体课件制作规范 ·· 275
　　12.1.2　芝麻开门——制作多媒体教学课件 ··· 276
　　12.1.3　创意与构思 ··· 276
　　12.1.4　技术分析 ·· 277
　　12.1.5　设计与实现 ··· 277
12.2　网络广告领域应用 ··· 285
　　12.2.1　网络广告创作规范 ·· 286
　　12.2.2　芝麻开门——制作创意网广告 ··· 286
　　12.2.3　创意与构思 ··· 286
　　12.2.4　技术分析 ·· 287
　　12.2.5　设计与实现 ··· 287
12.3　音乐动画领域应用 ··· 292
　　12.3.1　画面和镜头创作规范 ·· 292
　　12.3.2　芝麻开门——MV 创作 ··· 294
　　12.3.3　创意与构思 ··· 294
　　12.3.4　技术分析 ·· 295
　　12.3.5　设计与实现 ··· 296
12.4　网站建设领域应用 ··· 299
　　12.4.1　Flash 网站设计规范 ··· 300
　　12.4.2　芝麻开门——Flash 个人网站 ·· 301
　　12.4.3　创意与构思 ··· 301
　　12.4.4　技术分析 ·· 302
　　12.4.5　设计与实现 ··· 303
12.5　故事短片动画领域应用 ·· 305
　　12.5.1　动画运动规律规范 ·· 305
　　12.5.2　芝麻开门——幽默动画短片创作 ·· 307
　　12.5.3　创意与构思 ··· 307
　　12.5.4　技术分析 ·· 309
　　12.5.5　制作步骤 ·· 310
12.6　手机游戏领域应用 ··· 321
　　12.6.1　手机游戏规范 ·· 321
　　12.6.2　芝麻开门——砸金蛋游戏 ··· 321
　　12.6.3　创意与构思 ··· 322
　　12.6.4　技术分析 ·· 322
　　12.6.5　制作步骤 ·· 322

参考文献 ·· 330

第一部分
Flash 动画入门

- 第1章 Flash动画基础——了解Flash动画的创建流程
- 第2章 画出漂亮的矢量图形——应用Flash绘图工具
- 第3章 写出漂亮的艺术字——应用Flash文本工具
- 第4章 将分散的图形合成一组——应用图形对象编辑工具
- 第5章 应用其他媒体素材——应用多媒体素材

第1章　Flash 动画基础
——了解 Flash 动画的创建流程

任务

了解 Flash 动画的特点、应用领域及一般创建流程，学习 Adobe Flash CS3 Pro fessional 的安装，熟悉其工作界面。

目标

- 了解 Flash 动画的特点及其应用领域
- 了解 Flash 动画的一般创建流程
- 掌握 Adobe Flash CS3 Pro fessional 的安装方法
- 熟悉 Adobe Flash CS3 Pro fessional 的工作界面
- 使用 Adobe Flash CS3 Pro fessional 制作一个最简单的 Flash 动画

1.1　Flash 动画基础

1.1.1　动画基础

一个正确的知识体系是学好、用好 Flash 的关键。富含逻辑的知识体系就像无边无际的丛林，郁郁葱葱但整齐有序，在这样的环境中，青苗才能顺顺当当地长成参天大树，学动画也不例外。那动画到底有怎样的知识体系和奥秘呢？让我们一起进入动画的世界。

1．先期概念认知

对于动画的概念，很多著作上对它的解释不尽相同。在《英汉大辞典》中，动画（animation）一词被译为"赋予……以生命"，指赋予本无生命的静态图像以动态的生命活力。因此，一部好的动画需要依靠人类的无穷想象力和创造力来实现。

动画一词，可以简单地分解为"动"和"画"两部分。即让一幅幅静止的"画"运动起来。不难看出，"画"是动画的基础，而如何"动"，则是动画的技术手段。没有创意和构思良好的"画"，动画就失去了存在的基础；优美的"画"如果不能通过良好的手段"动"起来，那动画即失去了最核心的部分，没有了灵魂。

2．动画原理认知

那动画到底有什么深奥的原理呢？其实很简单。先来看一个小例子。远古时期的人们沿着洞穴的岩壁，画上一幅又一幅的画，这些画相互关联而又有所区别。然后他们从第一幅开始，跑到最后一幅，边跑边看，岩壁上的画就如同放电影一样活动起来了，这就是"动画"的雏形。再举一个更形象的例子，一种自娱自乐式的"手翻书"游戏，它将每页不同动作的图画装订在一起，当快速翻动时，这些图片就会连起来，人物就活了。如图1-1所示。

图1-1　手翻书游戏

动画运动的原理和影视的运动原理一样，都是利用了人类固有的生理特点和心理反应，如人眼的"视觉暂留"特性。电影以24格/秒的画面播放，形成流畅的运动效果；电视以25格/秒或30格/秒的画面速度播放（PAL制帧速率为1/25，NTSC制帧速率为1/30）。动画片也是一样，影院动画播放速度为24幅/秒，电视动画的播放速度为25幅/秒。因此，每秒播放的图像越多，看起来就越流畅自然。

3．动画的类型

如今的动画，糅合了美术、影视特色，运用现代科学技术，从一种单纯的艺术形式逐渐向产业化、商业化靠近，动画在很多领域焕发出了耀眼的光芒。随着动画产业的不断发展，动画也开始显示着不同的性质，动画的分类逐渐明晰起来。

（1）按传播方式分类，动画分为影院动画、电视动画（TV动画）、网络动画、广告动画、科普动画等。如图1-2、图1-3、图1-4所示。

图1-2　影院动画《怪物史莱克》

图1-3　电视动画《喜羊羊与灰太狼》

（2）按空间效果分类，动画分为二维动画、三维动画和2.5D动画。2.5D动画是二维和三维制作方式相结合的制作手段，在大多数情况下是用二维手段制作角色，用三维手段制作场景。如图1-5、图1-6、图1-7所示。

图1-4　广告动画《脑白金》

图1-5　二维动画《三个和尚》

图 1-6　三维动画《海底总动员》

图 1-7　2.5D 动画《小马王》

（3）按制作技术分类。动画分为以手绘为主的传统动画和以计算机为主的电脑动画。

传统的动画一般是通过手绘方式制作的，"单线平涂"是动画常用的手绘创作方式，此外还有水墨、油画等各种绘画风格。其实动画的制作技术手段是丰富多彩的，如沙画动画、剪纸动画、折纸动画、木偶动画、泥偶动画等。如图 1-8、1-9、1-10 所示为传统动画。

图 1-8　沙画动画《佛罗伦萨之梦》

图 1-9　木偶动画《神笔马良》

计算机技术的发展，加快了动画的生产步伐，电脑生成动画和无纸动画软件被广泛应用。有些动画的创作甚至完全抛弃了纸张、笔墨等传统手绘方式，全部通过计算机实现角色、场景的创建及运动的创造。如图 1-11 所示，为完全由计算机完成的全 CG 动画，画面比手绘动画要精细得多。

（4）按每秒播放的帧数分类，分为全动画和半动画。以日本的动画片为例，日本的电视制式是 NTSC 制，需要每秒钟创作 30 幅画面。为了节省时间和成本，每秒钟创作 15 幅，或每秒钟创作 10 幅，通过"一拍二"或"一拍三"的方式创作动画，在使得流畅度被观众都接受的情况下，大大节省了创作成本。

图 1-10 水墨动画《小蝌蚪找妈妈》

图 1-11 全 CG 动画《生化危机》

1.1.2 Flash 动画的特点

Flash 是一款优秀的向量动画编辑软件，可以方便地将声音和动画进行融合编辑。因为其操作简便、上手快，使得越来越多的人从业余走向了专业制作 Flash 动画的舞台。

从某种程度上说，Flash 动画带动了中国动漫业的发展，它的舞台已经不局限于互联网，表现形式多样，涉及电视、电影、移动媒体、教学课件、MTV 音乐电视等多个方面。轻松的 Flash 幽默剧、令人捧腹的 Flash 相声作品、寓教于乐的 Flash 课件、生动感人的 Flash MV 等都是动画的表现形式。Falsh 动画的特点可以归结为以下几个方面。

1．向量技术

Flash 之所以能在互联网上得到广泛的应用，最重要的一点就是采用了向量技术。向量图以颜色和线的形式来表现图形，可以任意缩放尺寸而不影响图形的质量，文件体积很小，非常有利于在网络上传输。

2．通用性好

在各种浏览器中都可以有统一的播放样式和效果。

3．流式播放技术

流式播放技术使得动画可以边播放边下载，从而缓解了网页浏览者焦急等待的情绪。

4．与互联网紧密结合

通过使用关键帧和图符使得所生成的动画（.swf）文件非常小，几 K 字节的动画文件已经可以实现许多令人心动的动画效果，用在网页设计上不仅可以使网页更加生动，而且还可以在打开网页很短的时间内得以播放。

5．多媒体与互动性强

Flash 可以把图形、音乐、动画、声效、交互方式融合在一起，创作出许多令人叹为观止的动画（电影）效果，并且可以实现用户与动画的交互。可以支持 MP3 的音乐格式，并使得加入音乐的动画文件也能保持小巧的"身材"。

6. Flash 播放插件很小，容易安装和下载

1.1.3 Flash 动画的应用领域

1. 美工设计

除了制作动画外，Flash 更是一款优秀的绘图设计软件。它可以绘制出优美、精致的向量图形。如图 1-12 所示。

图 1-12　Flash 绘图

2. 多媒体课件

Flash 能制作出非常优秀的多媒体课件。除了将文字、图形、图像、视频、音频结合在一起制作出丰富的画面和动态效果外，还可以实现人机的交互，如图 1-13 所示。

3. Flash 广告

Flash 的表现力强大，可以给用户非常深刻的印象和交互体验。目前，Flash 广告已经成为网页动画的主要形式。如图 1-14 所示。

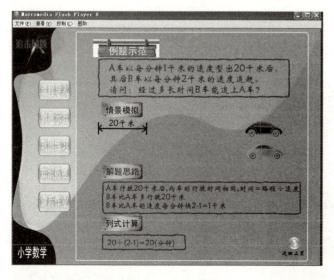

图 1-13　Flash 课件　　　　　　　　　图 1-14　Flash 广告

4．Flash MTV

用 Flash 软件制作 MTV 音乐，脱离了真人的扮演，以清新、优美的画面和新颖的表现方式深入人心，创作起来更加灵活自由。如图 1-15 所示。

5．Flash 故事短片

用 Flash 展示科普知识，可以表现出微观的或用镜头不易表现的画面。用 Flash 创作小故事片，可以抒发情感，也可以阐明道理。如图 1-16 所示。

图 1-15　Flash MTV　　　　　　　图 1-16　Flash 短片

6．Flash 网站

Flash 网站设计精美，拥有音效、动画、流媒体剪辑、美术效果及兼顾互动性等特征，非常适合公司做在线产品展示，其精美和动态效果是一般网站所无法比拟的。如图 1-17 所示。

7．Flash 游戏

根据 Flash 的交互特性，利用脚本语言可以做简单的游戏。在网络上可以经常看到小型的益智类游戏，同时也可以通过手机平台制作小型的 Flash 游戏。如图 1-18 所示。

图 1-17　Flash 网页　　　　　　　图 1-18　Flash 手机游戏

1.1.4 Flash 动画的创作

动画的创作是一件复杂的工作，Flash 动画也不例外。

（1）要进行任务定位。有了明确的任务，就有了工作的动力，任务分析越具体，工作目标就越明确。

（2）要进行主题的定位。也就是 Flash 作品要实现什么样的主题。主题一定要明确，这样在创作过程中才能保证不会偏离方向。

（3）要进行风格定位，即 Flash 作品的创作需要一种什么样的风格。风格统一，作品就会显得有品位，作品也会更加成熟。

（4）要进行功能定位，即 Flash 作品要实现什么样的功能，如何将这些功能在创作过程中一一实现。

总地说来，Flash 动画的创作过程一般需要 3 个阶段。

- 先期准备阶段。在这个阶段中首先要进行项目的需求分析，明确作品的任务定位、主题定位、风格定位、功能定位。与客户进行良好的沟通，将作品的创意文案、风格定位、故事版等向客户做必要的说明。在这个阶段要做好工作计划，争取按照计划认真执行。
- 动画创作阶段。这个阶段是以第一个阶段为基础的，是任务的执行阶段。这个阶段也是最艰苦、时间最长的一个阶段，要进行镜头设计、角色和场景创建、各种功能的实现等操作。
- 动画后期制作阶段。在这个阶段需要进行一些完善工作，并为动画配音配乐，对动画进行测试和优化。并再次与客户进行沟通，做最后的修改和完善。

1.2　Flash 动画入门

1.2.1 安装中文版 Adobe Flash CS3 Professional

1. 系统要求

Adobe Flash CS3 Professional 对计算机的基本要求如表 1-1 所示。

表 1-1　Adobe Flash CS3 Professional 在 Windows 系统下运行的要求

计 算 机	基 本 要 求
CPU	Intel Pentium 3, Intel Pentium 4, Intel Core
内存	256MB（建议使用 1GB）
硬盘空间	3GB 的硬盘空间
显示器	1024*768 分辨率的显示器（带有 16 位视频卡）
操作系统	Windows XP(带有 Service Pack 2)或 Windows Vista
多媒体功能	多媒体功能需要 Quick Time 7.1.2 DirectX 9.0c 软件

2. 安装程序

将 Adobe Flash CS3 Professional 的安装光盘插入驱动器中，开始安装。

（1）双击 Setup.exe 命令，弹出"安装程序：系统检查"对话框，耐心等待对计算机系统进行检查。单击 下一步> 按钮，弹出"安装程序：许可协议"对话框，如图 1-19 所示。

图 1-19 "安装程序：许可协议"对话框

（2）认真浏览软件许可协议内容，单击 接受 按钮，弹出"安装程序：选项"对话框，用户可以选择安装组件，如图 1-20 所示。

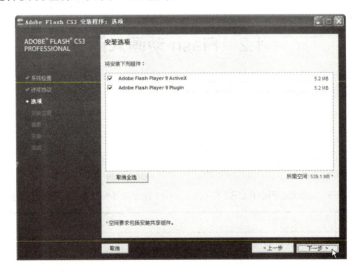

图 1-20 "安装程序：选项"对话框

（3）单击 下一步> 按钮，弹出"安装程序：安装位置"对话框，用户可重新选择安装路径，如图 1-21 所示。

（4）单击 下一步> 按钮，弹出"安装程序：摘要"对话框，显示摘要信息，如图 1-22 所示。

图 1-21 "安装程序：安装位置"对话框

图 1-22 "安装程序：摘要"对话框

（5）单击 下一步 按钮，弹出"安装程序：安装"对话框，显示安装进度信息，如图 1-23 所示。

图 1-23 "安装程序：安装"对话框

（6）复制文件及安装程序完成后，显示"安装程序：完成"对话框，显示安装后的摘要信息，如图 1-24 所示。

图 1-24 "安装程序:完成"对话框

1.2.2 Adobe Flash CS3 Professional 的新增功能

Adobe Flash CS3 Professional 的新增功能有以下几方面。

1．Adobe 界面

享受新的简化的工作界面,使之与其他 Adobe Creative Suite CS3 组件共享公共的界面,并可以进行自定义以改进工作流和最大化工作区空间。

2．用户界面组件

使用新的、轻量的、可轻松设置外观的界面组件为 ActionScript 3.0 创建交互式内容。使用绘图工具以可视方式修改组件的外观,不需要进行编码。

3．Adobe Photoshop 和 Illustrator 导入

在保留图层和结构的同时,导入 Photoshop(PSD)和 Illustrator(AI)文件,然后在 Flash CS3 中编辑它们。使用高级选项在导入过程中优化和自定义文件。还提供一些导入选项,以便在 Flash 中获得图像保真度和可编辑性的最佳平衡。

4．滤镜复制和粘贴

现在用户可以从一个实例向另一个实例复制和粘贴图形的滤镜设置。

5．增强的绘画工具

钢笔工具得到增强,与 Illustrator 钢笔工具相似,使各 Adobe 软件的用户体验更为一致。

6．基本矩形和椭圆绘制工具

在"属性"面板中,随时编辑新的矩形和椭圆工具创建的矩形和椭圆的属性(如笔触

或角半径)。

7. "位图元件库项目"对话框

"位图元件库项目"对话框被放大,以便提供更大的位图预览。

8. ActionScript 3.0 开发

使用 ActionScript 3.0 语言,具有改进的性能、增强的灵活性及更加直观和结构化的开发,可以更容易地创建高度复杂的应用程序,代码的执行速度比旧 ActionScript 代码快十倍以上。

9. 增强的 QuickTime 视频支持

使用高级 QuickTime 导出器,将在 SWF 文件中发布的内容渲染为 QuickTime 视频。导出包含嵌套的 MovieClip 的内容、ActionScript 生成的内容和运行时的效果(如投影和模糊),提高了导出视频文件的质量。用户可以将这些视频文件作为视频流或通过 DVD 进行分发,或者将其导入到视频编辑应用程序(如 Adobe Premiere)中。

10. Adobe Bridge

Adobe Bridge 是一个独立的文件管理系统,可以在 Flash 中启动并使用它组织、浏览 Flash 和其他创新资源。有了 Adobe Bridge,用户就可以在 Adobe Creative Suite 组件之间自动执行工作流程,在 Adobe 软件之间应用一致的颜色设置,还能访问版本控制功能和在线图片库购买服务等。

1.2.3　Adobe Flash CS3 Professional 工作界面

执行"开始"→"程序"→"Adobe Flash CS3 Professional"命令,打开 Flash CS3 欢迎页面,如图 1-25 所示。

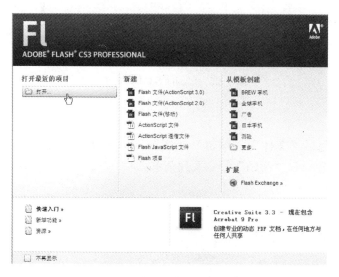

图 1-25　Flash CS3 欢迎页面

如果不想每次启动软件时都显示该页面,则勾选该窗口左下角的☑不再显示复选框,再次启动软件时,会自动创建一个空白的 Flash 文档,直接打开工作界面;若要再次显示欢迎页面,则执行"编辑"→"首选参数"命令,在"常规"类别的"启动时"选项中选择"显示欢迎屏幕"。

在"打开最近的项目"列表中选择一个文档,或在"新建"列表中选择"Flash 文件(ActionScript 3.0)",打开 Flash CS3 工作界面。Adobe Flash CS3 Professional 的工作界面由标题栏、菜单栏、工具栏、时间轴窗口、工具箱、工作区域(舞台)、"属性"面板及其他浮动面板组成,如图 1-26 所示。

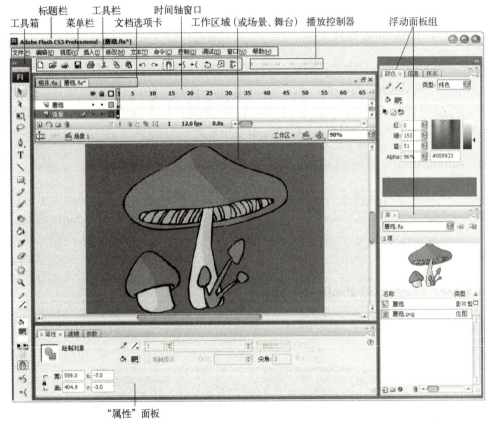

图 1-26 Flash CS3 工作界面

1. 菜单栏

菜单栏提供了包括"文件"、"编辑"、"视图"、"插入"、"修改"、"文本"、"命令"、"控制"、"调试"、"窗口"、"帮助"等一系列菜单。

2. 工具栏

工具栏以图标形式排列放置常用文件操作和图形操作工具。

3. 工具箱

工具箱中的工具可以用来绘图、填色、选择和修改图形,以改变舞台视图等,按功能不同，划分为选择区、绘图区、填色区、查看区、颜色区和选项区，如图 1-27 所示。各选区绘图工具的作用及使用方法将在以后的章节中介绍。执行"窗口"→"工具"命令，可以打开或隐藏工具箱。

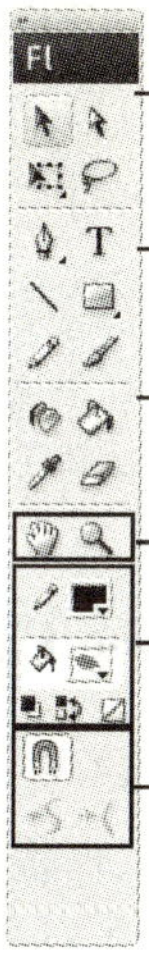

在工具箱中，如果某个工具图标右下角有一个黑色三角，则表示该处是一个工具组，包含多个工具。当前显示的工具称为顶层工具，即最近使用的工具。在该顶层工具图标上按住鼠标左键不放，组中的其他工具将出现在弹出菜单中。

用户可以自定义工具箱中显示的各个工具。执行"编辑"→"自定义工具面板"命令，打开"自定义工具栏"对话框，可以向工具箱中添加工具，或从其中删除现有工具。

4. 时间轴

时间轴是制作 Flash 动画的重要控件，用于组织和控制文档内容在一定时间内播放的图层数和帧数。分为左侧图层选项区和右侧时间轴选项区。可以在图层选项区添加、操作图层，图层就像堆叠在一起的多张幻灯胶片一样，在舞台上一层层地向上叠加。可以在时间轴选项区添加、操作各类帧（关于帧的概念将在第 6 章详细介绍）。在图层选项区中，用户可以根据时间的变化，制作动画元素在舞台上的显示内容。

图 1-27 工具箱的区域

时间轴中有一个头顶红色矩形的红色垂线，称为播放指针，指示当前操作位置，以帧为单位在时间轴上左右移动。时间轴上方的编号为帧编号，下方并排 4 个"洋葱皮"工具按钮，右侧为状态栏，分别显示当前帧（播放指针所在帧编号）、文档的帧频率（播放速度）及播放指针所在位置需要的运行时间。

5. 文档选项卡

文档选项卡位于菜单栏的下方，用于切换当前要编辑的文档，其右侧是文档控制按钮。其下方是"编辑栏"，提供多个操作按钮，如█按钮用于"时间轴"窗口的隐藏或显示，█按钮和█按钮用于"编辑场景"或"编辑元件"的切换，以及舞台显示比例的设置等。

6. 舞台

舞台是 Flash 的工作区，用来组织动画中的对象，内容可以是矢量图形、文本框、按钮、导入的位图图像或视频剪辑等。对于没有特殊效果的动画，也可作为播放动画的预览窗口。

制作 Flash 动画时，需要播放的图像素材必须全部组织在舞台区域内，否则在影片播放时无法看到舞台范围外的图像。

7. 浮动面板（组）

大量的浮动面板为操作提供了很大的方便，多个浮动面板折叠在一起，如"库"面板、"对齐"面板、"混色器"面板等，形成了浮动面板组。在"窗口"菜单中选择相应面板名称，即可打开该面板。单击面板组中浮动面板的标题栏可展开或折叠该面板，而拖动浮动面板的标题栏，可将浮动面板从面板组中分离出来，反之可嵌入面板组中，实现重组面板组或重设置工作窗口布局。

可随时执行"窗口"→"工作区"→"默认"命令来恢复默认工作区。

 读者可自行创建一个用于编辑的工作区，以及另一个用于查看的工作区，并执行"窗口"→"工作区"→"保存当前"命令存储这两个工作区，工作时可以在它们之间进行切换。

1.2.4 Adobe Flash CS3 Professional 功能面板

Flash CS3 把浮动面板嵌入到一个面板组中，利用面板组对应用程序的面板布局进行排列，来适应工作需要，包括浮动、吸附等管理方式，并能够保存和共享布局状态。在面板组中，Flash CS3 有一个默认的工作区布局。

1．"属性"面板

用来设置舞台或时间轴上当前选定对象的最常用属性，可以加快 Flash 文档的创建过程。在该面板中没有固定的参数选项，当选定对象不同时，会出现不同的设置参数，可以方便地设置该对象属性。"属性"面板自动嵌入舞台的下方。

2．"颜色"面板

该面板在 Flash CS3 中是默认打开的，用户可以滑杆方式调整并设置图形的笔触、填充色及透明度等。该面板不仅提供单一颜色填充方案，还提供了直线形、放射形渐变填充及位图填充等模式，用户通过添加或减少颜色块自行设置填充色渐变方案，并且可以一边预览效果一边进行颜色设计。

图 1-28 "库"面板

3．"库"面板

"库"面板中存放着所在影片创建的各种元件，还包括导入的位图、声音和视频剪辑文件。用户在"库"面板中可以方便地查找、组织及调用素材资源。"库"面板中存储的元素被称为元件，可以重复调用，以提高工作效率。Flash 对符号名称的大小写没有区别。执行"窗口"→"库"命令，或按"Ctrl+L"快捷键，可以打开"库"面板，如图 1-28 所示。

4．"对齐"面板

用来对齐对象和排列在同一个场景中多个选定对象的位置，使用此面板前应先选取多个对象。在 Align 面板中提供了多种对齐方式，如上对齐、下对齐、水平对齐等，以及对所选的多个对象进行大小对称、大小相等、间隔相同等设置，如图 1-29 所示。执行"窗口"→"对齐"命令，或按"Ctrl+K"快捷键，可打开"对齐"面板。

5. "样本"面板

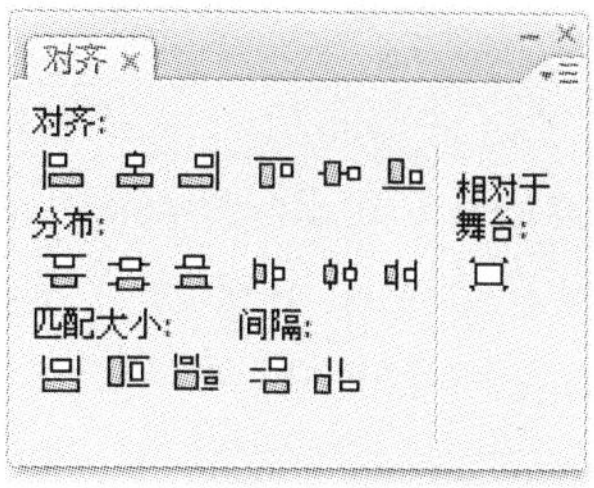

"样本"面板是一个大色盘,可以拾取色彩、设置色彩,尤其在色彩的替换方面功能强大。单击"样本"面板右上角的黑色下拉三角,弹出快捷菜单,可以在此对颜色样本进行设置,如图 1-30 所示。其中:

- 直接复制样本:复制所选取的色彩值,复制的样本会显示在色盘的最下方。
- 删除样本:删除选定的色彩样式。
- 添加颜色:导入外部的图像色彩,其中*.clr 为 Flash 的色彩文件,*.act 为色彩表文件,*.gif 为图像文件,Flash 将从这三种文件中读取色彩值。
- 替换颜色:从外部图像文件中导入色彩值,并且替换掉原来的色彩样本。
- 加载默认颜色:装载默认的颜色设置。
- 保存颜色:存储颜色值,以备日后选用。
- 保存为默认:将现有色盘设置存储为 Flash 的默认设置。
- 清除颜色:清除所有的色彩样本,在色盘上只留下黑色和白色。
- Web 216 色:装载网络的 216 色色彩样本设置。
- 按颜色排序:对色彩样本按照颜色值进行排序。

图 1-29 "对齐"面板

6. "变形"面板

在动画的制作过程中,形变控制的使用非常多,"变形"面板可以实现对文字、图形、对象及元件等进行各种变形控制,如对操作对象进行对称或不对称缩放、旋转、倾斜和拉伸等,如图 1-31 所示。面板右下角有一个复制及变形按钮 ,能实现在缩放、倾斜、拉伸或旋转操作的同时进行复制操作。使用此功能可以完成很多复杂图形的绘制,如画一个有很多齿的齿轮图形时,可以采用将一个齿(图形)边旋转边复制的方法,大大提高了绘图效率。

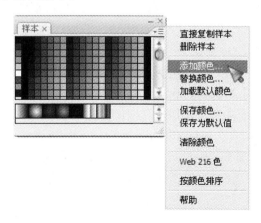

图 1-30 "样本"面板

图 1-31 "变形"面板

当对变形效果不满意时,单击面板右下角的重置按钮 ,使操作对象恢复原来的状态。

7."信息"面板

"信息"面板可以显示操作对象的名称、宽度和高度值、色彩值,在舞台中的 X 轴、Y 轴坐标值,以及坐标对齐方式等各种信息,还可以显示鼠标所在当前位置的坐标信息。用户在该面板中可以设置操作对象的宽度和高度、坐标等属性值,以及坐标的对齐方式。如图 1-32 所示。

在电影剪辑和场景中,坐标并不是相同的。执行"视图"→"标尺"命令,在舞台中显示标尺,就可以观察到两者的区别。

8."影片浏览"面板(影片浏览器)

"影片浏览"面板是一个浏览工具,用来显示构成 Flash 影片的完整树形目录结构,对动画的细致划分到了帧和文字,如图 1-33 所示。该面板经常被用来查看别人制作的动画源程序,当需要修改已经完成的影片时,可以通过该面板查找动画元素,提高修改影片的工作效率。

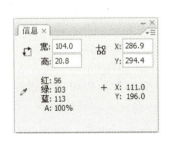

图 1-32 "信息"面板

图 1-33 "影片浏览"面板

该面板还提供查找功能。在"查找"编辑框中输入项目名称、字体名称、ActionScript 字符串或帧编号,可以在影片浏览器显示的所有项目中进行搜索。

面板中有六个显示按钮,其中:
- 字符按钮 A:在影片结构树中显示字符。
- 元件按钮 :在影片结构树中显示所有元件,包括电影剪辑、图形和按钮元件。
- 动作按钮 :在影片结构树中显示所有的 ActionScript 行为脚本程序。
- 音视频按钮 :在影片结构树中显示所有的视频、声音和图像角色。
- 帧和图层按钮 :在影片结构树中显示所有关键帧和图层。
- 自定义显示项目按钮 :用于修改影片浏览器中显示的项目。单击该按钮,将打开"影片浏览器设置"对话框,用户可自行选择需要在影片浏览器中显示的具体对象。

9.Web 服务面板

执行"窗口"→"其他面板"→"Web 服务"命令,可以打开"Web 服务"面板,用来查看 Web 服务列表,刷新 Web 服务,还可以添加或删除 Web 服务。只要把 Web 服务添加到"Web 服务"面板，该 Web 服务就可用于创建任何应用程序。可以使用"Web 服务"面板单击"刷新 Web 服务"按钮，一次刷新所有 Web 服务。

 值得注意的是，ActionScript 3.0 不支持"刷新 Web 服务"功能，必须选择 ActionScript 1.0～2.0。

在实际工作中，不可能将所有的功能面板都在工作界面中打开。用户可根据工作需要收缩/展开、移动/合并/分离面板，还可以将面板拖曳到界面中的任何位置，或与其他面板进行随意组合。

（1）收缩/展开面板（组）：为节约工作空间，单击面板右上角的折叠图标按钮，可将浮动面板或面板组折叠为图标形式，如图 1-34 所示。反之，单击图标形式面板右上角的展开停靠按钮，可展开浮动面板或面板组。单击面板组的标题栏，或双击面板组中某面板的标签，可以展开该面板组，将该面板组收缩为标题栏形式，如图 1-35 所示。

图 1-34　收缩面板（组）为图标形式　　　图 1-35　收缩面板（组）为标题栏形式

（2）移动/合并/分离面板（组）：用户可根据需要组合面板为新的面板组，或将面板组中的面板分离出来，打造适合当前需要的工作空间。

将光标移至面板的标签处，按下鼠标左键并拖曳，可将面板拖曳到工作界面的任意位置，拖曳过程中面板以半透明形式显示。当拖曳一个面板到达其他面板上方时，其他面板显示为蓝色，如图 1-36 所示，为将"信息"面板移动至"对齐"面板上方。此时松开鼠标，面板被合并至其他面板或面板组中，标签位于其他面板标签的右侧。如图 1-37 所示，为将"信息"面板与"对齐"面板合并。在面板组中单击某一面板的标签，按下左键并拖曳鼠标，可将该面板从面板组中分离。

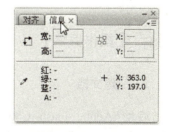

图 1-36　移动"信息"面板至"对齐"面板上方　　　图 1-37　合并"信息"与"对齐"面板

单击面板组的标题栏，按下鼠标左键并拖曳，可移动该面板组，或将该面板组与其他面板（组）合并或分离。

（3）关闭面板（组）：关闭面板（组）的操作非常简单，可使用功能按钮或执行菜单命令。

单击面板（组）右上角的关闭按钮⊠可关闭面板组，单击面板右上角或标签右侧的关闭按钮⊠可关闭面板。在面板（组）标题栏上单击鼠标右键，弹出快捷菜单，执行"关闭面板组"命令可关闭面板组；在面板标签处单击鼠标右键，弹出快捷菜单，执行"关闭面板"命令可关闭该面板。

1.3 Flash 动画的创建流程

1.3.1 芝麻开门——创建一个简单 Flash 动画

【效果描述】

本例为模拟打字机效果输出一行文字"欢迎进入 Flash 闪客世界"，如图 1-38 所示。实例所在位置为：教学资源/CH01/效果/第一个简单动画.fla。

图 1-38　第一个简单动画

【技术要点】

按照 Flash 动画的一般创作流程完成一个简单逐帧动画。创建 Flash 文档，设置文档属性，创建两个图层"背景层"和"文字层"，添加关键帧，在各关键帧中输入文字，保存文档，导出影片。

【操作步骤】

1. 新建文档

启动 Adobe Flash CS3 Pro，在开始页"新建"栏目列表中单击"Flash 文件（ActionScript 3.0）"，创建一个默认名为"未命名-1"的空白文档。

2. 设置影片属性

单击"属性"面板中的"大小"选项按钮 550 x 400 像素 ，或执行"修改"→"文档"

命令，打开"文档属性"对话框，设置舞台尺寸为 500×300px，帧频为 12fps，单击 确定 按钮。

3．制作动画效果

（1）在"时间轴"面板中添加一个新图层"图层 2"，并分别将"图层 1"改名为"背景层"，将"图层 2"改名为"文字层"。

（2）单击"背景层"的第一帧，执行"文件"→"导入"→"导入到舞台"命令，导入位图图像"教学资源/CH01/效果/背景 01.jpg"到舞台，作为动画背景。单击"背景层"第 20 帧，按 F5 快捷键，插入普通帧。

（3）单击"文字层"的第 3 帧，按 F6 快捷键，添加第一个关键帧。在工具箱中选择文本块T，在舞台合适的位置输入文字"欢"，选择该文字，在"属性"面板中设置为"黑体"、"27px"。

（4）单击"文字层"的第 4 帧，按 F6 快捷键，添加第 2 个关键帧。按以上步骤输入第二个文字"迎"，并设置文字的字体、大小、颜色属性，调整文字的位置。

（5）按以上操作步骤，在"文字层"的第 5～15 帧处分别添加第 3、4……第 13 个关键帧，输入相应的文字，设置文字属性值，并调整文字的位置。

（6）在"文字层"的第 16～23 帧分别添加关键帧，分别右击第 17、19、21 帧处的关键帧，在弹出的快捷菜单中选择"转换为空白关键帧"。时间轴如图 1-39 所示。

图 1-39　动画的时间轴

4．测试影片

单击播放控制器中的播放按钮▶，在工作区中预览影片的播放效果；或执行"控制"→"测试影片"命令，在播放器中测试影片，可以观察到文本"欢迎进入 Flash 闪客世界"的打字机式输出效果及闪烁几次的动态效果。

5．保存文档

单击工具栏中的保存按钮 ，在打开的"另存为"对话框中设置保存路径为"教学资源/CH01/效果"，输入动画的源文件名"第一个简单动画.fla"，单击 保存(S) 按钮，保存动画源文件。

6．导出影片

执行"文件"→"导出"→"导出影片"命令，弹出"导出影片"对话框，设置导出的影片文件路径为"教学资源/CH01/效果"，输入文件名"第一个简单动画"。单击 保存(S) 按钮，弹出"导出 Flash Player"对话框，设置"JPEG 品质"值为 100%，其他参数选择默认值。单击 确定 按钮，导出动画到指定的路径。

【小结一下】

从该实例可以看出，一个简单的动画制作流程，大体可分为创建文档、设置文档属性、制作影片、测试影片、保存文档、导出影片等几个步骤。除非使用默认值，否则每个步骤都需要用户重新进行相关设置。对于导出的影片，文件扩展名为.swf，只需双击文件名即可在Flash播放器中播放影片。用户平时看到的动画就是使用这种方法进行创建的。

1.3.2 创建文档

要制作Flash动画，首先要创建Flash文档。新建一个默认名为"未命名-？"的Flash空白文档有以下几种方法：

（1）在开始页中创建：启动Flash CS3，在开始页"新建"栏列表中单击"Flash文件"；

（2）使用工具按钮创建：在Flash CS3工作界面中，单击新建文档按钮 ；

（3）执行菜单命令创建：执行"文件"→"新建"命令，打开"新建文档"对话框，在"常规"选项卡中选择不同的文档类型进行创建；

（4）从模板创建：执行"文件"→"新建"命令，打开"新建文档"对话框，单击"模板"选项卡，打开"从模板新建"对话框，根据不同需求先选择"类型"，再选择喜欢的模板，创建出套用模板的Flash文档，如图1-40所示。

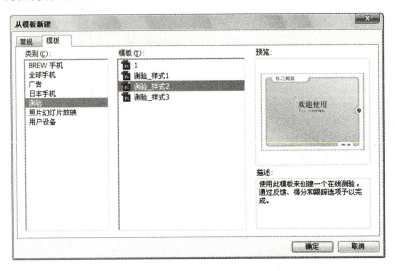

图1-40 "从模板新建"对话框

1.3.3 设置文档属性

创建一个Flash文档后，需要对文档属性进行设置，以保证完成影片的播放效果。通过"属性"面板和"文档属性"对话框两种方式，都可以设置文档的大小、帧频、背景颜色及其他属性值。

新建一个Flash文档后，不选择任何操作对象的情况下，或在舞台外的空白区域单击鼠标，"属性"面板显示为文档的属性，包括文档的尺寸、背景颜色和帧频等，如图1-41所示。

第 1 章　Flash 动画基础——了解 Flash 动画的创建流程

图 1-41　文档"属性"面板

单击"属性"面板中的"大小"选项按钮 ，或在工作区空白区域单击鼠标，或执行"修改"→"文档"命令，或按下 Ctrl+J 快捷键，即可打开"文档属性"对话框，如图 1-42 所示。

图 1-42　"文档属性"面板

其中：
- "标题"选项：可在输入框中输入当前文档的描述性标题。
- "描述"选项：可在输入框中输入当前文档的说明性文字，包含检索关键字、作者和版权信息、关于内容及其用途的简短说明。
- "尺寸"选项：在"宽"、"高"输入框中输入数值，即可设置舞台的大小。舞台最小可设定为宽 1px、高 1px，最大为宽 2880px、高 2880px。系统默认的单位是 px（像素），可以自行输入"cm（厘米）"、"mm（毫米）"和"in（英寸）"等为单位的数值，也可以在"标尺单位"中进行选择。
- "背景颜色"选项：单击"背景颜色"旁边的拾色器按钮 ，弹出颜色块列表，可直接选择颜色块，或输入需要的颜色值，设置舞台的背景颜色。
- "帧频"选项：输入影片的播放速率，单位是 fps，即每秒播放的帧数。其值越大，播放速度越快。默认值是 12fps，这个速度很适合在网络上播放，一般情况下都保持这个帧频。
- "标尺单位"选项：在下拉列表中提供标尺的多种测量单位，如"英寸"、"厘米"、"毫米"等。

1.3.4　保存文档

Flash 源文件是可以再编辑修改的中间文档，格式是*.fla。动画制作过程中要及时进行保存，以避免因各种原因引起数据丢失。动画完成后应立即保存，以便日后再编辑修改。为以防万一，最好将当前文档另存为一个不同的文件，以做备份。

保存 Flash 文档的操作非常简单，随时都可进行。单击工具栏中的保存按钮，或执行"文件"→"保存"命令，打开"另存为"对话框，设置保存路径、输入文件名，将文档保存为.fla 文件即可。

对已经保存过的文档若需要备份，执行"文件"→"另存为"命令，打开"另存为"对话框，设置不同的保存路径或不同的文件名，即可备份当前文档。

> 仔细观察会发现，Flash CS3 在保存文档时，除了默认保存为 Flash CS3 版本的 Flash 文档外，还提供 Flash 8 版本的 Flash 文档。这样会使得用户当前只有 Flash 8 版本的软件时，也可以打开并编辑 Flash CS3 版本的 Flash 文档。

1.3.5 导出影片

已经制作完成或修改完成的动画，要导出为直接播放的影片文件，该类文件不能再进行编辑或修改。Flash CS3 提供的导出影片的格式非常多，如图 1-43 所示。选择"Flash 影片(*.swf)"选项，单击 保存(S) 按钮，弹出"导出 Flash Player 对话框"，如图 1-44 所示。其中：

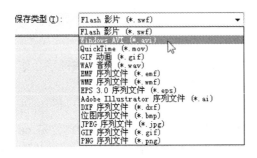

图 1-43　导出影片类型列表

图 1-44　导出 Flash Player 对话框

- 版本：指定导出的影片在哪个版本的 Flash Player 上播放。对 Flash CS3，选择 Flash Player9。
- 加载顺序：选择首帧所有层的下载方式，选择"自上而下"。
- 动作脚本版本：选择使用 ActionScript 的版本。
- 生成大小报告：选择此项后，发布过程中将生成一个文本文件，并给出文件大小。
- 防止导入：选中该项后，如果将此 Flash 影片放置到 Web 页上，将不能被下载。
- 允许调试：选中该项后，在动画播放过程中，如果系统探测到有影响到下载性能的缺陷，可以自动对该缺陷进行调试，并进行自动优化。
- 压缩影片：选中该项后，将在发布时对影片进行压缩。
- JPEG 品质：确定影片中包含的位图图像应用 JPEG 文件格式压缩的比例。

- 音频流和音频事件：单击这两个选项的设置按钮 设置 ，弹出"声音设置"对话框，用以指定播放影片时声音的采样率和压缩方式。如果选中"覆盖声音设置"复选框，则设置对电影中的所有声音有效。

Flash CS3 的"导出"功能不仅能导出 Flash 影片，还可以指定导出影片中当前帧的图像。执行"文件"→"导出"→"导出图像"命令，弹出"导出图像"对话框。Flash CS3 导出图像的默认格式为.jpg，除此之外，还有很多其他图像格式，如图 1-45 所示。设置好存储路径的文件名后，单击 保存(S) 按钮，弹出"导出 JPEG"对话框，其中在"包含"选项中有两个选项，一个是"最小影像区域"（默认选项），一个是"完整文档大小"。选中"最小影像区域"选项，将以包含全部

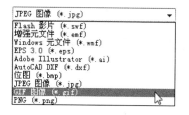

图 1-45　导出图像类型

图像元素的最小区域导出当前帧图像，如图 1-46（a）所示，在"尺寸"输入框中默认显示导出图像的实际尺寸值为 631×391px。选中"完整文档大小"选项，将以影片舞台尺寸输出指定帧图像，超出舞台的图像将被截去，如图 1-46（b）所示，在"尺寸"输入框中默认显示影片的舞台尺寸值为 500×300px。

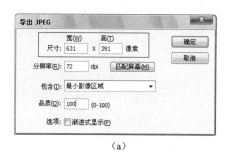
（a）

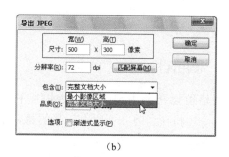
（b）

图 1-46　导出 JPEG 对话框

如图 1-47 所示，是在两种不同尺寸模式下导出文档"第一个简单动画.fla"第一帧图像的效果。

图 1-47　按不同尺寸模式导出文档第一帧图像的效果

1.3.6　使用辅助工具

除了大量功能面板外，Flash 还提供了一些辅助工具，如标尺、网格、辅助线，以使用

户更方便、更快捷地制作动画。

1. 使用标尺

标尺可以帮助用户精确地绘制和安排对象。执行"视图"→"标尺"命令，在该文档舞台的左沿和上沿显示标尺或隐藏标尺，默认刻度单位为像素，舞台的左上角为标尺的（0，0）值。当用户移动或绘制舞台上的元素时，在两侧标尺上会各显示两条线，而且随着鼠标的移动在标尺上移动，以精确标出该元素的宽度和高度尺寸，如图 1-48 所示。

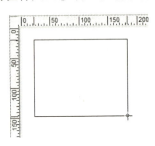 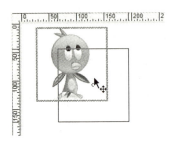

图 1-48　标尺在绘制和移动图形对象中的作用

可以在"文档属性"对话框的"标尺单位"列表中选择一个新的标尺单位，如"英寸"等。

2. 使用网格

网格可以帮助用户更精确地绘制和安排对象。执行"视图"→"网格"→"显示网格"命令，将在当前文档所有场景的舞台上显示网格。执行"视图"→"网格"→"编辑网格"命令，打开"网格"对话框，可以设置网格的显示风格。如图 1-49 所示，为设置网格相关参数值的效果。单击 保存默认值 按钮，可将当前设置效果保存为默认值。

3. 使用辅助线

以辅助线为参照，可以使绘制的图形更精确。

- 创建辅助线：显示标尺时，从标尺上方拖曳鼠标，可在当前场景舞台上创建水平和垂直辅助线，并且可以从标尺上拖曳创建多条水平或垂直辅助线，如图 1-50 所示。

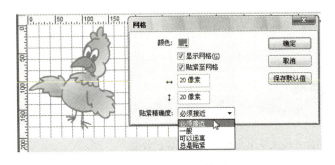 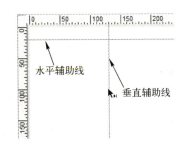

图 1-49　编辑网格效果　　　　　　　　图 1-50　创建辅助线

- 显示/隐藏辅助线：执行"视图"→"辅助线"→"显示辅助线"命令，将显示或隐藏已创建好的辅助线。

- 贴紧至网格：如果在创建辅助线时网格是可见的，并且打开了"贴紧至网格"，则辅助线将贴紧至网格线上。
- 移动辅助线：使用选择工具，拖曳舞台上的辅助线可以移动位置。
- 锁定辅助线：执行"视图"→"辅助线"→"锁定辅助线"命令，或者在"编辑辅助线"对话框中选定该选项，则会锁定文档所有场景中的辅助线，不能被移动位置。
- 清除辅助线：如果不再使用某辅助线，则使用选择工具，将它拖出工作区窗口即可删除。执行"视图"→"辅助线"→"清除辅助线"命令，或在"辅助线"对话框中单击 全部清除(A) 按钮，则清除文档当前场景中的所有辅助线。

图 1-51　辅助线对话框

- 编辑辅助线首选参数：执行"视图"→"辅助线"→"编辑辅助线"命令，打开"辅助线"对话框，设置辅助线参数，如图 1-51 所示。

1.4　知识进阶——使用帮助面板

Adobe Flash CS3 Professional 的"帮助"面板包含了大量信息和资源，对 Flash 的所有创作功能和 ActionScript 语言进行了详尽的说明。"帮助"面板可以随时对软件的使用或动作脚本语法进行查询，使用户更好地使用软件的各种功能。

创作过程的任何时候，按 F1 键，或执行"帮助"→"Flash 帮助"命令，都可以打开"帮助"面板，如图 1-52 所示。Flash CS3 的"帮助"面板是 CHM 电子书形式，分为上、左、右三个区域，上方为搜索输入框，输入搜索关键字；左半侧为目录筛选和目录区域；右半侧是内容浏览区域。正确操作和使用"帮助"面板，可以帮助用户更快更好地学习 Flash。

图 1-52　帮助面板

1. 使用筛选目录

单击目录筛选的下拉按钮▼，在目录列表中选择想要查询的目录，在面板左半侧将显示树形目录结构。单击文件夹名称前面的展开按钮⊞，一级级展开目录树，单击需要查询的条目名，在右半侧浏览区域显示相应的帮助信息内容。

2. 使用搜索

在"帮助"面板上方的"搜索"文本框中输入查找关键字，例如"fscommand"，然后单击筛选目录下拉按钮▼，选择查询范围，如"ActionScript 3.0"，在目录树中找到相应条目，再单击 搜索 按钮，右半侧的浏览区域显示相应信息，并以黄色背景突出显示查询的关键字，如图 1-53 所示。

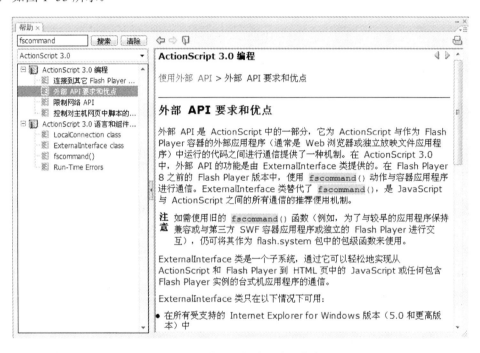

图 1-53　使用"搜索"查询信息

1.5　实训及指导

实训一　设计个性工作空间

1．实训题目：设计个性工作空间。
2．实训目的：熟悉并掌握 Flash 工作界面的使用特点及面板操作。
3．实训内容：排列功能面板，创建辅助工具。
4．实训指导：

如图 1-54 所示，创建个人需要的工作空间。

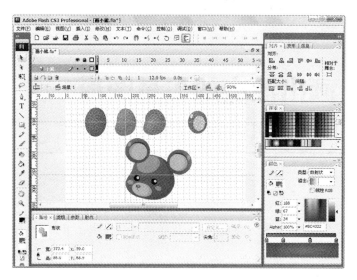

图 1-54　个性工作界面

实训二　体验 Flash 动画魅力

1．实训题目：创建简单的 Flash 动画。
2．实训目的：熟悉并掌握 Flash 动画创建流程。
3．实训内容：创建 Flash 文档、设置文档属性、制作动画、测试影片、保存文档、导出影片。
4．实训指导。

【效果描述】

这是一个简单的 Flash 动画，"精彩的 Flash 学习之旅开始了"画面徐徐展开，"开始了……"闪动几次，如图 1-55 所示。实例所在位置：教学资源/CH01/效果/实训 2.fla。

图 1-55　播放效果

【操作步骤】

参照"1.3.1 芝麻开门"一节的制作过程，创作一个简单的 Flash 动画。

第 2 章 画出漂亮的矢量图形
——应用 Flash 绘图工具

任务

认识矢量图形，了解其特点，应用 Flash 提供的多种绘图工具，绘制漂亮的矢量图形。

目标

- 了解矢量图形和位图的概念及其特点
- 掌握线条工具的使用方法
- 掌握填充工具的使用方法
- 掌握变形工具的使用方法
- 综合应用多种绘图工具，创建漂亮的矢量图形

2.1 位图图像与矢量图形

根据原理的不同，计算机中的图形可以分为矢量图（Vector）和点阵位图（Bitmap）。矢量图可通过公式计算获得，图形文件的体积一般较小，这使得动画文件下载速度很快。

1．矢量图

矢量图使用直线段和曲线（称为矢量）描述图像，图形元素是一些点、线、矩形、多边形、圆和弧线等，同时还包含了颜色和位置信息，而线段数据只需记录两个端点坐标。

例如，一个篮球的矢量图可以使用一系列的点（最终形成篮球的轮廓）描述，篮球的颜色由轮廓（即笔触）的颜色和轮廓所包围的封闭区域（即填充）的颜色决定。

矢量图最大的优点是无论放大、缩小或旋转都不会产生失真，且与分辨率无关，除了可以在分辨率不同的输出设备上显示以外，还可以对其执行移动、调整大小、更改形状或颜色等操作，而不会改变其外观品质。

Flash 动画就是由矢量图形组成，编辑矢量图形时，修改的是描述其形状的线条和填充的属性。如图 2-1 所示为由线条和填充构成的矢量图形。

2．位图

位图也称为点阵位图，使用带颜色的像素点（图像元素）来描述图像，不同色彩的点（即像素）组合在一起进行不同的排列，便构成了一幅完整的图像。编辑位图图像时，修改的是像素，而不是线条和填充，但不能单独操作（如移动）位图图像的局部。

计算机屏幕就像一张包含大量像素点的网格。例如，一个篮球的位图图像，由每一个网格中的像素点的位置和色彩值来决定，每一点的色彩是固定的，在更高分辨率下观看图像时，每一个小点看上去就像是一个个马赛克色块。因此，当位图被放大时，像素在网格中重新进行了分布，便会出现马赛克现象，图像边缘出现锯齿状失真；而图像被缩小时，是通过减少像素来使整个图像变小的，所以会影响到图像的品质。

矢量图与位图最大的区别是：矢量图不受分辨率的影响，可以任意放大或缩小而不会影响图形的清晰度，即精度不会改变。位图一旦被放大，可明显看到图像模糊失真，而把图像缩小后，精度即被降低。矢量图最大的缺点是难以表现色彩层次丰富的逼真图像效果，位图图像弥补了矢量图的缺陷，色彩和色调变化丰富，能精确描写自然界的景象。

如图 2-2 所示，是同一个尺寸圆形图案的矢量图和位图被放大 10 倍后的效果，可以很明显地看出，矢量图质量没有受到任何影响，而位图出现了马赛克和边缘的锯齿状失真现象。

　　　　　　　　　　　　　　　　　　矢量图无失真　　位图放大失真

图 2-1　矢量图的构成　　　　　图 2-2　矢量图和位图放大 10 倍后的效果

3．Flash 的绘图原理

使用 Flash 的绘图工具绘制的图形是矢量图，包括两种绘图模式：合并绘制模式和对象绘制模式。

（1）合并绘制模式。在该模式中绘制图形、填充颜色以及对图形进行编辑，会影响到同一图层中的其他形状，如笔触、图形、纯色填充、渐变填充、位图填充以及任何被分离的对象，如果两个图形在垂直位置上重叠，则图形在相交位置相互分割。

如，当画一条线段穿过另一段笔触或填充图形时，这条线段就像一把刀一样，将穿过的笔触或图形沿着相交的位置分割为几部分，同时自己也被割断了。如图 2-3（a）、（b）所示，一条线段穿过另一线段时将该线段和本身切割成两段，而穿过填充圆时，将图形分割为两部分，而本身被分为三段。

当将填充图形画在已知图形上方，或将另一个图形移动至原图形上方，图形的重叠部分将被新图形取代。如图 2-3（c）、（d）、（e）、（f）所示，黑色填充圆图形覆盖在矩形填充图形上方，若将圆形选中并移开，则矩形被挖空，或者说，新图形将原图形重叠部分取代了。

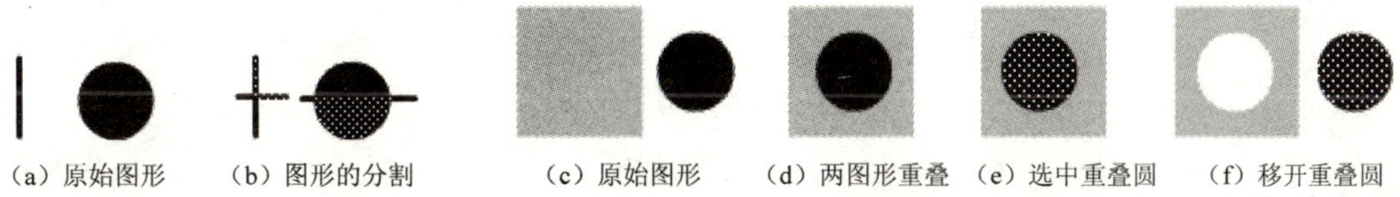

（a）原始图形　（b）图形的分割　　（c）原始图形　（d）两图形重叠　（e）选中重叠圆　（f）移开重叠圆

图 2-3　矢量图形的相交切割现象

利用矢量图形的相交切割特点，可以很容易地制作出各种特殊图形效果，如蒙版、镂空、反白等。为避免这种相互影响，可以利用"组合"功能将一个或多个图形组合成图形对象，或将不同的图形置于不同的图层中。

（2）对象绘制模型。在该模式中绘制的每个图形都是独立的对象，这些对象在重叠时不会自动合并。在分离或重新排列图形的外观时，可以分别进行处理，即使图形重叠也不会改变它们的外观。

在工具箱中选择任一种绘图工具，然后在选项区选择对象绘制按钮 ⃝，创建图形时，会在图形周围添加矩形边框，如图 2-4 所示。

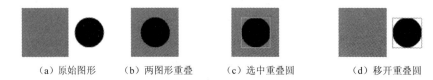

（a）原始图形　　（b）两图形重叠　　（c）选中重叠圆　　（d）移开重叠圆

图 2-4　对象绘制模式中的图形重叠

2.2　线条工具与矩形工具

线条是构成矢量图形的最重要的元素。Flash 提供了单独的线条工具 ╲，可以绘制各种笔触类型的直线。矩形工具 ▭ 可以绘制矩形轮廓和椭圆轮廓，与选择工具 ▸ 和变形工具 ▨ 配合使用，可以绘制出各种各样的曲线和形状。

2.2.1　芝麻开门——绘制房子

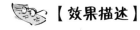【效果描述】

本例为青青草原上一所可爱的小房子的图形效果，如图 2-5 所示。实例所在位置：教学资源/CH02/效果/绘制房子线条.fla。

图 2-5　绘制房子线条

【技术要点】

使用线条工具 ╲、矩形工具 ▭ 勾勒出房子的基本形状，再利用矢量图形相交时互相分

第 2 章　画出漂亮的矢量图形——应用 Flash 绘图工具

割的特点，删除掉没有用的线段。最后使用选择工具 和变形工具 微调线条或图形，形成最终的图形效果。

【操作步骤】

1．新建文档并设置影片属性

（1）单击 按钮，或执行"文件"→"新建"命令，新建一个 Flash 文档；

（2）在"属性"面板中单击 550 x 400 像素 按钮，或执行"修改"→"文档"命令，打开"文档属性"对话框，设置舞台"尺寸"为 550×400px，"帧频"为 12fps，单击 确定 按钮。

2．绘制山坡背景图形

（1）选择工具箱绘图工具区中的矩形工具 ，单击颜色区中的笔触颜色按钮 ，在弹出的调色板中选择黑色（#000000），单击颜色区中的填充颜色按钮 ，在弹出的调色板中单击无色按钮 。由舞台左上角开始向右下角拖曳鼠标，拖出一个黑色边框的矩形轮廓。

（2）选择工具箱绘图工具区中的线条工具 ，单击颜色区中的笔触颜色按钮 ，在弹出的调色板中选择黑色（#000000）。由舞台左边开始向右拖曳鼠标，拖出一条黑色水平线，将矩形轮廓分为上下两部分。

（3）选择工具箱选择区中的选择工具 ，将光标移近舞台中的水平线，直到变成 形状，按下鼠标向右上方拖曳，此时水平线变为一条向右上方弯曲的曲线，如图 2-6 所示。鼠标再次靠近曲线右端点，直到光标变为 形状，按下鼠标沿垂线向上方拖曳鼠标，将曲线变为右端向上斜的曲线。在拖曳鼠标过程中，曲线端点处会出现一个虚心圆，标示端点的位置。

3．绘制房子线条

（1）选择工具箱绘图工具区中的矩形工具 ，单击颜色区中的笔触颜色按钮 ，在弹出的调色板中选择黑色（#000000），单击颜色区中的填充颜色按钮 ，在弹出的调色板中单击无色按钮 。由舞台右上角拖出一个黑色边框的矩形，与曲线相交，将曲线段分割为三部分。

（2）选择工具箱选择区中的选择工具 ，按下 Shift 键，连续选择矩形的四条边框线。单击工具箱选择区中的变形工具 右下角的下拉按钮，弹出下拉菜单，选择"任意变形工具"命令。将光标靠近选中的矩形的上边缘线，直到变为" "形状，向左水平拖曳鼠标，将矩形变形为平行四边形。如图 2-7 所示。

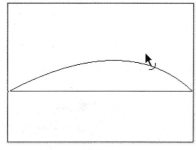
图 2-6　将直线变为曲线

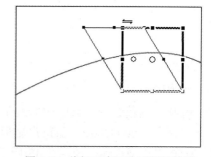
图 2-7　将矩形变形为平行四边形

（3）选择工具箱选择区中的选择工具 ![arrow]，单击选中平行四边形内的曲线段，按 Delete 键，将其删除。

（4）选中平行四边形，单击工具栏中的 ![icon] 和按钮 ![icon] 复制一个平行四边形。单击工具栏中的缩放工具 ![icon]，按下鼠标，向左下角拖曳图形右上角的控制手柄，将图形缩小。移动光标变为 ![icon] 形状时，按下鼠标，将其拖曳到原平行四边形的左下角位置，并使其左、下边框重叠，如图 2-8 所示。选中两个平行四边形左下角重叠的两条边框，按 Delete 键将其删除，变形后的平行四边形如图 2-9 所示。

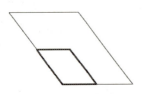
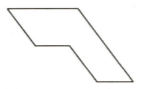

图 2-8　复制、调整平行四边形　　　　　图 2-9　删除重叠的边

（5）选择工具箱绘图工具区中的线条工具 ![icon]，单击颜色区中的按钮 ![icon]，在弹出的调色板中选择黑色（#000000）。在平行四边形左上角画两条平行的斜线，然后按下 Shift 键，在两条平行线下端画水平线，使三条线段相交，如图 2-10 所示。选择工具箱选择区中的选择工具 ![icon]，按下 Shift 键，选中多余的线段将其删除。至此，房顶的线条就完成了。

（6）选择工具箱绘图工具区中的线条工具 ![icon]，单击颜色区中的按钮 ![icon]，在弹出的调色板中选择黑色（#000000）。按下 Shift 键，在房顶笔触的合适位置连续画出多条垂直线段，如图 2-11 所示。

（7）继续使用线条工具 ![icon]，画斜线，或画水平线段，连接各垂线的下端点，如图 2-12 所示。

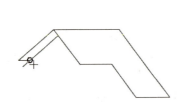
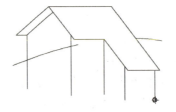
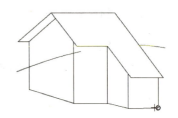

图 2-10　绘制新线条　　　图 2-11　连续画垂直线段　　　图 2-12　连接各垂直线段

（8）选择工具箱绘图工具区中的矩形工具 ![icon]，单击颜色区中的按钮 ![icon] ![icon]，在弹出的调色板中选择黑色（#000000），单击颜色区中的按钮插入一个图片，在弹出的调色板中单击 ![icon] 按钮。在房子图形的合适位置画两个矩形，分别作为房子的门、窗。点击工具箱中绘图区中矩形工具 ![icon] 按钮右下角的下拉三角，或在矩形工具 ![icon] 按钮上按住鼠标左键不动，弹出一组基本绘图工具下拉列表，选择椭圆工具 ![icon]，在房子图形的另一面墙壁上绘制一个瘦长的椭圆，作为房子的另一个窗户。

（9）选择工具箱绘图工具区中的线条工具 ![icon]，单击颜色区中的 ![icon] ![icon] 按钮，在弹出的调色板中选择黑色（#000000）。在窗户矩形内分别画水平线、垂线，将窗户美化为"田"字形，在门的矩形内画垂线，如图 2-13 所示。

（10）选择工具箱选择区中的选择工具，选中房子图形内部的曲线，按 Delete 键将其删除干净。至此，房子图形的轮廓绘制完成。

4．绘制栅栏线条

（1）单击工具箱绘图工具区中的矩形工具，在舞台的合适位置绘制一个瘦长的矩形。选择工具箱选择区中的选择工具，光标移向矩形上边框线直到变为⌒形状，按住 Ctrl 键，按下鼠标并向上拖曳，将矩形上边框线拉出一个尖锐的端点。矩形成为不规范的五边形，如图 2-14 所示。继续使用选择工具，调整五边形的形状。

 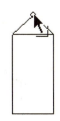

图 2-13　为房子画门窗　　　　　　　图 2-14　矩形变为五边形

（2）选中并复制舞台中的五边形，拖曳复制的五边形到如图 2-15 所示位置。将两个五边形中重叠的线条删除，选择工具箱绘图工具区中的线条工具，将两个五边形左上角及左下角两个端点连接起来，并在图形中画几条装饰性的直线段，如图 2-16 所示。至此，一个栅栏形状绘制完成。

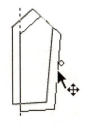 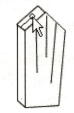

图 2-15　复制五边形　　　　　　　图 2-16　完成的栅栏图形

（3）使用工具栏中的按钮和按钮复制一个栅栏图形，并使用线条工具画出其他图形细节。

（4）最后，选择工具箱绘图区中的椭圆工具，在门板、槛栏中绘制几个小椭圆图形，作为门锁和钉子。

5．绘制云朵线条

（1）在工具箱绘图区矩形工具按钮上方按住鼠标左键不动，在弹出的基本绘图工具列表中选择多角星形工具，单击颜色区中的按钮，在弹出的调色板中选择黑色（#000000），单击颜色区中的按钮，在弹出的调色板中单击按钮。单击"属性"面板中的按钮，设置样式"多边形"，边数"8"，星形顶点大小"1.00"，单击按钮。

（2）在舞台中房子图形的左上角，拖曳鼠标，绘制一个无填充八边形，如图 2-17（a）所示。

(3) 依据绘制背景图形同样的方法,将八边形变形。选择工具箱选择区中的选择工具 ![], 移动光标靠近八边形任意一条边, 直至光标变形为⌒形状, 向外侧方向拖曳鼠标, 该直线边将变形为曲线。继续使用选择工具 ![], 将其他直线轮廓变形为曲线。如图 2-17(b)所示。

(4) 选择工具箱选择区的任意变形工具 ![], 调整图形为云朵形状, 如图 2-17(c)所示。

(5) 使用选择工具 ![] 双击云朵图形将其选中, 复制一个云朵图形。把新图形拖曳到合适的位置, 选择工具栏中的缩放工具 ![], 将图形适当缩小。执行"修改"→"变形"→"水平翻转"命令, 将图形进行水平翻转, 如图 2-17(d)所示。

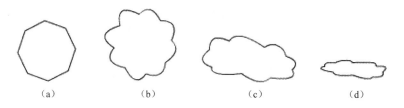

图 2-17　云朵图形

(6) 选择并复制一个水平翻转后的云朵图形, 粘贴到房子图形的右上角位置。

6. 清理多余的线条

使用工具箱选择区中的选择工具 ![], 选中各图形内部交叉重叠的线条, 按 Delete 键将其删除干净。最后完成的房子线条图形如图 2-5 所示。

7. 测试影片保存文档

(1) 按 Ctrl+Enter 快捷键, 测试影片。
(2) 保存文档为"绘制房子线条.fla"。
(3) 导出影片为"绘制房子线条.swf"。

【小结一下】

本例中, 先使用大量的线条绘图工具绘制出规则的几何图形, 如直线或直线框, 然后利用选择工具 ![] 或任意变形工具 ![]、缩放工具 ![] 将图形变形或调整大小, 最终完成了一幅田野上坐落着一所漂亮的小房子的风景图画。

2.2.2　线条的属性

在上例绘制房子过程中大量用到了直线段, 这些线段都是由工具箱绘图工具区中的 ![] 工具完成的。

1. 绘制直线

选择工具箱绘图区的线条工具 ![], 将光标移入舞台中, 直至光标变形为"十"形, 按下并拖曳鼠标, 在舞台上沿光标移动轨迹画出一条直线段。

● 按住 Shift 键的同时拖曳鼠标, 会画出一条标准的水平线、垂线或 45°角线段。

● 按住 Alt 键的同时拖曳鼠标,将以绘制线段的起始点为中心向两侧同时绘制直线。

使用线条工具,选择工具箱选项区的贴紧对象按钮,在画直线过程中,线段的终点处出现一个虚心圆圈,而当光标与另一线段的端点相遇时,圆圈突然变大,标识两线段已相连接。如图 2-18 所示。

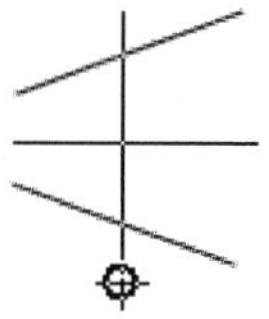

2. 修改直线的属性

在舞台上绘制直线后,"属性"面板中显示出该线段的属性信息,如图 2-19 所示。

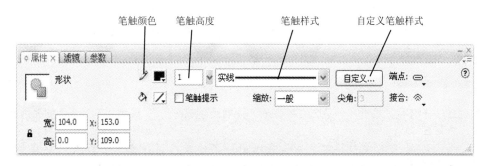

图 2-18 不同方向的直线

图 2-19 线条的属性面板

使用工具箱选择区中的工具,单击某条直线段,该线段被选中。在"属性"面板中:
- "笔触颜色":设置线段的颜色,系统默认为黑色(#000000)。单击笔触颜色按钮的下拉三角,弹出调色板,选择新的颜色或在输入框中输入颜色值(如#000000)后,线段的颜色被修改。如果调色板中没有合适的颜色,单击右上角的色窗按钮,打开"颜色"对话框,进一步对颜色进行设计。
- "笔触高度":设置线条的粗细,系统默认为 1px(1 像素)。在输入框中输入值,或单击笔触高度按钮的下拉三角,弹出笔触高度设置窗口,拖曳滑块上下移动,线段粗细被修改,范围为 0.1~200px。或直接在输入框中输入一个 0~200 之间的值,然后按 Enter 键。
- "笔触样式":设置线段的线型。单击笔触高度按钮的下拉按钮,弹出笔触样式列表,在列表中选择合适的线型。如果没有满意的线型,单击 自定义... 按钮,打开"自定义笔触样式"对话框,在"类型"列表中选择一种基本笔触,随之弹出相应的参数设置列表,选择各参数值,如图 2-20 所示。直线的笔触样式被修改,如图 2-21 所示。

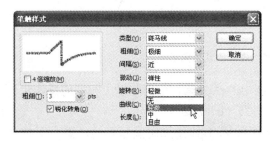

图 2-20 "自定义笔触样式"对话框

图 2-21 属性被修改后的直线

在"笔触样式"列表中有"极细"选项,当选择该选项时,绘制的线段不管被放大多少倍,将始终保持不变的笔触高度,当在"笔触高度"输入框中输入高度值时,该选项会自动变为"实线"。

- "端点":设置直线段端点的形状,包括"无"、"圆角"、"方形"3 种,如图 2-22 所示。
- "接合":设置两条线段连接处的端点形状,含"尖角"、"圆角"、"斜角"三种,如图 2-23 所示。
- "尖角":设置"尖角"的尖锐程度,只有在"端点"值为"尖角"时可用,如图 2-24 所示。

图 2-22　三种不同的端点　　图 2-23　三种不同的接合角　　图 2-24　不同的尖角值

一般情况下,并不是先随意画出一条线段后再根据具体要求修改其属性,而是选择好绘图工具后,紧接着在工具箱颜色区选择笔触颜色,在"属性"面板中选择笔触高度、笔触样式等,再在舞台中绘图。另外,无法为线条工具设置填充属性,且选择非实心笔触样式会增加文件的容量。

3. 绘制规则的矩形

使用工具箱绘图工具区中矩形工具▢,可以在舞台上绘制规则的轮廓图形。工具箱中的▢按钮是一个工具组,单击其右下角的下拉三角,或在▢按钮上按住鼠标左键不动,将弹出矩形、椭圆、基本矩形、基本椭圆、多边形、多角星形等基本绘图工具下拉列表。

- 绘制矩形:选择矩形工具▢,单击颜色区中的笔触颜色按钮✎▢,在弹出的调色板中选择黑色(#000000),单击颜色区中的填充颜色按钮◇▢,在弹出的调色板中单击▢按钮。将光标移入舞台中,直至光标变形为"十"形,按下鼠标并拖曳,将在舞台中画出一个规则的矩形轮廓,如图 2-25(a)所示。

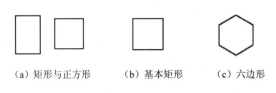

(a) 矩形与正方形　　(b) 基本矩形　　(c) 六边形

图 2-25　规则的几何图形

- 绘制基本矩形:选择工具箱绘图区中的▢工具,依据与以上相同的操作步骤,在舞台画出一个基本矩形轮廓,如图 2-25(b)所示。
- 绘制多边形:单击工具箱绘图区中的▢工具并按住鼠标不动,弹出下拉式工具列表,选择多角星形▢工具。单击"属性"面板中的 选项 按钮,打开"工具设置"对话框,在"样式"列表中选择多边形,在"边数"输入框中输入边数值(是一个介于 3~32 之间的整数),如图 2-26 所示。在舞台中合适的位置拖曳鼠标,画出一个规则的多边形,如图 2-25(c)所示。

 按住 Shift 键的同时拖曳鼠标,将画出一个正方形或沿着垂直或水平线方向约束形状的正多边形。

图 2-26 工具设置对话框

4. 绘制不规则的矩形

当选择矩形工具绘制矩形时,在"属性"面板中会出现"矩形边角半径"输入框,用来绘制不规则的矩形。四个输入框分别对应矩形的四个边角,当输入正整数时,矩形边角为外凸圆角;当输入负整数时,矩形边角为内凹圆角。在四个输入框中输入相同的数值时,矩形的四个边角形状一致,且值越大,弧度越大。

- "矩形边角半径":选择工具箱绘图区中的矩形工具,在"属性"面板中的"矩形边角半径"输入框中输入一个正整数"10",在舞台上画出一个圆角矩形;输入一个正整数"30",在舞台上画出一个圆角矩形;输入一个负数"−10",在舞台上画出一个圆角矩形;输入一个负数"−20",在舞台上画出一个圆角矩形,如图 2-27 所示。
- 矩形"锁定/解除锁定边角半径":绘制圆角矩形时,系统默认状态为"边角半径"锁定状态。此时修改一个半径,其他三个半径将同时发生相同的变化,使得四个边角半径值相同。单击按钮,解除锁定状态,各边角半径各分别设置不同的值。如图 2-28 所示。

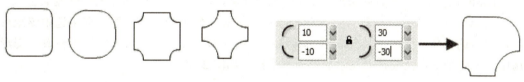

图 2-27 四个边角半径相同的圆角矩形   图 2-28 四个边角半径不同时的圆角矩形

2.2.3 线条的变形

制作动画时,有时需要曲线来组成图形,如在上例中绘制草地的边缘。但 Flash 不直接提供曲线工具,而是由"选择"工具来配合将直线变形而成各种形状的曲线。

1. 选择图形

"选择"工具首先是一个选择图形元素的工具。选择工具箱选择区的线条工具,移动光标靠近并选中图形。

- 在线条上方单击鼠标,选中一段线条;双击鼠标,选中连续的线条。
- 在填充区域上方单击鼠标,选中一个填充区域;双击鼠标,选中填充区域及其图形轮廓。
- 当光标变形为形状，按住鼠标左键并拖曳，创建一个矩形轮廓，需要的图形全部被包含在框内时释放鼠标，矩形轮廓中的图形被选中。

2．变形线条

选择线条工具，在舞台中绘制一条直线段。单击选择工具，移动光标靠近线段。
- 当光标变形为形状，拖曳鼠标，直线将变形为曲线，如图2-29（a）所示。
- 当先按下 Ctrl 键或 Alt 键，再拖曳鼠标时，会在操作点处添加一个拐点，直线段将变形为折线，此时光标变形为形状，如图2-29（b）所示。
- 光标靠近线段的端点，并变形为形状时，拖曳鼠标，会以线段另一个端点为轴心旋转该线段，并可自由伸缩该线段，如图2-29（c）所示。

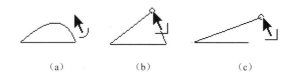

图 2-29　将直线段变形

　注意，利用选择工具将图形变形时，该图形必须处于非选中状态，否则拖曳时图形会被移动位置而不是改变形状。

2.2.4　矩形的变形

Flash 不直接提供平行四边形、菱形等绘制工具，而是由任意变形工具来配合完成。

选择矩形工具，在舞台中绘制一个矩形轮廓。使用选择工具，双击选中该矩形轮廓，然后选择任意变形工具，或直接选择任意变形工具，双击选中矩形轮廓。图形被选中，在四个端点及线条上显示变形控制手柄，如图2-30所示。

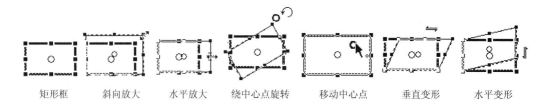

图 2-30　将矩形进行变形

　图形中心位置的虚心圆是该图形的中心点。图形变形时将以此点为对称点，其位置可调。但位置被移动后，图形的变形将不再以该点为对称点。

利用矩形及变形工具可以绘制很多图形，如下为绘制一张桌子。首先画出桌腿图形，过程为"画矩形"→"变形"→"复制图形"→"水平翻转"→"调整位置"→"组合成一条桌腿"→"复制、组合成四条桌腿"，如图2-31（a）所示。接下来，绘制桌面图形，过程为

"画圆角矩形"→"变形"→"复制图形"→"调整位置"→"再次变形"→"删除多余的线条",如图 2-31(b)所示。最后,要将两组图形组合而成桌子的图形,过程是"选中桌面图形"→"拖曳至桌腿图形左上方位置"→"删除图形交叉的重叠笔触",如图 2-31(c)所示。

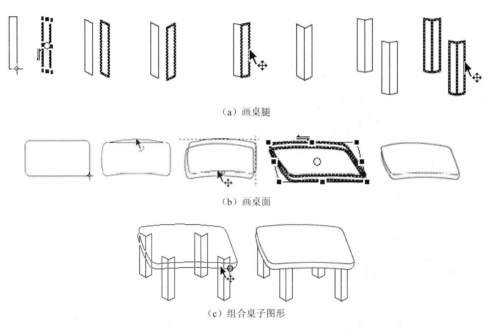

(a) 画桌腿

(b) 画桌面

(c) 组合桌子图形

图 2-31 绘制桌子图形的过程

多边形的变形操作与矩形基本相同,在此不再赘述。

2.3 颜料桶工具与滴管工具

使用线条工具只能完成图形的轮廓或形状,只有在形状内填上漂亮的颜色,才能成为一幅完整的图形。"颜料桶"工具可以用纯色、渐变色或直接应用位图填充封闭或不完全封闭的轮廓,而"滴管"工具可以从现有的图形中采集填充和笔触属性,甚至从位图图像采集填充属性,然后立即应用到其他对象。

2.3.1 芝麻开门——填充房子

【效果描述】

本例为青青草原上可爱的小房子图形,蓝天白云非常漂亮,如图 2-32 所示。实例所在位置:教学资源/CH02/效果/填充房子.fla。

【技术要点】

使用颜料桶工具 与滴管工具 设计出漂亮的颜色,填充在房子图形中,并实现多种颜色之间淡入淡出的过渡效果。

图 2-32　填充房子效果

【操作步骤】

1．打开已有的 Flash 文档

单击 按钮，或执行"文件"→"打开"命令，或在初始界面的"打开最近的项目"列表中选择"绘制房子线条.fla"，打开上节完成的实例文档。

2．为前景图形填充单色

（1）在工具箱的颜色区选择颜料桶工具 ，单击填充颜色按钮 ，打开调色板，选择或直接在输入框中输入颜色值（#9933CC），如图 2-33 所示。将光标移至房顶上方位置，单击鼠标左键，房顶被填充在调色板中选择的颜色，如图 2-34 所示。

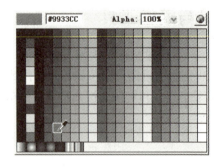　　　　

图 2-33　在调色板中选择颜色　　　　图 2-34　填充房顶

（2）依据相同的方法，为房子的墙壁填充颜色（#CC99FF），为门窗分别填充颜色（#CC6600）和颜色（#FFFF99），为槛栏填充颜色（#FFCC99），为门锁和槛栏上的钉子图形填充颜色（#000000），为圆形窗户的四个格分别填充颜色（#ECEC00）、（#66FF00）、（#0099FF）、（#FF66CC）。

　　请注意，在填充颜色时，要将颜色桶光标移动至填充区域的上方。如果填充区域太小，可以将工作区视图的显示比例适当放大。

第 2 章 画出漂亮的矢量图形——应用 Flash 绘图工具

3. 为背景图形填充渐变色

（1）执行"窗口"→"颜色"命令，打开"颜色"面板。单击"类型"下拉按钮，在颜色方案列表中选择"线性"。在颜色面板下方出现渐变色滚动条和颜色指针，单击滚动条最左方的颜色指针，在颜色值输入框中输入颜色值（#99CC00），单击滚动条最右方的颜色指针，在颜色值输入框中输入颜色值（#006600），如图 2-35 所示。

（2）在工具箱的颜色区选择颜料桶工具，单击填充颜色按钮，打开调色板。在调色板右下角最后一个颜色块中，将显示刚刚添加进来的渐变色方案，单击选择该方案。移动光标到草地图形左上方位置，按下鼠标左键向右下方拖曳鼠标，拖出一条斜向直线，草地会被填充从浅绿色到深绿色的渐变过渡颜色，如图 2-36 所示。

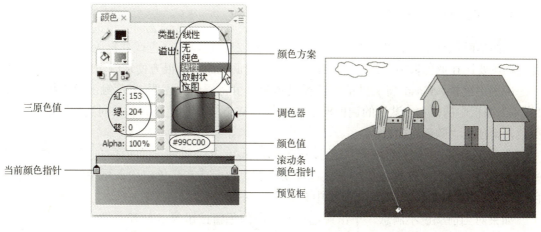

图 2-35　颜色面板　　　　　　　　图 2-36　填充草地

（3）依据步骤（1）、（2）相同的方法，在颜色面板中设计出从颜色（#1D1DF3）到颜色（#000000）的线性渐变颜色方案。按下鼠标左键，从舞台的左上角向天空与草地的交界线处拖曳鼠标，为天空图形填充从天蓝色到白色的渐变过渡颜色效果。

4. 删除云朵图形的线框

使用选择工具，选中云朵图形四周的黑色线条，全部删除。当天空颜色填充完成后，云朵图形不再填充其他颜色，保持白色，此时显示漂亮的蓝天白云效果。

5. 测试影片并保存文档

（1）按 Ctrl+Enter 快捷键，测试影片。
（2）保存文档影片为"填充房子.fla"。
（3）导出影片为"填充房子.swf"。

【小结一下】

本例主要通过使用颜料桶工具，为已经完成的线框图形填充内部颜色。填充过程中，除了直接在调色板中选择已有的颜色外，还要通过颜色面板根据图形的实际需要设计出新的颜色方案。通过本例的操作,使读者认识了颜色填充、填充工具及填充方案的设计,为以后绘制复杂图形打下基础。

2.3.2 填充的类型

矢量图形由两部分组成,一是线条或图形的形状轮廓,二是由线条围成的封闭区域的颜色。Flash 提供了单独的颜料桶工具 为线条图形填充颜色,如上一节中绘制的房子图形。

在 Flash 中填充颜色分为几种类型:
- 纯色填充,即为一个区域填充一种颜色。
- 渐变色填充,即为一个区域填充由两种以上颜色组成的混合渐变色。
- 位图填充,将一幅位图图像作为一种填充方案,填充到指定的区域。

1. 编辑纯色

动画的颜色只受到软件系统颜色设置的限制(256 色、增强色或真彩色),实际动画包含的颜色要比在调色板中看到的颜色多得多,使用调色板可以很方便地编辑纯色。

应用调色板。Flash 将文件的调色板显示为"填充颜色"控件、"笔触颜色"控件以及"样本"面板中的样本。默认的调色板是 216 色的 Web 安全调色板。若要向当前调色板添加颜色,请使用"颜色"面板。

单击工具箱颜色区的填充颜色按钮 ,或单击"属性"面板中的填充颜色按钮 ,打开调色板。在调色板中直接选择某个颜色块,或在颜色值输入框中输入六位的颜色值(如白色#000000),则在预览框中会显示该颜色。

如果对当前颜色不满意,单击调色板右上角的色窗按钮 ,打开"颜色"对话框,如图 2-37 所示。在颜色拾取窗中选择一种颜色,或在颜色值输入框中分别输入"红"、"绿"、"蓝"三原色值,拖曳亮度设置条的滚动指针设置其亮度,并依次输入"色调"、"饱和度"、"亮度"值,此时在预览区会显示该颜色调整的效果。

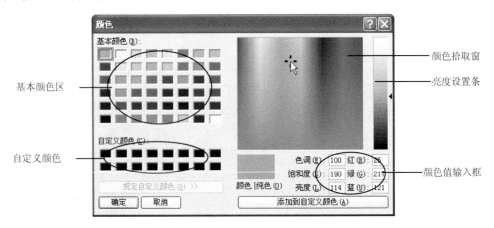

图 2-37 颜色对话框

如果想将设置的当前颜色保存起来,单击"添加到自定义颜色"按钮,则该颜色方案将被添加到对话框"自定义颜色"区的一个颜色块中。

另一种方法是应用"颜色"面板。执行"窗口"→"颜色"命令,打开"颜色"面板，首先选择填充类型。单击"类型"下拉按钮，在颜色方案列表中选择"纯色"。在调色器中选择一种颜色，或在三原色输入框中直接输入颜色值，拖曳亮度设置条的滚动指针设置其亮度，直接在颜色 Alpha 值输入框中输入该颜色的透明度（0%为完全透明，100%为完全不透明），该颜色效果会显示在窗口下方的预览窗口中。单击面板右上角的 按钮，执行"添加样本"命令，可将该颜色方案添加到调色板中。

2．编辑渐变色

渐变色分为线性渐变和放射状渐变，由 2～15 种颜色组成。线性渐变是颜色沿着一条轴线（水平或垂直）过渡改变，放射状渐变是从一个中心焦点向外过渡改变颜色，如图 2-38 所示。

 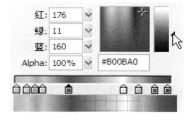

图 2-38　线性渐变和放射状渐变　　　　图 2-39　添加新颜色指针并设置颜色

调色板只提供了几种渐变色，位于调色板的最正下方。一般情况下，使用"颜色"面板编辑新的渐变方案。操作步骤如下：

（1）执行"窗口"→"颜色"命令，打开"颜色"面板。

（2）选择渐变类型。单击"类型"下拉按钮，在颜色方案列表中选择"线性"。

（3）设置渐变色左右两端颜色指针的颜色。选择渐变填充类型后，颜色面板下方出现渐变色滚动条和两个颜色指针。单击滚动条最左侧的颜色指针，在调色器中选择一种颜色或在颜色值输入框中输入颜色值。单击滚动条最右侧的颜色指针，设置其他颜色值。

（4）添加新颜色指针并设置颜色。鼠标置于两个颜色指针之间的任意位置，光标变形为 形状时单击，在当前位置添加一个新指针。单击该指针，即将其设为当前颜色指针。按相同的方法，设置该指针的颜色。当不再需要某个颜色时，选中该颜色指针，沿任意一个方向，将它拖出渐变色滚动条。

（5）新的颜色效果会显示在窗口下方的预览窗口中。如果想将该方案保存到调色板中，单击面板右上角的 按钮，执行"添加样本"命令即可。

 　　需要注意的是，一个渐变色滚动条最多可排列 15 个颜色指针，就是说一种渐变色最多可包含 15 种纯色。颜色指针的距离决定着两种颜色之间的距离，选中某个颜色指针，按下鼠标，可在滚动条范围内任意移动其位置。放射状渐变色的设置与线性完全相同。

3．编辑位图图像填充

还可以直接应用颜色更逼真的位图图像来填充矢量图形。在"颜色"面板的"类型"列表中选择"位图"，打开"导入到库"对话框，在图像文档列表中选择合适的图像文件，

单击 打开(O) 按钮，图像效果会在预览窗口中显示出来。在"位图"填充模式中，可以单击 导入... 按钮，直接导入位图。所有位图的图像效果会全部显示在预览窗口中，如图 2-40 所示。

2.3.3 填充效果的实现

设置好填充方案后，可以使用颜料桶工具 实现填充，既可以为空白区域填色，也可改变原有区域的填充色。

图 2-40 导入位图

1．填充选项

选择工具箱填色区的颜料桶工具 ，在选项区中会出现两个选项按钮，分别为空隙大小按钮 和锁定填充按钮 。单击 按钮的下拉三角，弹出空隙大小的填充模式列表，如图 2-41 所示。

- "不封闭空隙"：被填充的线条图形完全封闭时才能填充颜色，否则只有在手动封闭空隙后填充。
- "封闭小空隙"：被填充的线条图形空隙非常小时才能填充颜色，空隙可以被自动封闭。
- "封闭中等空隙"：线条图形空隙比较大时可以填充颜色，空隙可以被自动封闭。
- "封闭大空隙"：线条图形空隙很大时也可以填充颜色，空隙可以被自动封闭。

锁定填充是一种特殊操作，锁定填充渐变色或位图时，相当于将一种填充方案应用于舞台的多个图形中。如图 2-42 所示，图中下方的小矩形图形分别被填充了上方大矩形图形中各对应部分的渐变色和位图效果。

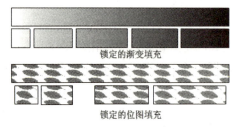

图 2-41 空隙大小的四种模式　　　　　图 2-42 锁定填充效果

2．填充纯色

选择工具箱填色区的颜料桶工具 ，在调色板中选择一种纯色，或在"颜色"对话框中设置一种新的纯色，光标移动至被填充的区域时，变形为颜色桶形状，单击鼠标，区域被填充。如果区域是不封闭的，则根据具体情况选择空隙大小的不同模式进行填充。

3．填充渐变色

选择工具箱填色区的颜料桶工具 ，在调色板中选择一种渐变色，或在"颜色"对话框中设置一种新的线性渐变色，在被填充的区域中拖曳鼠标，方向不同或拖曳鼠标的距离不同，填充的效果也不同。如果选择放射状渐变色，鼠标在被填充区域中的位置不同时，渐变色中心颜色对应的位置也不同，光标对应放射状渐变的中心颜色。如图 2-43（a）所示。

4．填充位图图像

选择工具箱填色区的颜料桶工具，在"颜色"对话框中导入一个位图图像，或在预览窗口中选择已经导入的位图，在被填充的区域内单击鼠标。使用位图填充某个区域时，位图图像的大小不会随着区域的大小而变化。当填充区域小于图像时，图像会被从中心点开始截取，当填充区域大于图像时，多个图像被平铺，如图 2-43（b）所示。

（a）渐变填充效果　　　　　　　　　　（b）位图填充效果

图 2-43　不同的填充效果

请读者做以下实验：在舞台上绘制一个椭圆或矩形，填充一种线性渐变色。在该图形四周分别绘制多个小椭圆或小矩形，选择工具箱填充区的滴管工具，在大矩形或椭圆区域内单击，光标变形为锁定填充形状（锁定填充按钮处于选中状态），然后填充所有小图形，观察填充效果。然后，移动各小图形的位置，再一次执行以上的操作，观察填充效果是否有变化。

2.3.4　填充效果的变形

如果对填充区域的颜色效果不满意，可以应用渐变变形工具继续调整已填充好的渐变效果。

按住工具箱选择区的变形工具，在弹出的列表中选择渐变变形工具，单击渐变或位图填充的区域，区域被选中，并显示一个带有控制手柄的边框。当光标在这些手柄中的任何一个上方停留时，形状会发生变化，显示该手柄的功能。如图 2-44 所示，分别为线性渐变、放射状渐变、位置填充的变形控制手柄。其中：

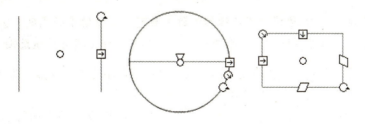

图 2-44　各种填充的变形控制手柄

- "中心点"手柄：标示渐变的中心位置，变换图标是一个四向箭头。移动渐变中心时，整个渐变色会随之移动。
- "焦点"手柄：仅在选择放射状渐变时才显示，用来控制放射状渐变的焦点位置，它只能左右移动，但只要和中心点以及旋转手柄进行配合，即可实现全方位的焦点移位，变换图标是一个倒三角形。移动渐变焦点时，整个渐变色不会随着移动，只会因拉动而变形。

- "半径大小"手柄：用来调整放射状渐变半径的大小，变换图标是内部有一个箭头的圆圈。
- "旋转"手柄：用来旋转渐变的方向，变换图标是组成一个圆形的四个箭头。
- "宽度"手柄：用来调整渐变的宽度，变换图标是一个双向箭头。
- "倾斜"手柄：用来在水平或垂直方向上倾斜渐变，且可以倾斜接近180°，变换图标是一个双向箭头。

拖曳不同位置的操作手柄，可以调整填充效果。如图 2-45 所示，其中图（a）和（e）为选择渐变区域，图（b）和（f）为缩放渐变宽度，图（c）和（g）为旋转渐变方向，图（d）和（h）为移动渐变中心，图（i）为缩放渐变半径，图（j）为移动渐变焦点。

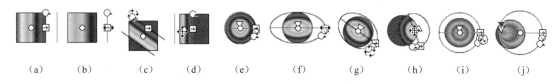

图 2-45　变形渐变填充效果

对于位图填充的区域，变形工具控制的操作单元是一个位图图像，而不是整个填充区域。如图 2-46 所示，图（a）为选择位图填充区域，图（b）为旋转位图填充的方向，图（c）为缩放位图填充的宽度，图（d）为移动位图填充的中心位置，图（e）为倾斜填充位图，图（f）为缩放填充位图的尺寸。

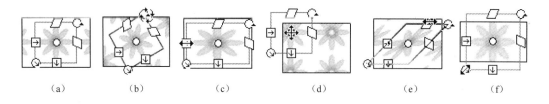

图 2-46　变形位图填充效果

 请注意：① 边框上下边缘的缩放工具可以缩放填充的高度。② 当渐变变形控制边框超出填充区域时，渐变中心、焦点都可以移出填充区域范围。

接下来，就将颜料桶工具和渐变变形工具配合使用，填充上节完成的桌子图形。

（1）为桌子图形填充纯色和线性渐变色。

选择工具箱填色区的颜料桶工具，在调色板中选择或在颜色输入框中输入颜色值（#CC9900），单击桌面侧面图形；依据相同的方法分别为桌子腿正面图形填充颜色（#FFCC00）。选择工具箱填色区的颜料桶工具，在"颜色"面板中选择"线性"填充类型，设置由两种纯色，即颜色（#F9D342）和（#85540C）组成的渐变色，分别单击桌面图形、桌子腿左侧面图形。填充完成之后，选择渐变变形工具调整线性填充的效果。使用选择工具双击选中图形中的所有线条，按下 Delete 键将它们删除，效果如图 2-47（a）所示。

（2）为桌子图形填充纯色和放射状渐变色。

单击选中选择工具 ，按下 Shift 键，连续选择图形中填充渐变色的各个图形部分，在"颜色"面板中选择"放射状"填充类型，其他不变。选择渐变变形工具 ，调整放射状填充的效果。调整后的填充效果如图 2-47（b）所示。

图 2-47　桌子图形的填充效果

2.3.5　复制笔触与填充

工具箱中的滴管工具 是一个采集工具，利用它可以将图形的填充颜色或笔触属性复制到其他的图形或线条上，还可以采集位图作为填充内容。当用滴管工具单击线条以采集笔触属性时，将自动切换为墨水瓶工具；当使用滴管工具单击填充区域时，会自动切换为颜色桶工具。

1．复制笔触属性

选择工具箱填色区的滴管工具 ，光标移至舞台中已经绘制完成的线条上方，此时光标变为 形，单击鼠标左键，光标变形为墨水瓶工具 形状（此时，工具箱中墨水瓶工具 处于选中状态）。移动光标至被修改线条上方，单击鼠标左键，则笔触颜色、笔触样式、笔触高度等属性都被修改。如图 2-48（a）所示。

2．复制填充属性

选择工具箱填色区的滴管工具 ，光标移至舞台中已经绘制完成的填充区域内，此时光标为 形。单击鼠标左键，光标变形为锁定填充工具 形状（此时，工具箱中颜料桶工具 处于选中状态，且"锁定填充"功能键被打开）。移动光标至被修改的填充区域上方，单击鼠标左键，对该区域进行锁定填充，填充的颜色效果是刚刚由滴管工具采集到的。用户如果对填充效果不满意，可以继续进行调整。复制填充属性的过程如图 2-48（b）所示。

(a) 采集笔触属性过程　　　　　　　　　(b) 采集填充色过程

图 2-48　使用滴管工具采集图形属性

3．复制位图填充属性

使用滴管工具采集位图填充属性，与复制填充属性基本一致，即实现的是采集位图，然后对新图形实施锁定填充。

2.4　刷子工具与橡皮擦工具

"刷子"工具能绘制出毛笔般的笔触，或者为形状轮廓涂色，还可以创建特殊效果。通过"橡皮擦"工具可删除没有用的笔触或填充，若要更改线条或形状轮廓的笔触属性，可使用"墨水瓶"工具。

2.4.1 芝麻开门——房前的小路

【效果描述】

本例为青青草原上可爱的小房子前面加上羊肠小道，使画面更加完整。效果如图 2-49 所示。实例所在位置：教学资源/CH02/效果/房前的小路.fla。

【技术要点】

使用工具箱绘图区的刷子工具绘制形状随意的小路，使用橡皮擦工具进一步修改其形状，使用墨水瓶工具为小路图形添加特殊的笔触样式，形成草丛中的小路效果。

【操作步骤】

1. 打开已有的 Flash 文档

单击按钮，或执行"文件"→"打开"命令，或在初始界面的"打开最近的项目"列表中选择"填充房子.fla"，打开上节刚刚完成的实例文档。

2. 绘制小路图形

（1）使用选择工具单击并选中绿色的草地。在工具箱绘图区选择刷子工具，选项区弹出刷子模式、刷子大小和刷子形状等选项按钮。单击刷子模式按钮，在列表中选择"颜料选择"选项；单击刷子大小按钮，在列表中选择最后一个选项，即选择最大的刷子；单击刷子形状按钮，在列表中选择第一个选项，即选择圆形刷子。

（2）在工具箱颜色区单击填充颜色按钮，打开调色板，选择颜色（#DFC6AC）。

（3）在房子左侧和房前位置的绿色草地上慢慢拖曳鼠标，绘制小路形状，沿着刷子的移动轨迹，会留下如图 2-50 所示的效果。

图 2-49 房前小路　　　　　　　　　　图 2-50 使用刷子工具绘制小路

3. 修改小路图形

（1）在工具箱填色区选择橡皮擦工具，选项区弹出橡皮擦模式、水龙头和橡皮擦形状等选项按钮。单击橡皮擦模式按钮，在列表中选择"擦除填色"选项；单击橡皮擦形状按钮，在列表中选择最大的圆形橡皮擦。移动光标至小路图形，将边沿不光滑的图形慢慢擦除。擦除时，草地和小路图形的颜色会一起被擦除掉。通过橡皮擦，可以擦除小路图形边沿尖锐的拐角，或修改由于在绘图过程中鼠标抖动造成的细微缺口。

（2）选择工具箱填色区的颜料桶工具，在调色板中选择颜色（#DFC6AC），在擦除掉颜色的区域单击鼠标，重新填充该区域。

4．为小路图形添加线条

（1）在工具箱填色区选择墨水瓶工具，在"属性"面板中单击笔触颜色按钮，打开调色板，选择笔触颜色（#2E8500）。单击 自定义… 按钮，打开"笔触样式"对话框，设置新的笔触样式如图 2-51 所示。

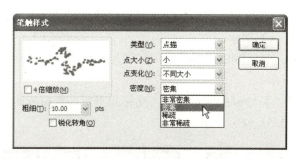

图 2-51　设置小路的笔触样式

（2）移动光标至小路图形的两侧，单击鼠标，为小路图形添加边框笔触，达到小路两边小草丛生的效果，如图 2-50 所示。

5．测试影片并保存文档

（1）按 Ctrl+Enter 快捷键，测试影片。
（2）保存文档为"房前的小路.fla"。
（3）导出影片为"房前的小路.swf"。

【小结一下】

本例中，使用刷子工具、橡皮擦工具和墨水瓶工具完成了小路图形。其中前两种工具的选项非常丰富，不同的选项可以形成截然不同的效果。

2.4.2　刷子的模式

"刷子"工具是用来绘制无笔触填充图形或进行内部区域填充的，作用类似于毛笔，就像在涂色。

"刷子"工具能绘制出刷子般的笔触，可以创建特殊效果，包括书法效果。在工具箱绘图区选择刷子工具，选项区会显示其不同的功能选项，如锁定填充、对象绘制、刷子模式、刷子形状及刷子大小。单击填充颜色按钮，在调色板中选择合适的填充颜色，既可以是纯色，也可以是渐变色。在舞台上拖曳鼠标，沿鼠标移动轨迹留下相应的图形效果或填充效果。

平滑 =10　　　　平滑 =100

图 2-52　不同平滑度的刷子效果

除了可以设置刷子的模式、大小、填充色之外，还可以设置平滑度。选择刷子工具时，在"属性"面板中出现一个"平滑"输入框，可以直接输入值或拖动滚动条，设置一个从 0～100 的平滑度值，平滑度越高，绘制的平滑过渡效果越明显。如图 2-52 所示比较效果。

- "锁定填充" ：用于锁定填充区域，作用类似于颜料桶工具的锁定填充。
- "标准绘画" ：新绘制的图形会覆盖原来的图形，如图 2-53（a）所示。
- "颜料填充" ：新绘制的图形只覆盖原来图形的填充区域，不影响笔触，如图 2-53（b）所示。
- "后面绘画" ：新绘制的图形将位于舞台的最底层，新图形被上一层的原图形所覆盖，如图 2-53（c）所示。
- "颜料选择" ：新绘制的图形只显示在预先选择的区域内，其他区域内无图形，如图 2-53（d）所示。
- "内部绘画" ：新绘制的图形只覆盖光标起点所在原图形的第一个填充区域内的图形元素，如图 2-53（e）所示。

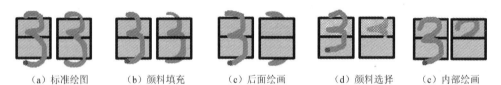

（a）标准绘图　　（b）颜料填充　　（c）后面绘画　　（d）颜料选择　　（e）内部绘画

图 2-53　刷子工具的不同模式

请注意，刷子大小不会随舞台的缩放比率不同而改变，或者说更改舞台的缩放比率并不更改现有刷子笔触的大小。当舞台缩放比率降低时，同一个刷子大小不变就会显得太大。所以对大填充区域，可以在较小的显示比例下进行填充；反之，可以通过将显示比例放大，来严密地填充较小的区域。

2.4.3　橡皮擦的模式

利用"橡皮擦"工具能迅速删除舞台中分离的图形元素，如图形的笔触和填充区域，但对组合的图形对象无效。"橡皮擦"工具包含丰富的功能选项，可以选择不同的工作模式，还可以定义不同的形状和大小。

在工具箱填色区选择橡皮擦工具 ，在选项区弹出橡皮擦模式 、水龙头 和橡皮擦形状 等选项按钮。

- "标准擦除"：以常规模式进行图形擦除，只要是光标经过的地方，图形元素全部被擦除，如图 2-54（a）所示。
- "擦除填色"：只对填充区域进行擦除，不会对笔触产生影响，如图 2-54（b）所示。
- "擦除线条"：只对笔触进行擦除，不会对填充产生影响，如图 2-54（c）所示。
- "擦除所选填充"：只对处于选中状态的填充区域进行擦除，不会对其他位置上的图形元素产生影响，如图 2-54（d）所示。

- "内部擦除"：只擦除光标起点所在的第一个填充区域内的图形元素，既擦除填充又擦除笔触，如图 2-54（e）所示。如果光标从一个空白区域开始拖曳，则什么也不会擦除。

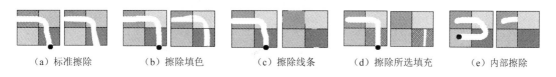

（a）标准擦除　　　（b）擦除填色　　　（c）擦除线条　　　（d）擦除所选填充　　　（e）内部擦除

图 2-54　橡皮擦工具的不同模式

- "水龙头"：在任何图形上方单击鼠标，一次性删除相连续的整个线条或区域。当把光标置于线条上方时，水龙头光标下方的水滴图形是瘦长形的，而当水龙头光标置于填充区域上方时，水滴图形是圆形的。如图 2-55 所示。

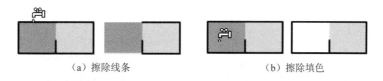

（a）擦除线条　　　　　　　　　　（b）擦除填色

图 2-55　橡皮擦工具的水龙头模式

2.4.4　墨水瓶工具

使用"墨水瓶"工具可以为图形添加、更改线条或形状轮廓的笔触效果，如修改笔触颜色、笔触高度、笔触样式等。在工具箱的填色区选择墨水瓶工具，在线条"属性"面板中设置笔触属性，移动光标至要添加轮廓的图形边缘，单击鼠标，如图 2-56 所示。"墨水瓶"工具没有功能模式选项。

图 2-56　使用墨水瓶工具为区域添加轮廓

2.5　椭圆工具与多角星形工具

2.5.1　芝麻开门——草原上的小熊

【效果描述】

本例使用了上一节的实例效果，继续表现在青青草原上，一只可爱的小熊在美丽的向日葵前玩耍的温馨画面，效果如图 2-57 所示。实例所在位置：教学资源/CH02/效果/小熊与向日葵.fla。

图 2-57　草原上的小熊与向日葵

【技术要点】

使用椭圆工具○、多角星形工具○绘制出小熊、向日葵的大致形状，再通过选择工具▶对图形进行变形调整，选择合适的颜色和填充方案对图形进行填充，最后删除没有用的线条。

【操作步骤】

1．打开已有的 Flash 文档

单击 按钮，或执行"文件"→"打开"命令，打开上节完成的实例"房前的小路.fla"文档。

2．添加新图层

单击时间轴面板左下角的插入新图层工具 按钮，插入一个名为"图层 2"的新图层，单击该图层的第一帧。

3．绘制向日葵图形

（1）绘制多角星形：选择工具箱绘图区的多角星形工具○，在"属性"面板中单击笔触颜色按钮 ，打开调色板，单击无色按钮☑。执行"窗口"→"颜色"命令，打开"颜色"面板，选择"放射状"渐变填充方案，并在渐变色滚动条中设置从左至右由（#FFAC00）、（#FFCC04）和（#FFEE20）三种颜色组成的放射状渐变色，其中 Alpha 均为 100%，如

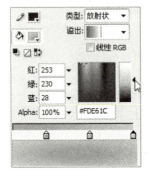

图 2-58　设置多角星形的渐变填充

图 2-58 所示。单击"属性"面板中的 按钮，打开"工具设置"对话框，设置如图 2-59 所示的星形参数值。在舞台适当位置绘制星形，如图 2-60（a）所示。

（2）复制多角星形：选择绘制完成的十六角星形，执行"窗口"→"变形"命令，打开"变形"面板，在旋转输入框中输入旋转角度"11.0 度"，单击对话框右下角的复制并应用变形按钮，在原位置以顺时针旋转方式复制一个十六角星形，组合形成一个三十二角形，如图 2-60（b）所示。

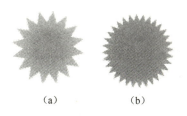

图 2-59 设置多角星形参数　　　　图 2-60 绘制并复制十六角星形

（3）绘制椭圆：在工具箱绘图区选择椭圆工具，在颜色面板中设置由颜色（#975B00）和（#623800）组成的放射状渐变色，在完成的三十二角星形的中间位置绘制一个椭圆。

（4）绘制并变形矩形：在工具箱绘图区选择矩形工具，在"属性"面板中取消笔触颜色，在"颜色"面板中设置由颜色（#975B00）和（#623800）组成的线性渐变色，在已完成的图形下方自左至右拖动鼠标，绘制一个矩形。使用选择工具调整矩形的形状为向日葵的树干。

（5）绘制并变形椭圆：在工具箱绘图区选择椭圆工具，在"属性"面板中取消笔触颜色，在"颜色"面板中设置由颜色（#99DC11）和（#3E8110）组成的线性渐变色，在舞台自左至右拖动鼠标绘制一个椭圆。使用选择工具调整椭圆为一片叶子形状。

（6）绘制并变形直线：在工具箱绘图区选择直线工具，在"属性"面板中设置笔触颜色（#3E8110），绘制一条直线段。使用选择工具调整直线为弧线形状，并移动到叶子旁边，作为叶柄。

（7）复制叶子图形：复制、粘贴已经完成的叶子图形，并执行"修改"→"变形"→"水平翻转"命令，作为向日葵的另一片叶子。绘制完成的向日葵图形如图 2-61 所示。

4．绘制小熊图形

（1）绘制小熊头部图形 1：工具箱绘图区选择椭圆工具，在"属性"面板中取消笔触颜色，在"颜色"面板中选择

图 2-61 向日葵图形

颜色（#9B3328），绘制一个椭圆，使用选择工具调整椭圆形状如图 2-62（a）所示。

（2）绘制小熊头部图形 2：依据相同的方法，使用椭圆工具，绘制一个由颜色（#D25D00）、颜色（#CC5609）、颜色（#BC4322）和颜色（#A92D3F）组成的放射状渐变填充的椭圆，使用渐变变形工具调整填充效果，并使用选择工具调整椭圆形状如图 2-62（b）所示。将变形后的椭圆移动位置到第一个变形椭圆上方，如图 2-62（c）所示。

（3）绘制小熊头部图形 3：选择椭圆工具，取消笔触颜色，在"颜色"面板选择白色（#FFFFFF）纯色，设置 Alpha 值为 30%，绘制一个椭圆，使用选择工具调整椭圆形状。选中椭圆并将其移动位置如图 2-62（d）所示。

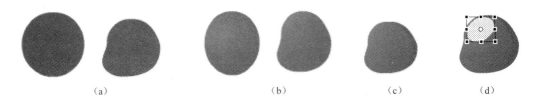

图 2-62 绘制并调整椭圆

（4）绘制小熊的嘴和鼻子图形 1：选择椭圆工具，取消笔触颜色，在颜色面板选择颜色（#F08C11），绘制椭圆，使用选择工具调整椭圆形状。依据相同的方法，绘制另一个填充纯色（#F5A91F）的椭圆，使用选择工具调整其形状，并将其移动位置到第一个椭圆上方。选中两个椭圆，移动其位置到小熊头部图形的适当位置。

（5）绘制小熊的嘴和鼻子图形 2：依据与步骤(4)相同的方法，绘制由颜色分别为（#D25D00）、（#CC5609）、（#BC4322）、（#A92D3F）组成的放射状渐变填充椭圆，以及填充纯色（#FFFFFF）的椭圆，分别调整其形状及位置。

（6）绘制小熊的嘴和鼻子图形 3：选择直线工具，在"属性"面板中设置笔触颜色（#000000），笔触高度（1px），绘制一条直线段。使用选择工具调整其形状为弧线，并调整各椭圆与弧线位置如图 2-63 所示。

（7）绘制小熊的腮及眼睛图形：选择椭圆工具，取消笔触颜色，在"颜色"面板选择白色（#FFFFFF）纯色，设置 Alpha 值为 30%，绘制一个椭圆，并复制该椭圆。继续使用椭圆工具绘制一个黑色正圆并复制该正圆，再次使用椭圆工具绘制一个小得多的白色正圆并复制该正圆。调整各个椭圆或正圆图形的位置如图 2-64 所示。

图 2-63 绘制嘴和鼻子　　　　图 2-64 绘制腮和眼睛

（8）绘制小熊的耳朵图形：选择椭圆工具，取消笔触颜色，绘制由小到大四个椭圆，填充颜色分别为纯色（#F5A91F）、（#F08C11）、（#8E1302）、（#A92D3F），最后再绘制一个白色的 Alpha 值为 30%的椭圆。选中各椭圆图形，按图 2-65 所示上下层顺序排列，组成小熊的耳朵图形。复制耳朵图形，执行"修改"→"变形"→"水平翻转"命令，完成小熊的另一只耳朵图形。将两只耳朵图形与已完成的头部图形组合，如图 2-66 所示。

图 2-65 绘制耳朵　　　　图 2-66 绘制头部

（9）绘制小熊的足部图形：选择椭圆工具 ◯，取消笔触颜色，绘制由小到大三个椭圆，填充颜色分别为纯色（#FFFFFF），Alpha 值（30%），纯色（#F5A91F）和（#F08C11），按图 2-67 所示排列顺序。复制、粘贴该图形，并执行"修改"→"变形"→"水平翻转"命令，完成小熊的另一只脚丫图形。

（10）绘制小熊的身体图形：使用椭圆工具 ◯，绘制一个由颜色（#FD8A3E）、(#CC5609)、(#BC4322) 和（#45101B）组成的放射状渐变填充的椭圆，复制、粘贴为三个椭圆，分别使用渐变变形工具 ▨ 调整填充效果，使用选择工具 ▶ 调整椭圆形状，如图 2-68 所示。将三个不同形状的椭圆组合形成小熊的躯干部分，如图 2-69 所示。

图 2-67　绘制小熊的脚　　　　　　　图 2-68　绘制并调整椭圆

（11）组合小熊图形：最后，将以上完成的各部分图形按图 2-70 所示组合而成小熊图形。

图 2-69　组合椭圆为小熊躯干　　　　图 2-70　完整的小熊图形

5．测试影片保存文档

（1）按 Ctrl+Enter 快捷键，测试影片。
（2）保存文档为"小熊与向日葵.fla"。
（3）导出影片为"小熊与向日葵.swf"。

【小结一下】

本例主要应用基本绘图工具多角星形工具 ◯ 和椭圆工具 ◯ 绘制基本图形，再应用选择工具 ▶ 对图形进行调整，最后将各部分图形组合成一个完整的画面。本例中，不再通过绘制轮廓然后填充颜色，而是直接使用不带轮廓的填充图形。

2.5.2　基本椭圆与多角星形

使用"椭圆"工具、"多角星形"工具可以绘制规则或不规则椭圆、多角星形图形，通过配合使用"选择"工具可以将基本图形修改、调整为其他任意图形。

1．绘制规则的椭圆和多角星形

使用工具箱绘图区中的基本绘图工具，可以在舞台上绘制规则的图形轮廓。工具箱中

的矩形工具 按钮是一个工具组，包含矩形工具、椭圆工具、基本矩形工具、基本椭圆工具、多角星形工具。

- 绘制椭圆：单击矩形工具 右下角的下拉三角，或在 按钮上按住鼠标左键不动，在弹出的基本绘图工具下拉列表中选择椭圆工具 。单击颜色区中的笔触颜色按钮 ，在调色板中选择黑色（#000000），单击颜色区中的填充颜色按钮 ，在调色板中单击 按钮。将光标移入舞台中直至变形为"十"形，按下并拖曳鼠标，绘制一个规则的椭圆框。按住 Shift 键的同时拖曳鼠标，画出一个正圆形或沿着垂直或水平线方向约束形状的椭圆轮廓，如图 2-71（a）所示。
- 绘制基本椭圆：选择基本椭圆工具 ，依据与以上相同的操作步骤，在舞台画出一个基本椭圆轮廓。
- 绘制多角星形：选择多角星形工具 ，单击"属性"面板中的 按钮，打开"工具设置"对话框，在"样式"列表中选择"星形"，在"边数"输入框中输入边数值（6），在"星形顶点大小"输入框中输入星形顶角的尖锐度值（0.3），如图 2-72 所示。在舞台中合适的位置拖曳鼠标，画出一个规则的六角星形轮廓。修改星形项总值为（0.6），再画一个六角星形轮廓，如图 2-71（b）所示。

（a）椭圆　　（b）不同顶点值的六角星形

图 2-71　规则的图形　　　　　图 2-72　工具设置对话框

 星形顶点大小：是一个介于 0 到 1 之间的正数，指定星形顶角的尖锐度。值越小，星形的顶角越尖锐，反之越圆滑。

2．绘制不规则的椭圆

在实际应用中，经常使用的是不规则的椭圆图形。

- 椭圆的"起始角度"和"结束角度"：在椭圆的"属性"面板中包含"起始角度"和"结束角度"两个输入框，用于设置椭圆图形开始位置和结束位置的角度值，范围为 0～360。当输入值为 0 时，表示由椭圆中心的右侧水平位置开始，沿顺时针旋转，垂直下方位置值为 90，水平左侧位置值为 180，垂直上方位置值为 270，转一圈为 360。当"起始角度"和"结束角度"值相等时，该图形为一个封闭的椭圆。如图 2-73（a）所示，为一个起始角度与结束角度相同的封闭椭圆；如图 2-73（b）所示为一个起始角度与结束角度不相同的封闭椭圆。
- 椭圆的"封闭路径"：该单选项决定椭圆轮廓是否为封闭状态。如图 2-73（c）所示为一个起始角度与结束角度不相同的不封闭椭圆。
- 椭圆的"内径"：设置椭圆图形中内圆的半径，其值为对应内层椭圆的内径值的百分比，范围为 0~99。当值为 0 时，表示该椭圆没有内层椭圆。如图 2-73（d）、（e）、（f）所示，为不同内容的椭圆。

- 重置按钮 重置 ：重置所有"基本椭圆"属性值，使基本椭圆形状恢复为原始大小和形状。

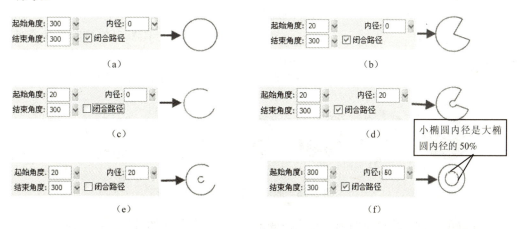

图 2-73 不规则的椭圆图形

3．椭圆的变形

椭圆、多角星形的变形与矩形、直线相同，操作方法不再赘述。

将椭圆工具、选择工具、线条工具以及任意变形工具配合使用，可以绘制出很多漂亮的图形。如图 2-74 所示为绘制、填充苹果图形的过程。

图 2-74 绘制苹果图形的过程

2.5.3 填充图形的变形

填充图形可以通过为图形轮廓填充颜色或直接使用绘图工具绘制而成，还可以将线段转换为填充。

1．绘制填充图形

选择矩形工具、椭圆工具、基本椭圆工具、基本矩形工具、多角星形工具，设置笔触颜色为无，设置任意填充颜色，在舞台上拖曳鼠标；或者选择刷子工具，在舞台上拖曳鼠标，都可以绘制一个不含轮廓线的填充图形。

2．将线段转换为填充图形

使用选择工具选择任意一段线段，执行"修改"→"形状"→"将线条转换为填充"命令，该线条将转换为不含轮廓线的填充图形。

3. 将填充图形变形

图 2-75 填充图形相交变形

利用矢量图形的相交分割特性，可以形成新的各种形状的图形。如图 2-75 所示，为两个椭圆相交分割形成的月牙图形。

还可以使用选择工具 ![] 直接调整无轮廓填充图形边缘，将填充图形变形为其他图形。如图 2-76 所示，为直接调整填充椭圆为苹果图形的过程。

图 2-76 应用填充图形绘制苹果图形

下面的实例是将填充图形与直线段变形，绘制一片叶子的过程。使用椭圆工具 ![]，设置笔触颜色为无，填充线性渐变色由（#009966）和（#003300）组成，绘制瘦长的椭圆填充图形，如图 2-76（a）所示。使用选择工具 ![]，移动光标至椭圆上边缘，按下 Alt 键，至光标变形为 ![] 时向上方拖曳鼠标，将椭圆上边缘拖出一个尖角，如图 2-76（b）所示。依据相同方法，调整椭圆下边缘。使用选择工具 ![]，移动光标至椭圆左、右边缘，至光标变形为 ![] 时拖曳鼠标，将图形调整为如图 2-76（c）所示的叶子形状。选择直线工具 ![]，设置笔触颜色（#669933），笔触高度（1.5px），自椭圆上方至下方绘制直线段。使用选择工具 ![]，调整直线为如图 2-77（d）所示的叶柄形状。继续使用直线工具 ![]，分别绘制其他直线段，使用选择工具 ![]，将直线段调整为叶子的叶脉形状，如图 2-76（e）所示。

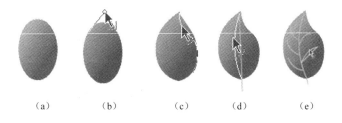

(a)　　(b)　　(c)　　(d)　　(e)

图 2-77 绘制叶子图形

下面的实例是将填充图形变形，并组合成一朵月季花的过程。

使用椭圆工具 ![]，设置笔触颜色为无，填充线性渐变色由颜色（#A90145）、（#FE78AE）和（#FFE6F2）组成，绘制瘦长的椭圆填充图形，如图 2-78（a）所示。使用选择工具 ![]，将椭圆调整为扇形，作为花朵的一个花瓣，如图 2-78（b）所示。选择扇形花瓣，执行"窗口→变形"命令，打开"变形"面板，在"旋转"输入框中输入值（72.0 度），单击复制并应用变形按钮 ![]，调整复制的图形到合适的位置。依据相同的方法，复制其他花瓣，并调整其位置，最后形成花朵的一层花瓣，如图 2-78（c）所示。全部选中该层花瓣，在"变形"面板中进行，如图 2-78 所示。参数设置，连续单击复制并应用变形按钮 ![] 4 次，完成花朵的基本形状，如图 2-78（d）所示。选择直线工具，设置笔触颜色（#FFFF00），笔触高度为（12px），笔触样式为"点描"，随意画出几条线段。重新设置笔触颜色（#CCCC00），其他值不变，在原线段旁边再画几条线段。多条点状线相互交叉，形成花蕊图形。选中花蕊图形并将其移动到花朵顶部，最后完成月季花图形，如图 2-78（e）所示。

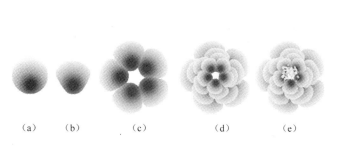

(a) (b) (c) (d) (e)

图 2-78 调整填充图形绘制花朵

图 2-79 变形面板

2.6 铅笔工具与钢笔工具

使用"铅笔"工具及"钢笔"工具，可以绘制任意线条或形状轮廓。

2.6.1 芝麻开门——可爱的卡通狗

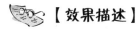

【效果描述】

本例为绿色草地上可爱的小狗一家在玩皮球的景象，效果如图 2-80 所示。实例所在位置：教学资源/CH02/效果/可爱的卡通狗.fla。

图 2-80 可爱的卡通狗

【技术要点】

导入美丽的图像作为背景。使用钢笔工具勾勒出小狗的基本形状轮廓，利用颜料桶工具在绘制的路径或图形上填充颜色，形成最终的图形效果。

【操作步骤】

1．新建文档并设置影片属性

（1）单击按钮，或执行"文件→新建"命令，新建一个 Flash 文档；

（2）在"属性"面板中单击 550 x 400 像素 按钮，或执行"修改→文档"菜单命令，打开"文档属性"对话框，设置舞台"尺寸"为 700×400px，"帧频"为 12fps，单击 确定 按钮。

2．设置背景

（1）执行"文件→导入→导入到舞台"命令，导入"教学资源/CH02/CH02_beijing2.jpg"到舞台。

（2）双击时间轴面板中的"图层1"，并更改图层名为"草"，单击图层中的眼睛图标。

3．绘制头部图形

（1）单击时间轴面板中的插入图层按钮，插入新图层，并改名为"狗妈妈"。

（2）绘制头部：在工具箱绘图区选择钢笔工具，设置笔触颜色为深棕色（#82532C），笔触高度（1px），在舞台上绘制狗妈妈头部路径，如图2-81（a）所示。

（3）在工具箱颜色区选择颜料桶工具，设置填充颜色为浅棕色（#FFDA88），填充绘制完成的路径。

（4）绘制面颊：插入新图层，选择钢笔工具，绘制路径，与狗妈妈头部路径的位置关系如图 2-81（b）所示。设置填充颜色为深棕色（#EAB959），填充新的封闭路径。选择并剪切绘制的填充图形到剪贴板，删除该图层。单击"狗妈妈"图层，执行"编辑→粘贴到当前位置"命令，将图形粘贴到原图形位置。

（5）绘制额头：选择"狗妈妈"图层，选择钢笔工具，绘制路径，与狗妈妈头部路径的位置关系如图 2-81（c）所示。设置填充颜色为浅棕色（#FFE7B6），填充新的封闭路径。

（6）绘制鼻子：再次选择钢笔工具，绘制路径，与狗妈妈头部路径的位置关系如图 2-81（d）所示。设置填充颜色为黑色（#000000），填充新的封闭路径。选择钢笔工具，绘制路径如图 2-82（a）所示，填充颜色为浅灰色（#686867）。

(a) 绘制狗妈妈头部路径　　(b) 绘制脸颊路径　　(c) 绘制额头路径　　(d) 绘制鼻子路径

图 2-81　绘制狗妈妈头部图形过程1

（7）绘制眼睛：再次选择钢笔工具，绘制路径，与狗妈妈头部路径的位置关系如图 2-82（b）所示。设置填充颜色为黑色（#000000），填充新的封闭路径。在工具箱绘图区选择刷子工具,设置填充颜色为浅灰色(#686867),在眼睛图形左下角刷出一条平滑的短线。再设置填充颜色为白色,在眼睛右上角点一个圆点。绘制完成小狗的眼睛图形,如图 2-82(c)所示。

(8)按步骤(7)的方法,绘制狗妈妈的另一只眼睛图形。

(9)绘制鼻梁:再次选择钢笔工具,在鼻子上方位置绘制路径,如图 2-82(d)所示。设置填充颜色为白色#FFFFFF,填充封闭的路径。

(10)使用选择工具,选择多余的线条,将其删除。至此,狗妈妈的头部图形完成。

(a)绘制鼻头路径　　　(b)绘制眼睛路径　　　(c)刷制眼睛图形　　　(d)绘制鼻梁路径

图 2-82　绘制狗妈妈头部图形过程 2

4.绘制躯干部分图形

(1)绘制身体:插入新图层,更名为"身体"。选择钢笔工具,设置笔触颜色为深棕色(#82532C),笔触高度(1px),绘制路径如图 2-83(a)所示。设置填充颜色为浅棕色(#FFDA88),填充封闭的路径。

(2)绘制身体阴影:插入新图层,选择钢笔工具,设置笔触颜色为深棕色(#82532C),笔触高度(1px),绘制阴影路径,与身体路径的位置关系如图 2-83(b)所示。设置填充颜色为棕色(#EAB959),填充阴影图形。选择并剪切绘制的填充图形到剪贴板,删除该图层。单击"身体"图层,执行"编辑→粘贴到当前位置"菜单命令,将图形粘贴到原图形位置。

(3)绘制腿部:单击"身体"图层,选择钢笔工具,设置笔触颜色为深棕色(#82532C),笔触高度(1px),绘制路径如图 2-83(c)所示。

(4)绘制阴影:插入新图层,选择钢笔工具,设置笔触颜色为深棕色(#82532C),笔触高度(1px),绘制路径如图 2-83(d)所示。设置填充颜色为棕色(#EAB959),填充封闭路径。选择并剪切绘制的填充图形到剪贴板,删除该图层。单击"身体"图层,执行"编辑→粘贴到当前位置"菜单命令,将图形粘贴到原图形位置。

(5)使用选择工具,选择多余的线条,将其删除。选择刷子工具,设置填充颜色为深棕色(#BB8217),在阴影区域刷上斑点图案。至此,躯干部分的图形完成,如图 2-83(e)所示。

(a)绘制躯干路径　(b)绘制阴影路径　(c)绘制腿部路径　(d)绘制阴影路径　(e)完成身体图形

图 2-83　绘制狗妈妈躯干图形过程

（6）选择"身体"图层的图形，剪切到剪贴板，删除"身体"图层。单击"狗妈妈"图层，粘贴剪贴板中的图形到该图层，并调整其位置，如图 2-84 所示。

5．绘制狗爸爸图形

（1）插入新图层，并命名为"狗爸爸"。

（2）按绘制狗妈妈图形的操作方法和步骤，使用钢笔、刷子和选择工具，绘制狗爸爸图形，如图 2-85 所示。

6．绘制狗宝宝图形

（1）插入新图层，并命名为"狗宝宝"。

（2）按绘制狗妈妈及狗爸爸图形的操作方法和步骤，使用钢笔、刷子和选择工具，绘制狗宝宝图形，如图 2-86 所示。

图 2-84　狗妈妈图形　　　　图 2-85　狗爸爸图形　　　　图 2-86　狗宝宝图形

7．绘制皮球图形

（1）插入新图层，并命名为"球"。

（2）选择椭圆工具，绘制一个椭圆，并填充由多种鲜艳的颜色组成的放射状渐变。读者可根据自己的喜好自行设置渐变色，调整皮球的位置。

调整各个图形的相对位置，最后的效果如图 2-80 所示。

8．测试影片并保存文档

（1）按 Ctrl+Enter 快捷键，测试影片。

（2）保存文档为"可爱的卡通狗.fla"。

（3）导出影片为"可爱的卡通狗.swf"。

【小结一下】

本例中，大量使用钢笔工具，通过绘制不规则的路径，完成小狗一家的图形轮廓。使用颜料桶工具填充不同的颜色，形成图形的各个不同部分。使用刷子工具使图形更精细。

2.6.2　铅笔工具

使用"铅笔"工具可以像使用真实铅笔一样，随意地绘制线条、形状，甚至书写文字。

1．绘制线条

"铅笔"工具提供不同的绘制模式,实现在绘制时平滑或伸直线条和形状。

（1）在工具箱的绘图区选择铅笔工具 。

（2）在"属性"面板中选择笔触颜色、笔触高度和笔触样式。

（3）在工具箱选项区中将弹出不同的绘制模式,如图2-87（a）所示。

- "直线化"模式 ,可以绘制直线。在绘制过程中,将接近三角形、椭圆、圆形、矩形和正方形的形状转换为这些常见的几何图形,如图 2-87（b）所示,绘制形状,放开鼠标后自动按绘制模式识别图形为规则矩形。
- "平滑"模式 ,绘制平滑曲线。如图2-87（c）所示,绘制形状,放开鼠标后按平滑曲线模式识别图形。选择该模式时,在"属性"面板中提供"平滑"设置框,可以在输入框中输入或拖动滑动条设置需要的平滑度,值在0~100之间。值越高,线条越平滑;值越低,线条越接近直线。
- "墨水"模式 ,绘制手工画效果的线条或形状。如图 2-87（d）所示,绘制形状,放开鼠标后按鼠标移动轨迹识别图形。

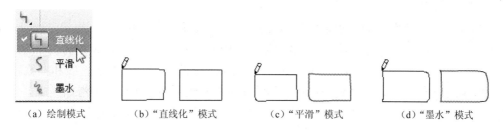

（a）绘制模式　　（b）"直线化"模式　　（c）"平滑"模式　　（d）"墨水"模式

图2-87　铅笔工具的不同绘制模式

  按住Shift键绘制线条,可将线条限制为垂直或水平方向。

2．伸直和平滑线条

使用"伸直"及"平滑"操作,可以改变线条和轮廓的形状。

"伸直"操作可以直线化绘制的线条和曲线,但不影响直线段。如,在"首选参数"的"绘画"类别中关闭"确认形状"选项的情况下,使用"铅笔"工具绘制任意的椭圆、矩形或三角形,可以使用"伸直"命令使其规范化。

（1）选择工具箱中的选择工具 ,选择要调整的线条或形状轮廓。

（2）单击工具箱选项区的伸直功能按钮 ,或执行"修改→形状→伸直"命令。

如图2-88所示为执行"伸直"操作后的形状轮廓。

图2-88　使用"伸直"操作识别形状

"平滑"操作可以使曲线变柔和,减少曲线整体方向上的尖锐突起,或者说会减少曲线中的线段数。但平滑是相对的,不影响直线效果。

(1)选择工具箱中的选择工具，选择要调整的线条或形状轮廓。
(2)单击工具箱选项区的平滑功能按钮，或执行"修改→形状→平滑"命令。
如图 2-89 所示为使用"平滑"操作调整后的形状轮廓。

图 2-89　使用"平滑"操作调整形状

当需要修改较短的曲线段形状时,选择"平滑"操作,可以减少线段数量,从而得到一条更易于改变形状的柔和曲线。

根据线段和形状轮廓的原始曲直程度,可以重复应用"平滑"或"伸直"操作,这样会使每条线段更直或更平滑。

2.6.3　关于路径

路径由一个或多个直线段或曲线段组成的线条,在 Flash 中绘制线条或形状时被创建,线段的起始点和结束点由锚点来标识。路径可以是封闭的,也可以是开放的,但有明显的终点。

路径具有两种锚点:转角点和曲线点。在两条连续的直线路径上或直线和曲线路径接合处的锚点称为转角点,该点处的路径突然改变方向。绘制两条相连的平滑曲线时创建的锚点称为曲线点。可以使用转角点和曲线点的任意组合绘制路径,为任意锚点组合创建的路径,如图 2-90 所示。

路径轮廓称为笔触,开放或封闭路径内部区域的颜色或渐变称为填充。笔触具有颜色、粗细和样式图案。通过拖动路径的锚点、显示在锚点的控制线末端的控制点或线段本身改变路径的形状,如图 2-91 所示。

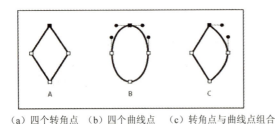

(a) 四个转角点　(b) 四个曲线点　(c) 转角点与曲线点组合

图 2-90　路径的锚点　　　　　　　　　图 2-91　路径

2.6.4　钢笔工具及部分选取工具

使用"钢笔"工具可以绘制精确的路径,如规范直线或封闭的直线形状,任意曲线或平滑流畅的曲线形状。绘制路径时,单击鼠标可以在直线上创建锚点,按下鼠标左键并拖曳可以在曲线上创建锚点。通过"转换锚点"工具可以将曲线转换为直线,将直线转换为曲线。通过"部分选取"工具能显示使用钢笔工具或其他 Flash 绘图工具（如铅笔、直线、椭圆、矩形等）在线条上创建的节点，并通过操作节点的控制手柄调整曲线效果。

1．绘制直线路径

"钢笔"工具绘制的最简单路径是直线。单击鼠标创建一个锚点，移动鼠标继续单击，可创建由锚点连接的直线组成的路径，双击鼠标结束绘制。

（1）在工具箱绘图区选择钢笔工具。

（2）将光标定位在直线段的起始点位置，此时光标显示为初始锚点指针，它是选择钢笔工具后的第一个指针（提示下一次在舞台上单击鼠标时将创建初始锚点，它是新路径的开始，而所有新路径都以初始锚点开始）。单击鼠标，定义第一个锚点，该锚点称为初始锚点。

单击鼠标后，光标会变为 ▶ 形状，表示此时也可以绘制曲线路径。

（3）移动左、右键处于悬浮状态的鼠标，沿移动的轨迹看到一条浅绿色直线，确定第二个锚点位置后双击鼠标。退出钢笔工具的选中状态，绘制的第一条直线段可见。如图 2-92 所示，（a）选择钢笔工具，确定第一个锚点；（b）单击鼠标；（c）向右移动鼠标；（d）在第二个锚点处双击鼠标。

要想在绘制直线过程中看到浅绿色线条，必须在"首选参数"对话框的"绘画"类别中选定"钢笔工具"复选框的"显示钢笔预览"选项。

图 2-92 绘制直线段路径

（4）在第二个锚点位置单击鼠标（不是双击），则会沿鼠标移动的轨迹以直线连接两个锚点。在第三个锚点位置继续单击，将连接第二、三个锚点，直到光标到达最后一个锚点位置时双击鼠标，则绘制一条包含多个锚点的直线路径。按住 Ctrl 键，单击路径外的任何位置，显示该路径，如图 2-93 所示。

（5）若要封闭直线路径，在光标到达最后一个锚点后单击鼠标，然后移动光标到第一个锚点上方，当光标变形为 后单击鼠标闭合路径，如图 2-94 所示。

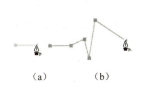

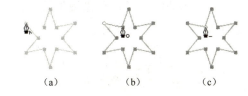

图 2-93 绘制开放的直线路径　　　　图 2-94 绘制封闭的直线路径

在绘制直线路径过程中按住 Shift 键，将绘制一条 45°的倍数的直线段。

2．绘制曲线路径

确定第一个锚点位置后，按下鼠标左键并拖曳，则可绘制出曲线。在曲线改变方向的位置处添加锚点，并拖曳构成曲线的方向线，可以调整曲线效果，方向线的长度和斜率决定了曲线的形状。

（1）在工具箱绘图区选择钢笔工具。

（2）将光标定位在曲线的起始点处，单击鼠标，钢笔工具光标变形为箭头，并确定曲线的起始锚点。按下鼠标左键并拖曳，出现一条两个方向的浅绿色控制线（曲线在该锚点处的切线），用来设置要创建的曲线段的斜率。松开鼠标左键，移动鼠标，在两个锚点间会自动连接一条曲线段。到达下一个锚点位置时按下鼠标左键并拖曳，出现该锚点处的控制线，拖曳鼠标调整曲线形状。

如果要创建"C"形曲线，按前一条控制线相反方向拖曳，然后松开鼠标左键。如图 2-95 所示，其中（a）为选择钢笔工具；（b）为拖曳鼠标，确定前一控制线；（c）为按前一条控制线反方向拖曳鼠标，绘制曲线，通过控制线调整曲线斜度；（d）为完成的曲线。

如果要创建"S"形曲线，按上一控制线相同方向拖曳，然后松开鼠标左快键。如图 2-96 所示，其中（a）为选择钢笔工具；（b）为拖曳鼠标，确定前一条控制线；（c）为按前一条控制线方向拖曳鼠标，绘制曲线；（d）为完成的曲线。

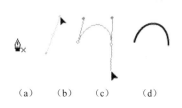
（a）　（b）　（c）　（d）

图 2-95　绘制"C"形曲线

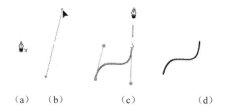
（a）　（b）　（c）　（d）

图 2-96　绘制"S"形曲线

（3）依照步骤（2）的方法，将第二个锚点当做起始锚点，继续绘制下一段曲线，在最后一个锚点处按下鼠标左键并拖曳，通过控制线调整曲线效果。依据此方法，绘制由多条曲线段构成的曲线路径，如图 2-97 所示。

　注意：在绘制曲线路径过程中按住 Shift 键，可将工具限制为 45°的倍数。一般情况下，将控制线向计划绘制的下一个锚点延长约 1/3 长度。

（4）若要封闭曲线路径，首先按步骤（2）、（3）的方法绘制平滑曲线，最后将光标定位在曲线的某个锚点上，当光标变形为时单击或拖曳鼠标，闭合路径，如图 2-98 所示。

图 2-97　绘制平滑开放的曲线路径　　　　图 2-98　封闭曲线路径

使用钢笔工具绘制路径过程中，光标变化非常丰富，如表 2-1 所示为光标及其基本含义。

表 2-1 光标及其基本含义

光 标	基 本 含 义
，初始锚点光标	选中钢笔工具后第一个光标。指示下一次在舞台上单击鼠标时将创建初始锚点，它是新路径的开始（所有新路径都以初始锚点开始），终止任何现有的绘画路径
，连续锚点光标	指示下一次单击鼠标时将创建一个锚点，并用一条直线与前一个锚点相连接
，添加锚点光标	指示下一次单击鼠标时将向现有路径添加锚点，且一次只能添加一个。若要添加锚点，必须选择路径，且钢笔工具不能位于现有锚点上方
，删除锚点光标	指示下一次在现有路径上单击鼠标时将删除锚点。一次只能删除一个锚点。要删除锚点，必须用选择工具选择路径，且光标位于现有锚点上方
，连续路径光标	从现有锚点扩展新路径。若要激活此光标，鼠标必须位于路径上现有锚点的上方。仅在当前未绘制路径时，此光标可用
，闭合路径光标	在正绘制的路径的起始锚点处封闭路径。只能封闭当前正在绘制的路径，并且现有锚点必须是同一个路径的起始锚点
，连接路径光标	除了鼠标不能位于同一个路径的初始锚点上方外，其他与封闭路径工具基本相同。但是，连接路径可能产生封闭形状，也可能不产生封闭形状
，回缩贝塞尔手柄光标	单击鼠标回缩贝塞尔手柄，并使得穿过锚点的弯曲路径恢复为直线段
，转换锚点光标	将不带控制线的锚点转换为带有独立控制线的锚点

3．调整路径上的锚点

路径的线段效果是通过锚点上的控制线实现的，添加锚点可更好地控制或扩展开放路径。一般情况下，锚点越多，路径越好控制。但并不是锚点越多越好，锚点少的路径更容易编辑、显示和打印，删除路径上不必要的锚点可以优化曲线并减小文件大小。钢笔工具组中包含三个用于添加或删除锚点的工具：钢笔工具 、添加锚点工具 和删除锚点工具 。默认情况下，当将"钢笔"工具定位在选定路径上时，系统自动变为添加锚点工具 ，当将"钢笔"工具定位在锚点上时，会变为删除锚点工具 。

注意：不能使用 Delete、Backspace 和 Clear 快捷键，或"编辑"→"剪切"命令，或"编辑"→"清除"命令删除锚点，这些快捷键和命令会删除锚点以及与之相连的线段。

（1）操作锚点
- 添加锚点：使用钢笔工具 单击线段，在工具箱的钢笔工具 上单击并按住鼠标左键，弹出下拉列表，选择添加锚点工具 。在路径上的两个锚点之间单击鼠标，添加一个锚点。可以连续添加锚点，双击鼠标添加最后一个锚点。
- 删除锚点：选择删除锚点工具 ，将光标定位到路径的任一锚点上，单击鼠标，删除该锚点。如果删除的是曲线点，单击一次转换为转角点，再单击一次删除该锚点。
- 曲线点转换为转角点：选择转换锚点工具 ，单击路径上的曲线点，则自动转换为转角点。
- 转角点转换为曲线点：选择转换锚点工具 ，按下左键拖曳鼠标，将不带控制线的转角点转换为带有独立控制线的曲线点。

（2）直线与曲线之间的转换

在使用"钢笔"工具绘制路径时，创建的锚点称为曲线点或平滑点。在绘制直线段或连接到曲线段的直线时，创建的锚点称为转角点，绘制两段平滑的曲线时创建的锚点称为曲线点。默认情况下，选定的曲线点显示为空心圆圈，选定的转角点显示为空心正方形。若要将直线段转换为曲线段或者将曲线段转换为直线段，只要将转角点转换为曲线点或者将曲线点转换为转角点。

选择转换锚点工具 ▷，在直线的转角点上按住鼠标左键，沿任意方向拖曳，拖出一条控制线，该转角点转换为曲线点，该点两侧的直线段被转换为曲线。单独拖曳控制线的一端，调整该侧曲线斜度，如图 2-99（a）、(b)、(c)、(d) 所示。反之，要把一段曲线转换为直线，可使用转换锚点工具 ▷ 在曲线点上单击鼠标，则曲线点两侧的曲线转换为两段直线，如图 2-99（e）、(f) 所示。

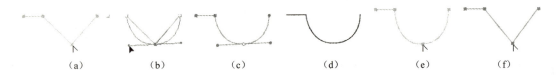

图 2-99　直线与曲线相互转换

4. 调整曲线路径

使用部分选取工具 ▷ 可以更改路径的角度、长度，或者调整曲线的斜率及方向。移动曲线点上的控制手柄，可以调整该点两边的曲线，移动转角点上的控制手柄时，只能调整该点控制手柄所在边的曲线。

- 移动锚点：在工具箱中选择部分选取工具 ▷，单击某路径，该路径呈现为浅绿色细线，并显示包含的所有锚点。单击选中任一锚点，按下左键拖曳鼠标，移动该锚点位置。随着锚点位置的改变，线段效果发生变化。按住 Shift 键单击鼠标，可选多个锚点，多个锚点可一起移动。
- 删除锚点：使用部分选取工具 ▷，单击选择路径中的任一锚点，按 Delete 键将其删除。
- 将转角点转换为曲线点：使用部分选取工具 ▷ 选择转角点，按住 Alt 键并拖曳该点，直到出现控制手柄。
- 调整曲线路径：选择部分选取工具 ▷，单击路径中的某个曲线点（该点变形为空心圆圈），出现双向控制手柄。拖曳控制手柄可调整曲线点两侧曲线形状，如图 2-100（a）所示。按住 Alt 键，拖曳控制线一端，可调整曲线点单侧曲线形状，如图 2-100（b）所示。

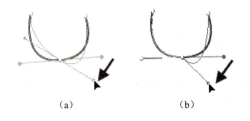

图 2-100　调整曲线路径

5. 优化曲线

使用"优化"功能，通过减少用于定义曲线元素的曲线数量达到平滑曲线的目的，而且可以对相同元素进行多次优化。

选择要优化的图形，然后执行"修改"→"形状"→"优化"命令，打开"最优化曲线"对话框，拖动"平滑"滑块，指定平滑程度，如图 2-101 所示，优化结果取决于所选曲线。其中：

图 2-101 "最优化曲线"对话框

- 使用多重过渡：重复进行平滑处理直到不能进一步优化，相当于对同一元素重复使用"优化"操作。
- 显示总计消息：在平滑操作完成时，指示优化程度。

优化功能可以减少曲线数量，但会与原始轮廓略有不同。

2.7 知识进阶——绘图工具的综合应用

2.7.1 动画场景造型设计——星空小屋

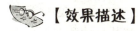【效果描述】

本例是星空下的草原、小屋风景效果，如图 2-102 所示。实例所在位置：教学资源/CH02/效果/星空小屋.fla。

图 2-102 星空小屋

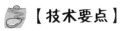【技术要点】

通过透明渐变填充，表现月光朦胧效果。使用刷子工具绘制形状随意的星星图形，使用钢笔工具绘制小屋在月光下的阴影效果。

【操作步骤】

（1）执行"文件"→"新建"命令，或单击按钮，新建一个尺寸（550×400px）的Flash文档。

（2）选择矩形工具，设置笔触颜色为（#000000），笔触高度为（1px），绘制一个与影片舞台大小一致的矩形。选择线条工具，在矩形偏下方位置连接一条斜线。使用选择工具将斜线调整为弧线段，如图2-103（a）所示。

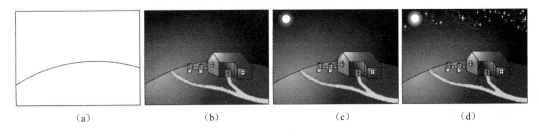

图2-103　绘制星空小屋

（3）选择颜料桶工具，为矩形下方封闭图形填充由颜色（#AEAEAE）和颜色（#044103）组成的放射状渐变，使用渐变变形工具调整填充效果。依据相同方法，为矩形上方封闭图形填充由颜色（#888888）和颜色（#000033）组成的放射状渐变，使用渐变变形工具调整填充效果。

（4）执行"文件"→"打开"命令，或单击按钮，打开"光盘/CH02/效果/房前的小路.fla"文件，复制其中的小屋、栅栏和小路图形到当前舞台，调整其尺寸和在舞台中的位置。

（5）选择钢笔工具，在小屋右下角位置绘制多边形。使用选择工具调整该多边形各边为平滑的弧线，使用颜料桶工具为其填充颜色（#333333），如图2-103（b）所示。

（6）单击时间轴面板左下角插入图层按钮，在原图层1上方插入新图层2，单击图层2。

（7）选择椭圆工具，设置笔触颜色为无，填充由白色、Alpha值70%，白色、Alpha值50%和白色、Alpha值0%组成的放射状渐变，"颜色"面板设置如图2-101所示。在舞台左上角绘制一个正圆。再次使用椭圆工具，绘制一个尺寸较小的无笔触颜色、填充白色的正圆，选中该正圆并将其移动到大正圆的中心位置，如图2-103（c）所示。

（8）选择刷子工具，设置填充颜色（#FFFFFF），刷出星星图形形状。使用选择工具调整该图形。选择星星图形，进行多次复制、粘贴，并使用选择工具对复制的图形进行调整，使它们的大小、形状和位置不同。

（9）选择多角星形工具，设置笔触颜色（#FFFF00），填充颜色无，绘制4角星形轮廓。使用选择工具对图形进行调整，如图2-105所示。依照步骤（8）的方法，多次复制、粘贴该图形,并使用选择工具 对复制的图形进行调整,使它们的大小、形状和位置不同。与刷出的星星图形分散排列,呈现天空中布满星星的景象。

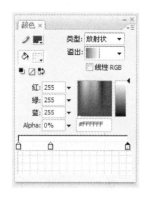

图 2-104 颜色面板

图 2-105 绘制星星图形

(10)选择多角星形工具 ,设置笔触颜色(#FFFFFF),填充颜色无,绘制七个多角星形轮廓。使用选择工具 ,将多角星形各边调整为弧线,形成云朵图形,调整它们的位置。最后形成的星空效果,如图 2-103(d)所示。

【小结一下】

本例是典型的线条与填充图形组合,云朵和一部分星星图形由线条构成,月亮由填充图形实现,而主要通过渐变填充烘托夜空中月光朦胧照射草原的效果。填充月亮时,组成渐变色的各颜色的不同 Alpha 值实现月光朦胧效果,在小屋图形的各个不同侧面、草原及天空区域,通过填充放射状渐变并调整渐变中心的位置实现被月光照射的效果。在本例中,使用刷子工具 实现自由绘制星星形状,再通过复制和调整形状完成多个不同形状的星星图形。

2.7.2 动画角色造型设计——花之伞

【效果描述】

本例为一把漂亮雨伞的俯视图效果,如图 2-106(a)、(b)所示。实例所在位置:教学资源/CH02/效果/漂亮雨伞.fla。

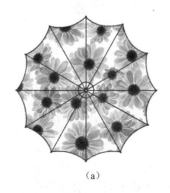
(a)

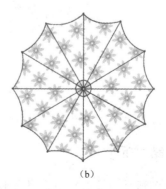
(b)

图 2-106 漂亮的雨伞

【技术要点】

使用多角星形工具 ⊙ 绘制多边形样式的伞骨，使用选择工具 ▶ 调整多边形为雨伞基本形状，选择位图填充伞面。

【操作步骤】

（1）执行"文件"→"新建"命令，或单击 按钮，新建一个尺寸（550×400px）的 Flash 文档。

图 2-107 "工具设置"对话框

（2）选择工具箱绘图区的多角星形工具 ⊙，选择填充颜色为无，笔触颜色（#003399），笔触高度（2px），笔触样式（实线）。单击 选项 按钮，打开"工具设置"对话框，进行如图 2-107 所示的设置，在舞台上绘制一个十二边形，如图 2-108（a）所示。

（3）使用选择工具 ▶，调整十二边形的直线边为向内弯曲的弧线，如图 2-108（b）所示，该图形即为雨伞的基本形状。

（4）执行"窗口"→"颜色"命令，打开"颜色"面板。选择填充类型为"位图"，并导入填充位图"雨伞 1.jpg"或"雨伞 2.jpg"。选择颜料桶工具 ◇，为雨伞形状填充位图"雨伞 1.jpg"，如图 2-108（c）所示。

（5）选择线条工具 ＼，选择笔触颜色（#003399），笔触高度（2px），笔触样式（实线），对角连接雨伞形状的各顶点，形成雨伞的伞骨，如图 2-108（d）所示。

（6）再一次选择多角星形工具 ⊙，依据步骤（1）的方法和参数值，绘制另一个 12 边形。选择该 12 边形，调整其大小，并将其移动至雨伞图形的中心位置，如图 2-108（e）所示。

（7）选择椭圆工具 ○，设置笔触颜色无，填充色为由颜色（#FFFFFF）和颜色（#003399）组成的放射状渐变色，在舞台上绘制一个正圆。选择该正圆调整其大小，并将其移动至雨伞图形的中心位置，如图 2-108（f）所示。

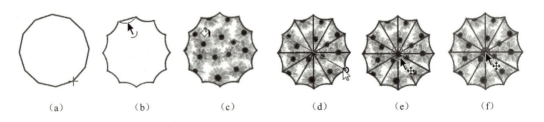

(a)　　　(b)　　　(c)　　　(d)　　　(e)　　　(f)

图 2-108 绘制雨伞过程

（8）执行"文件"→"保存"命令，或单击 按钮，保存该文档为"漂亮雨伞.fla"。

【小结一下】

本例的图形是由线条和填充组合形成的，先使用线条工具 ＼ 绘制基本图形，使用颜料桶工具 ◇ 填充颜色，再次使用线条工具 ＼ 完善、修饰图形，最后完成漂亮的雨伞图形。如果为雨伞图形填充其他位图,可以完成其他效果的雨伞图形,如图 2-103(b)所示为填充位图"雨伞 2.jpg"的效果。

2.8 实训及指导

实训一 立体按钮

1. 实训题目:立体按钮
2. 实训目的:多个填充图形的叠加效果。
3. 实训内容:绘制图形"实训 1-立体按钮.fla"
4. 实训指导:

【效果描述】

一个立体感强的简单按钮,如图 2-109 所示。实例所在位置:教学资源/CH02/效果/实训 1-立体按钮.fla。

【技术分析】

使用不同方向的渐变填充并叠加图形,形成强烈的立体感。

【操作步骤】

(1)使用椭圆工具,设置笔触颜色无,绘制一个正圆,填充黑白放射状渐变,如图 2-110 所示。
(2)执行"窗口"→"变形"命令,打开"变形"面板。
(3)选择正圆图形,在"变形"面板中设置缩小比例为 70%,单击复制并应用变形按钮,缩小复制一个正圆图形。执行"修改"→"变形"→"垂直翻转"命令,或调整复制正圆的填充方向与原正圆图形的填充方向相反,效果如图 2-111 所示。
(4)选中缩小复制的正圆,重复步骤(3),设置缩小值为 90%,再一次缩小并复制正圆,调整其填充方向与被复制正圆的填充方向相反,如图 2-112 所示。

图 2-110 绘制并填充正圆　　图 2-111 缩小并复制　　图 2-112 再次缩小并复制

经过几个简单操作,一个立体按钮就完成了。读者可根据自己的喜好,填充不同的渐变色,制作出漂亮的立体按钮图形。

实训二 精美相框

1．实训题目：精美相框
2．实训目的：渐变填充的应用，"刷子"工具的应用
3．实训内容：调整放射状渐变填充效果"实训 2-精美相框.fla"
4．实训指导：

【效果描述】

精美的木制相框效果，如图 2-113 所示。实例所在位置：教学资源/CH02/效果/实训 2-精美相框.fla。

【技术分析】

渐变填充的变形，"刷子"工具的应用，矢量图形的相割特性。

【操作步骤】

（1）使用椭圆工具，设置笔触颜色为黑色（#000000），笔触高度为（1px），绘制一个纵向的椭圆。填充由深棕色和白色组成的放射状渐变，如图 2-114 所示。

图 2-113　相框效果　　　　　　图 2-114　设置放射状渐变

（2）选择填充变形工具，调整渐变效果如图 2-115 所示。

（3）执行"窗口"→"变形"命令，打开"变形"面板。选择椭圆的边框，在"变形"面板中输入缩放值（90%），复制并应用变形按钮，缩小复制一个椭圆边框，如图 2-116 所示。单击中间的填充椭圆区域，按 Delete 键，将其删除。

（4）选择刷子工具，设置填充颜色为棕红色（#990000），绘制两条系在一起的吊绳图形。选中该图形，将其移到相框的上方位置，形成相框悬挂在墙壁上的效果，如图 2-117 所示。

（5）执行"文件"→"导入"→"导入到舞台"命令，将"/CH02/人像.jpeg"图像导入到舞台。选择导入到舞台中的位图图像，连续按两次"Ctrl+B"快捷键，将图像分离。

（6）选中相框图形，移至分离后的位图图像上方，并调整到合适角度，如图 2-118

所示。

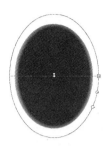  

图 2-115 填充变形　　　　图 2-116 缩小复制　　　　图 2-117 空相框效果

（7）双击选中相框四周的分离位图，按 Delete 键，将其删除，如图 2-119 所示。完成的精美相框效果如图 2-113 所示。

图 2-118 移动图形到图像上方　　　　图 2-119 删除相框外的图像

第 3 章　写出漂亮的艺术字
——应用 Flash 文本工具

任务

利用 Flash 中的文本工具创建金属字、荧光字、玻璃字等艺术字效果。

目标

- 了解 Flash 中的静态文本、动态文本与输入文本
- 掌握打散和填充文字的方法，制作金属字效果
- 掌握将线条转换为填充的方法，制作描边发光字效果
- 掌握以位图填充文字、扭曲文字的方法，制作位图填充字效果
- 掌握对文本应用滤镜的方法

3.1　静态文本、动态文本与输入文本

文字是动画中非常重要的组成部分，它可以起到解释和美化的作用。成功的文字效果会为动画起到画龙点睛的作用，使动画效果更上一层楼。本节将从 Flash 中的文本、文本工具、修改文本属性三个方面进行介绍。

3.1.1　Flash 中的文本

在 Flash 中，可以创建文本对象，如同 Word 文档中的文字效果。通常将用文本工具创建的文本称为文本字段。Flash 提供三种类型的文本字段：静态文本、动态文本和输入文本。静态文本字段不会动态更改字符的文本。动态文本字段显示动态更新的文本，如股票报价或天气预报。输入文本字段使用户可以在表单或调查表中输入文本。具体描述如下。

1．静态文本

顾名思义，静态文本是指静止不动的文本，所谓的静止不动，是指在播放时文字的内容是固定不变的。它只能通过 Flash 创作工具来创建。无法使用 ActionScript 3.0 创建静态文本实例。但可以使用 ActionScript 类（如 StaticText 和 TextSnapshot）来操作现有的静态文本实例。

2．动态文本

动态文本是一个可以动态更新的文本字段，如股票报价或天气预报。它包含从外部源

（如文本文件、XML 文件及远程 Web 服务）加载的内容。

3．输入文本

输入文本是指用户输入的任何文本或用户可以编辑的动态文本。可以设置样式表来设置输入文本的格式，或使用 Flash.text.TextFormat 类为输入内容指定文本字段的属性。如用户填写的表单或留言本等。

3.1.2 文本工具

单击工具栏中的 T 按钮，当鼠标指针变为 时，创建文本。可以创建水平文本或静态垂直文本。创建文本时，可以将文本放在单独的一行中，该行会随输入而扩展，也可以将文本放在定宽字段（适用于水平文本）或定高字段（适用于垂直文本）中，这些字段会自动扩展和折行。

Flash 在文本字段的一角显示一个手柄，用以标识该文本字段的类型：

对于扩展的静态水平文本，会在该文本字段的右上角出现一个圆形手柄，如图 3-1 所示。对于具有固定宽度的静态水平文本，会在该文本字段的右上角出现一个方形手柄，如图 3-2 所示。

图 3-1　扩展的静态水平文本　　　　图 3-2　固定宽度的静态水平文本

同理，对于扩展的动态或输入文本字段，会在该文本字段的右下角出现一个圆形手柄。对于具有定义的高度和宽度的动态或输入文本，会在该文本字段的右下角出现一个方形手柄。对于动态可滚动文本字段，圆形或方形手柄会变成实心黑块而不是空心手柄。

3.1.3 修改文本属性

为了增强动画界面的可观赏性，需要设置文本的属性，包括文本的字体和段落属性。字体属性包括字体系列、磅值、样式、颜色、字母间距、自动字距微调和字符位置。段落属性包括对齐、边距、缩进和行距。可以在"属性"面板中设置文本属性，如图 3-3 所示。

图 3-3　文本"属性"面板

1．设置字体、磅值、样式和颜色

（1）选择文本：使用"选取"工具选择舞台上的一个或多个文本字段。

(2) 选择字体：打开文本"属性"面板，单击"字体"下拉按钮，在字体列表中选择一种字体，或直接输入字体名称，如"宋体"。

(3) 设置字号：单击"磅值" 的下拉按钮，拖动滑块来选择一个值，或者输入值，确定字体大小。注意，字体大小以磅值设置，与当前标尺单位无关。

(4) 设置样式：单击粗体 **B** 或斜体 *I* 按钮，设置字体的粗体或者斜体样式。

(5) 设置颜色：单击颜色按钮■，从"颜色选择器"中选择颜色，或在左上角的颜色值输入框中输入十六进制颜色值。

> 设置文本颜色时，只能使用纯色，而不能使用渐变。要对文本应用渐变，应分离文本，将文本转换为组成它的线条和填充。

2. 设置字母间距、字距微调和字符位置

字母间距功能会在字符之间插入统一数量的空格。使用字母间距可以调整选定字符或整个文本块的间距。

(1) 选择文本：使用"文本"工具 T 选择舞台上要修改的文本字段。

(2) 设计属性：打开"属性"面板，设置以下选项：

若要指定字母间距（间距调整和字距微调），单击"字母间距"值的下拉按钮，拖动滑块选择一个值，或在文本框中输入一个值。

若要指定字符位置，单击"字符位置"选项的下拉按钮，从弹出的列表中选择一个位置选项："一般"是将文本放在基线上，"上标"是将文本放在基线上方（水平文本）或基线的右侧（垂直文本），"下标"是将文本放在基线下方（水平文本）或基线的左侧（垂直文本）。

3. 设置对齐、边距、缩进和行距

对齐方式决定了段落中的每行文本相对于文本字段边缘的位置。文本可以与文本字段的一侧边缘对齐，或者在文本字段中居中对齐，或者与文本字段的两侧边缘对齐（两端对齐）。

边距指文本字段的边框与文本之间的间隔量。缩进指段落边界与首行开头之间的距离。行距指段落中相邻行之间的距离。

(1) 选择文本：使用文本工具 T 选择舞台上的一个或多个文本字段。

(2) 设置值：打开"属性"面板，设置以下选项：

对齐文本：单击"左对齐"、"居中"、"右对齐"或"两端对齐"等按钮设置对齐方式。

设置左、右边距：单击"编辑格式选项"按钮¶，弹出"格式选项"对话框，如图 3-4 所示。单击"左边距"或"右边距"的下拉按钮，拖动滑块以选择一个值，或者在文本框中输入值。

指定缩进量：在"格式选项"对话框中，单击"缩进"的下拉按钮，拖动滑块或者在文本框中输入值。

图 3-4 "格式选项"对话框

指定行距：在"格式选项"对话框中，单击"行距"的下拉按钮，拖动滑块或者在文本框中输入值。

4．使用消除文本锯齿功能

Flash 提供了增强的字体光栅化处理功能，可以指定字体的消除锯齿属性。

在"属性"面板中，从"可读性消除锯齿"弹出快捷菜单中选择以下选项之一。

- 使用设备字体：指定 SWF 文件使用本地计算机上安装的字体来显示字体。此选项不会增加 SWF 文件的大小，但会使字体显示依赖于用户计算机上安装的字体。
- 位图文本：关闭消除锯齿功能，不对文本提供平滑处理。用尖锐边缘显示文本，由于在 SWF 文件中嵌入了字体轮廓，因此增加了 SWF 文件的大小。位图文本的大小与导出大小相同时，文本比较清晰，但对位图文本缩放后，文本显示效果比较差。
- 动画消除锯齿：通过忽略对齐方式和字距微调信息来创建更平滑的动画。会导致 SWF 文件较大，因为嵌入了字体轮廓。为提高清晰度，应在指定此选项时使用 10 磅或更大的字号。
- 可读性消除锯齿：使用 Flash 文本呈现引擎来改进字体的清晰度，特别是较小字体的清晰度。会导致创建的 SWF 文件较大，因为嵌入了字体轮廓。使用此选项，必须发布到 Flash Player 8 或更高版本。
- 自定义消除锯齿：可以修改字体的属性。使用"清晰度"可以指定文本边缘与背景之间的过渡平滑度。使用"粗细"可以指定字体消除锯齿转变显示的粗细。指定"自定义消除锯齿"会导致创建的 SWF 文件较大。使用此选项，必须发布到 Flash Player8 或更高版本。

3.2 金属字效果

3.2.1 芝麻开门——金属文字

【效果描述】

本例是制作金属文字效果，如图 3-5 所示。实例所在位置：教学资源/CH03/效果/金属字.fla。

图 3-5　金属文字

【技术要点】

本例主要使用分离文本的技巧和填充工具的使用。通过对文字内部的填充，产生具有金属效果的文字。

【操作步骤】

（1）在"属性"面板中，设置文档背景颜色设置为蓝色，舞台尺寸（300×100px）。选择文本工具T，输入文字"LIGHT"，如图3-6所示。选择并复制文本到剪贴板。

（2）选择文本"LIGHT"，连续按"Ctrl+B"快捷键两次，分离文字。

（3）选择墨水瓶工具，在"属性"面板中设置笔触颜色为白色，单击已被打散的文字边框，使其出现白色边框。选中边框线，设置笔触宽度（5px）。使用选择工具选中文字的填充区域，按Delect键删除文字颜色，如图3-7所示。

图3-6 输入文本

图3-7 给文字加边框

（4）选中文字边框，执行"修改"→"形状"→"将线条转换为填充"命令，效果如图3-8所示。

（5）选择颜料桶工具，设置颜色为由白色到黑色的线性渐变，由下向上拖曳鼠标填充文字。

（6）选择渐变变形工具，将文字变成垂直方向的线性渐变，效果如图3-9所示。

（7）粘贴剪贴板中的文本"LIGHT"，连续按"Ctrl+B"快捷键两次，分离文字，选择颜料桶工具，沿由上向下垂直方向为文本填充黑白线性渐变。效果如图3-10所示。

图3-8 将线条转换为填充

图3-9 填充线性渐变

图3-10 填充线性渐变

（8）使用选择工具把第二个"LIGHT"文本移动到第一个文本的文字边框的内部，效果如图3-5所示。

3.2.2 分离文本

分离文本，即将每个字符放在单独的文本字段中。可以快速地将文本字段分布到不同的图层并使每个字段具有动画效果，但不能分离可滚动文本字段中的文本。

（1）使用选择工具，选中文本字段，如图3-11所示。

（2）执行"修改"→"分离"命令，或按快捷键Ctrl+B，如图3-12所示。

（3）文本中的每个字符都会放入一个单独的文本字段中，文本在舞台上的位置保持不变。

（4）再次执行"修改"→"分离"命令，或再次按快捷键Ctrl+B，字符转换为形状，如图3-13所示。

图 3-11　选中文本　　　　图 3-12　分离文本　　　　图 3-13　文字转换为形状

 分离命令只适用于轮廓字体，如 TrueType。当分离位图字体时，它们会从屏幕上消失。

3.2.3　填充文字

将文本转换为形状后就可以使用颜料桶工具 对它填充漂亮的渐变色，如图 3-14 所示。也可以使用墨水瓶工具 为它添加边框，如图 3-15 所示。其他任何形状一样，可以单独将这些转换后的字符分组，或者将它们更改为元件并制作动画效果。将文本转换为线条和填充之后，就不能再编辑文本了。

图 3-14　给文本填充渐变　　　　　　　图 3-15　给文本添加边框

3.3　荧光字效果

3.3.1　芝麻开门——荧光文字

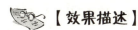【效果描述】

本例是制作带荧光效果的文字，如图 3-16 所示。实例所在位置：教学资源/CH03/效果/荧光字.fla。

图 3-16　荧光字效果

【技术要点】

图形、色彩编辑的技巧和填充工具的使用。通过对文字边框进行柔化处理，产生具有霓虹灯效果的荧光文字。

☞ 【操作步骤】

1. 新建文档并设置影片属性

（1）新建一个文档，在"文档属性"面板中设置其文档尺寸为 300×150px，背景颜色为 #000099。

2. 制作动画

（1）从工具箱中选取文本工具 T，在"属性"面板中设置字号为 120px，输入文本"荧光字"。按快捷键"Ctrl+B"两次，分离文字并将文字转换为填充形状，效果如图 3-17 所示。

（2）选择墨水瓶工具，设置笔触颜色为白色（#FFFFFF），笔触宽度设置成 1.0px，标依次单击文字边缘，文字周围出现白色边框。按 Delete 键删除填充区域，效果如图 3-18 所示。

（3）选中选择工具，拖曳鼠标，全部选中白色边框，执行"修改"→"形状"→"线条转换为扩充"命令，将白色边框线转变成可填充区域。

（4）执行"修改"→"形状"→"柔化填充边缘"命令，打开"柔化填充边缘"对话框，按图 3-19 所示的参数设置，单击 确定 按钮。

图 3-17 分离文字　　　　图 3-18 取文字边框　　　图 3-19 "柔化填充边缘"对话框

（5）在工作区的空白处单击鼠标，取消对文字边框的选择。观察发现，白色边线两边出现了模糊渐变，可以表现漂亮的荧光文字效果。

3. 保存文档并导出影片

（1）按 Ctrl+Enter 快捷键预览效果。

（2）保存文档为"荧光字.fla"，导出影片为"荧光字.swf"。

3.3.2 将线条转换为填充

选择线条，执行"修改"→"形状"→"将线条转换为填充"命令，将线条转换为填充形状，可以使用渐变色填充线条或擦除线条的一部分。将线条转换为填充开关可能会增大文件大小，但同时可以加快图形的绘制。

若要扩展填充对象的形状，执行"修改"→"形状"→"扩展填充"命令。输入"距离"的像素值，为"方向"选择"扩展"或"插入"。"扩展"可以放大形状，而"插入"则缩小形状。

将线条转换为填充和扩展填充功能，在没有笔触且不包含很多细节的小型单色填充形状上使用，效果最好。

3.3.3 柔化填充边缘

柔化对象的边缘，应选择一个填充形状，执行"修改"→"形状"→"柔化填充边缘"命令。设置以下选项：距离是柔边的宽度（用像素表示），步骤数是控制用于柔边效果的曲线数。使用的步骤数越多，效果就越平滑。增加步骤数还会使文件变大并降低绘画速度，扩展或插入用来控制柔化边缘时是放大还是缩小形状。

 该功能在没有笔触的单一填充形状上使用效果最好，但会增加 Flash 文档和生成的 SWF 文件的大小。

3.4 位图填充文字效果

3.4.1 芝麻开门——花朵文字

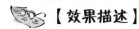

本例是用花朵位图填充文字效果，如图 3-20 所示。实例所在位置：教学资源/CH03/效果/花朵字.fla。

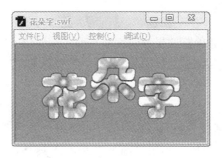

图 3-20　花朵文字

【技术要点】

文字的制作采用了打散、描边、复制移位、消除隐藏线、位图填充、任意变形等技巧，使文字以美丽的位图填充，从而制作出观赏性很强的文字效果。

【操作步骤】

1. 新建文档并设置影片属性

（1）新建一个 Flash 文档。
（2）打开"文档属性"对话框，设置文档尺寸（300×150px），背景为浅灰色（#999999）。

2．制作文字边框

（1）选择文字工具 T，任意设置文字颜色，文字字号（120px），字体（华文琥珀）。输入文字"花朵字"，如图3-21所示。

（2）按快捷键"Ctrl+B"两次，分离文字并将文字转换为填充形状。

（3）选择墨水瓶工具，设置笔触颜色为玫瑰色（#FF0099），笔触宽度（1.0px）。依次单击文字边缘，为文字添加边框。

（4）使用选择工具，选中文字"花"和"字"，调整位置，效果如图3-22所示。

图3-21 输入文字　　　　　图3-22 添加文字边框　　　　图3-23 文字填充效果

3．制作花朵文字

（1）打开"颜色"面板，在"类型"下拉列表框中选择"位图"。单击 导入… 按钮，打开"导入到库"对话框，选择"光盘/CH03/效果/花朵字.jpg"文件。选择颜料桶工具，在"颜色"面板的预览区域选择导入的位图，依次填充各文字。

（2）使用渐变变形工具，调整填充效果，至满意为止。

4．保存文档并导出影片

（1）按 Ctrl+Enter 快捷键预览效果。

（2）保存文档为"荧光字.fla"，导出影片为"荧光字.swf"。

3.4.2 以位图填充文字

若要将位图作为填充渐变色应用到图形，可使用"颜色"面板。将位图应用为填充时，会平铺该位图，以填充图形。利用"渐变变形"工具，可以缩放、旋转或倾斜位图填充效果。

若要将填充应用到现有的插图，步骤如下：

（1）选择文本，分离文本，将文本转换为填充形状。

（2）打开"颜色"面板，单击"类型"的下拉按钮，在列表中选择"位图"。单击 导入… 按钮，选择并导入一幅位图图像到"库"中，该位图同时显示在"颜色"面板的预览窗口中。

（3）选择颜料桶工具，在"颜色"面板的预览区选择一幅位图，依次填充各文字。

（4）使用渐变变形工具，调整文字的位图填充效果，直至满意为止。

如果选择"锁定填充"模式，则填充效果如图3-24所示。选择渐变变形工具，拖曳鼠标，扩展填充半径，旋转填充角度，效果如图3-25所示。

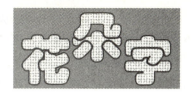   

图 3-24　锁定填充文字　　　　　　图 3-25　调整位图填充

3.4.3 扭曲文字

1."任意变形"工具

使用"任意变形"工具 ，可以单独执行某个变形操作，也可以将诸如移动、旋转、缩放、倾斜和扭曲等多个变形操作组合在一起执行。

> "任意变形"工具不能变形元件、位图、视频对象、声音、渐变或文本。如果多项选区包含以上任意一项，则只能扭曲形状。若要将文本块变形，首先要将字符转换成形状。

在舞台上选择图形对象、组、实例或文本块。选择"任意变形"工具。在所选内容的周围移动鼠标指针，指针会变成各种形状的操作边柄或角柄，指明哪种变形功能可用。变形对象时，总是以对象的锚点（变形点）为对称点进行的。

- 旋转变形：选中操作对象，将指针移到对象顶角时出现旋转图标，沿顺时针或逆时针方向拖曳鼠标可旋转该对象。如图 3-26 所示，图 3-26（a）为锚点在原始位置进行旋转，图 3-26（b）为将锚点移至对象左下角位置时进行旋转，图 3-26（c）为按住 Shift 键并旋转对象，此时以 45°为增量进行旋转。

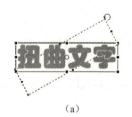 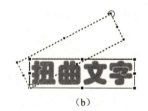 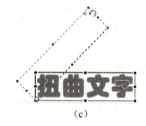

　（a）　　　　　　　　　　（b）　　　　　　　　　　（c）

图 3-26　旋转文本

- 水平/垂直倾斜：将指针移到对象上、下水平边线中心位置时出现倾斜图标，沿水平或垂直方向拖曳鼠标可倾斜该对象。如图 3-27 所示，图 3-27（a）、图 3-27（c）为锚点在中心点位置时进行倾斜，图 3-27（b）、图 3-27（d）为将锚点移至对象左下角位置时进行倾斜。

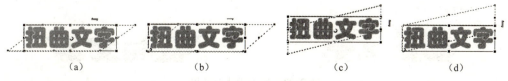

　（a）　　　　　（b）　　　　　（c）　　　　　（d）

图 3-27　倾斜文本

- 水平/垂直/对角缩放：将指针移到对象左、右垂直边线中心位置时出现缩放图标↔，沿水平方向向左或右拖曳鼠标可放大或缩小该对象。如图 3-28 所示，图 3-28（a）、图 3-28（c）为锚点在中心点位置时进行水平缩/放，图 3-28（b）、图 3-28（d）为将锚点移至对象左下角时进行水平缩/放对象。垂直方向及对角方向的缩/放操作用户可自行进行。按住 Shift 键同时进行缩/放操作时，可以按比例调整对象大小。

图 3-28 旋转文本

- 水平/垂直翻转：将指针移到对象左、右垂直边线中心位置时出现伸缩图标↔，沿水平或垂直方向向对象内部拖曳鼠标，直到操作框左右或上下边框交换位置，可将该对象水平或垂直翻转。当操作框与选择大小一致时，不会改变对象的大小，否则会在翻转的同时缩/放对象。如图 3-29 所示，图 3-29（a）、图 3-29（c）为锚点在左下角位置时进行水平、垂直翻转，图 3-29（b）、图 3-29（d）对象的水平、垂直翻转效果。

图 3-29 翻转文本

2．扭曲对象

利用任意变形工具 还可以对形状进行扭曲操作。

例如，将文本转换为形状后，选择任意变形工具 ，拖曳鼠标选中该形状。对文本对象的所有变形操作对该形状都有效。

- 扭曲形状：按住 Ctrl 键，指针移动到操作框顶角时，出现扭曲图标 ，按住 Ctrl 键不动，拖动角手柄，可扭曲形状，如图 3-30 所示。

图 3-30 扭曲形状及扭曲效果

- 锥化形状：按住 Shift+Ctrl 键，指针移动到操作框顶角时，出现扭曲图标 。按住 Shift+Ctrl 键，向内或向外拖动手柄，可锥化形状，如图 3-31、图 3-32、图 3-33 所示。

图 3-31 底部锥化及效果

图 3-32　顶部锥化及效果

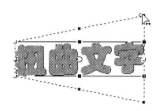 

图 3-33　右侧锥化及效果

执行"修改"→"变形"→"扭曲"命令，可以对形状进行扭曲操作，读者可自行进行。

 "扭曲"命令不能修改元件、图元形状、位图、视频对象、声音、渐变、对象组或文本。如果多项选区包含以上任意一项，则只能扭曲形状对象。若要修改文本，首先要将字符转换为形状对象。

3.5　知识进阶——对文本应用滤镜

3.5.1　综合实例——立体字

【效果描述】

本例为制作笔划凸起的立体文字效果，如图 3-34 所示。实例所在位置：教学资源/CH03/效果/立体字.fla。

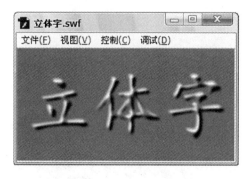

图 3-34　立体字效果

【技术要点】

应用滤镜中的模糊和斜角两个效果，设置合适的参数值，使文字产生很强的立体感。

☞【操作步骤】

1．新建文档并设置影片属性

（1）新建一个 Flash 文档。
（2）在"属性"面板中，设置舞台尺寸（300×150px），背景颜色为黄褐色（#996600）。

2．制作动画

（1）选取文本工具 T，在"属性"面板中设置字体（楷体），字号（80px），输入文本"立体字"。
（2）打开"滤镜"面板，单击添加按钮➕的下拉三角，在下拉菜单中选择"模糊"效果，设置 x 模糊、y 模糊值（5，5）。
（3）再次单击➕按钮的下拉三角，在下拉菜单中选择"斜角"，设置各参数值如图 3-35 所示。

图 3-35　设置斜角参数值

3．保存文档并导出影片

（1）按 Ctrl+Enter 快捷键预览效果。
（2）保存文档为"立体字.fla"，导出影片为"立体字.swf"。

3.5.2　综合实例——投影字

☞【效果描述】

带有投影的文字效果如图 3-36 所示。实例所在位置：教学资源/CH03/效果/投影字.fla。

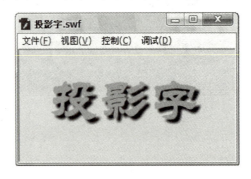

图 3-36　投影字效果

【技术要点】

对文字应用滤镜中的投影效果，设置合适的参数值。

【操作步骤】

1．新建文档并设置影片属性

（1）新建一个 Flash 文档。
（2）在"属性"面板中，设置舞台尺寸（300×150px），背景设置为浅灰色（#CCCCCC）。

2．制作动画

（1）选取文本工具 T，在"属性"面板中设置字体（华文隶书），字号（70px），文本（填充）颜色为深黄色（#FF9900），输入文本"投影字"。
（2）打开"滤镜"面板，单击添加按钮 的下拉三角，在下拉菜单中选择"投影"效果，设置"投影"的各参数值如图 3-37 所示。

图 3-37　设置斜角参数值

3．保存文档并导出影片

（1）按 Ctrl+Enter 快捷键预览效果。
（2）保存文档为"投影字.fla"，导出影片为"投影字.swf"。

3.6　实训及指导

实训一　点线文字

1．实训题目：点线文字。
2．实训目的：巩固文本的基本操作。
3．实训内容：文本实例"点线文字.fla"。

【效果描述】

用红色点线作为轮廓线的空心文字，效果如图 3-38 所示。实例所在位置：教学资源/CH03/效果/实训 1.fla。

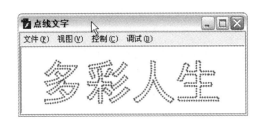

图 3-38　点线文字

【技术分析】

先制作空心文字，然后设置文字轮廓线的笔触样式。

【操作步骤】

1．新建文档并设置影片属性

（1）新建一个 Flash 文档。
（2）在"文档属性"面板中，设置舞台尺寸（300×150px），背景设置为白色（#FFFFFF）。

2．创建文字

（1）选择文本工具 T，设置字体（黑体）、文本（填充）颜色为黑色（#000000），字号（60px）。输入文字"多彩人生"。
（2）选择文本，连续按快捷键"Ctrl+B"两次，分离文本。
（3）选择墨水瓶工具，依次单击文字边缘，为文字添加边框，按 Delete 键，删除文字的填充区域。
（4）选中文本边框，在"属性"面板中设置笔触颜色为玫瑰色（#FF0099），笔触高度（2.0px）。单击"笔触样式"的下拉三角，在列表中选择"点状线"。

3．保存文档并导出影片

（1）按 Ctrl+Enter 快捷键预览效果。
（2）保存文档为"实训 1.fla"，导出影片为"实训 1.swf"。

实训二　填图文字

1．实训题目：填图文字。
2．实训目的：使用位图填充文字。
3．实训内容：导入位图并分离，与空心文字位置交叠，互相分割。

【效果描述】

用一张风景画与空心文字相互分割，制作出漂亮的填图文字效果，如图 3-39 所示。实例所在位置：教学资源/CH03/效果/填图文字.fla。

图 3-39　填图文字

【技术分析】

导入位图并将其分离，再制作空心文字，将空心文字与分离的位图位置交叠。

【操作步骤】

1．新建文档并设置影片属性

（1）新建一个 Flash 文档。

（2）在"文档属性"面板中，设置舞台尺寸（400×200px），背景设置为白色（#FFFFFF）。

2．创建文字

（1）执行"文件"→"导入"→"导入到舞台"命令，选择图片文件 CH03/sf175.bmp，将图片文件导入到舞台区。选中图片，按快捷键"Ctrl+B"，分离位图。

（2）选择文本工具 T，设置字体（黑体），字号（60px）。输入文本"秋色"。选择文本，连续按快捷键 Ctrl+B 两次，分离文本。

（3）选择墨水瓶工具 ，设置笔触颜色为浅灰色（#EAEAEB），笔触高度（1px），依次单击文字边缘，为文字添加边框，按 Delete 键，删除文字的填充区域，制作空心字效果。

（4）选中空心文字，执行"修改"→"形状"→"将线条转换为填充"命令，将线条转换为可填充区域。执行"修改形状柔化填充边缘"命令，在"柔化填充边缘"对话框中设置柔化参数：距离（2px），步骤数（2），方向（扩展），柔化文本边框。

（5）选中空心文字，将其拖曳到分离位图的上方。

（6）依次选中空心文字周围和笔画之外的位图，按 Delete 键，将其删除，得到填图文字。

3．保存文档并导出影片

（1）按 Ctrl+Enter 快捷键预览效果。

（2）保存文档为"实训 2.fla"，导出影片为"实训 2.swf"。

第4章　将分散的图形合成一组
——应用图形对象编辑工具

任务

通过对图形对象进行变形、组合、分离、对齐、合并等操作，或与文本配合创建出更加漂亮的图形效果。

目标

- 掌握图形对象的变形操作
- 掌握图形对象的组合、分离、层叠和合并操作
- 掌握制作立体投影文字与图像模糊效果的方法

4.1　对象的变形

使用 Flash 绘图工具以对象绘制模式创建的图形元素就是图形对象。当绘图工具处于对象绘制模式时，创建的形状为自包含形状，形状的笔触和填充不再是单独的元素，且重叠的形状也不会相互分割。

4.1.1　对象的缩放、旋转、倾斜

使用"任意变形"工具或执行"修改"→"变形"命令中的选项，可以将图形、组、文本块和实例进行变形，包括变形、旋转、倾斜、缩放和扭曲。变形时，"属性"面板会显示尺寸或位置的更改信息。

1．缩放对象

缩放对象时可以沿水平、垂直或同时沿两个方向放大或缩小对象。步骤如下：

（1）选择一个或多个图形对象。

（2）执行"修改"→"变形"→"缩放"命令，或单击常用工具栏中的缩放按钮 ，对象周围出现控制手柄。

（3）执行下列操作之一，按不同方式进行缩放。单击所操作对象以外的区域，结束变形操作。

- 拖动角手柄，可沿水平和垂直方向缩放对象，缩放时长宽比例仍旧保持不变。如图 4-1 所示。按住 Shift 键拖动鼠标，可以进行长宽比例不一致的缩放。
- 拖动中心控制手柄，可沿水平或垂直方向缩放对象，如图 4-2 所示。

图 4-1　按长宽比缩放　　　　　　图 4-2　水平缩放

2．旋转对象

旋转对象会使该对象围绕其变形点旋转。变形点与注册点对齐，默认位于对象的中心，但可以通过拖动来移动该点。

（1）任意角度旋转。
- 选择一个或多个对象，执行"修改"→"变形"→"旋转与倾斜"命令，直接单击任意变形工具，或者单击旋转工具，在对象四周出现控制手柄，指针移动到角手柄附近时出现旋转光标，拖动角手柄旋转对象，如图 4-3 所示。
- 选择一个或多个对象，在"变形"面板的"旋转"文本框中输入对象旋转的角度值，按 Enter 键。正整数值表示顺时针旋转，负整数值表示逆时针旋转。

（2）缩放旋转。

选择一个或多个对象，执行"修改"→"变形"→"缩放和旋转"命令，打开"缩放和旋转"对话框，在"缩放"文本框中输入缩放比例值，在"旋转"文本框中输入旋转角度，实现在按长宽比例缩放对象的同时进行旋转。如图 4-4 所示，当缩小至 80% 的同时顺时针旋转 20°。

（3）旋转 90°。

选择一个或多个对象，执行"修改"→"变形"→"顺时针旋转 90°"命令，将对象顺时针旋转 90°。执行"修改"→"变形"→"逆时针旋转 90°"命令，将对象逆时针旋转 90°。如图 4-5 所示为顺时针旋转 90°。

图 4-3　任意角度旋转　　　图 4-4　缩放旋转　　　图 4-5　顺时针旋转 90°

执行"修改"→"变形"→"旋转与倾斜"命令，可以看到工具栏中的旋转按钮和工具箱中的任意变形工具同时被选中。

3．倾斜对象

倾斜对象可以通过沿一个或两个轴倾斜对象来使之变形，或者在"变形"面板中输入值来倾斜对象。

（1）任意倾斜。

选择一个或多个对象，选择任意变形工具，或者执行"修改"→"变形"→"旋转与倾斜"命令,在对象四周出现控制手柄。指针移动到边手柄附近时出现水平倾斜光标 ⇔ 或垂直倾斜光标 ↕,拖曳手柄可沿水平或垂直方向倾斜对象,如图 4-6、图 4-7 所示。

(2) 按指定角度倾斜。

选择一个或多个对象,在"变形"面板的"水平倾斜"或"垂直倾斜"文本框中输入对象倾斜的角度值,按 Enter 键。正整数值表示水平向右或垂直向下倾斜,负整数值表示水平向左或垂直向上倾斜。按图 4-8 所示输入倾斜值,效果如图 4-9 所示。

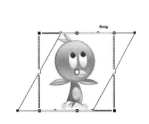 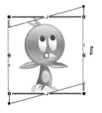  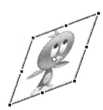

图 4-6　水平倾斜　　　图 4-7　垂直倾斜　　　图 4-8　变形面板　　　图 4-9　按指定角度倾斜

4．还原变形对象

使用"变形"面板缩放、旋转和倾斜对象时,Flash 会保存其初始大小及旋转值。该过程可以删除已经应用的变形并还原初始值。

- 执行"编辑"→"撤销"命令可以撤销在"变形"面板中执行的最近一次变形。
- 选择变形后的对象,执行"修改"→"变形"→"删除变形"命令,将变形的对象还原到初始状态。
- 在变形对象仍处于选中状态时,单击"变形"面板中的"重置"按钮 ,重置在变形面板中执行的所有变形。

4.1.2　翻转对象

翻转对象是指沿垂直或水平轴翻转对象,而不改变其在舞台上的相对位置。

- 选择对象,执行"修改"→"变形"→"垂直翻转"或"修改"→"变形"→"水平翻转"命令。
- 选择对象,选择任意变形工具 ,沿水平或垂直方向拖曳边控制手柄到另一边的控制手柄位置,可将对象水平或垂直翻转,而不改变对象在舞台上的相对位置,如图 4-10、图 4-11 所示。

图 4-10　水平翻转对象　　　图 4-11　垂直翻转对象

4.1.3 扭曲对象

对选定的对象进行扭曲变形时，可以拖动边框上的角手柄或边手柄，移动该角或边，然后重新对齐相邻的边。按住 Shift 键拖动角点将扭曲限制为锥化，按住 Ctrl 键单击拖动边的中点，可以任意移动整个边。可以使用"扭曲"命令扭曲图形对象，还可以在对象进行任意变形时扭曲。

- 选择对象，单击任意变形工具，对象四周出现操作框和控制手柄。按住 Ctrl 键，指针移动到操作框顶角时，出现扭曲图标。按住 Ctrl 键不动，拖曳角手柄，可扭曲形状，如图 4-12、图 4-13 所示。

图 4-12 被扭曲的对象　　　　图 4-13 扭曲对象

- 选择对象，执行"修改"→"变形"→"扭曲"命令，对象四周出现操作框和控制手柄。指针移动到操作框边手柄或角手柄时，出现扭曲图标，拖曳角手柄，可扭曲形状。

 "扭曲"命令不能修改元件、图元形状、位图、视频对象、声音、渐变、对象组或文本。如果多项选区包含以上任意一项，则只能扭曲形状对象。若要修改文本，首先要将字符分离为形状对象。

4.1.4 更改和跟踪变形点

变形时，所选的中心会出现一个变形点，最初与对象的中心点对齐。可以移动变形点，将其返回到它的默认位置以及移动默认原点。对于图形对象、组和文本块，默认情况下，与被拖动的点相对的点就是原点。对于实例，默认情况下，变形点即是原点。

选择任意变形工具，或执行"修改"→"变形"命令开始变形后，可以在"信息"面板和"属性"面板中跟踪变形点的位置。

在所选图形对象中拖动变形点，可以移动变形点；可双击变形点，使变形点与元素的中心点重新对齐；在变形期间拖动所选对象控制点的同时按住 Alt 键，切换缩放或倾斜变形的原点；单击"信息"面板中的"注册/变形点"按钮，右下角变成一个圆圈，表示已显示注册点坐标，则在"信息"面板中可以显示变形点坐标。

4.1.5 封套功能

"封套"功能允许弯曲或扭曲对象。封套是一个边框，其中包含一个或多个对象。更改封套的形状会影响该封套内的对象的形状。可以通过调整封套的点和切线手柄来编辑封套形状。

"封套"功能不能修改元件、位图、视频对象、声音、渐变、对象组或文本。如果多项选区包含以上任意一项，则只能扭曲形状对象。若修改文本，首先要将字符转换为形状对象。

选择对象，执行"修改"→"变形"→"封套"命令，对象四周出现控制手柄，如图4-14所示。拖动点和切线手柄修改封套，如图4-15所示，效果如图4-16所示。

图 4-14　应用封套　　　图 4-15　修改封套　　　图 4-16　封套效果

4.1.6　复制并应用变形

应用"变形"面板中的复制并应用变形按钮，可以创建对象的缩放、旋转或倾斜副本。其应用效果可参阅2.5.3节"绘制月季花"实例，在此不再赘述。

4.2　对象的组合与分离

可以将多个图形对象组合成一个组对象，也可以将组对象分离为一个个单独的对象或形状。

4.2.1　组合对象

组合是将多个元素作为一个组对象来处理。例如，绘制了一幅花的图形形状后，可以将该形状的所有元素合成一组，这样就可以将该形状当成一个整体来选择和移动。当选择某个组时，"属性"面板会显示该组的 x 和 y 坐标及其尺寸，可以对组进行编辑。

1. 组合对象

选择要组合的对象，可以是形状、其他组、元件、文本等，执行"修改"→"组合"命令，或按 Ctrl+G 快捷键，将选择的多个形状或对象组合为一个对象组。如图 4-17、图 4-18 所示为组合多个形状，图 4-19、图 4-20 所示为组合多个对象。

图 4-17　选择多个形状　　图 4-18　组合对象　　图 4-19　选择多个对象　　图 4-20　组合对象

2. 取消组合

选择组合的对象组，执行"修改"→"取消组合"命令，或按"Ctrl+Shift+G"快捷键，将对象组重新分离为单个形状或单个对象。

3. 编辑组或组中的对象

选中一个对象组，执行"编辑"→"编辑所选项目"命令，或使用选择工具双击或多次双击该对象组，可一级级打开组，进入形状编辑环境。如图4-21所示，为一层层打开组，并进行编辑。

编辑组中对象时，页面上不属于该组的部分将变暗，表示不可访问。

图4-21 编辑组

4.2.2 分离对象

分离对象可以将整体的对象组打散，将打散的图形作为一个可编辑的图形对象进行编辑。

选中对象组，如图4-22（a）所示，执行"修改"→"分离"命令，或按"Ctrl+B"快捷键，如图4-22（b）所示，将对象组分离为独立的对象。再次执行"修改"→"分离"命令，或按Ctrl+B快捷键，图4-22（c）所示为将对象打散为可编辑的形状。

（a） （b） （c）

图4-22 分离对象（组）

不要将"分离"命令和"取消组合"命令混淆。"取消组合"命令可以将组合的对象分开，并将组合的元素返回到组合之前的状态。它不会分离位图、实例或文字，或将文字转换成轮廓。不建议分离动画元件或插补动画内的组，这可能引起无法预料的结果。分离复杂的元件和长文本块需要很长时间。

4.2.3 层叠对象

在图层内，Flash会根据对象的创建顺序层叠对象，将最新创建的对象放在最上面。对象的层叠顺序决定了它们在重叠时的出现顺序。

如图4-23（a）所示，为三个对象的上下层叠顺序，选择对象"1"，执行"修改"→"排列"→"下移一层"命令，效果如图4-23（b）所示；选择对象"3"，执行"修改"→"排列"→"上移一层"命令，效果如图4-23（c）所示；选择对象"1"，执行"修改"→"排列"→"移至顶层"命令，效果如图4-23（d）所示；选择对象"1"，执行"修改"→"排列"→"移至底层"命令，效果如图4-23（e）所示。

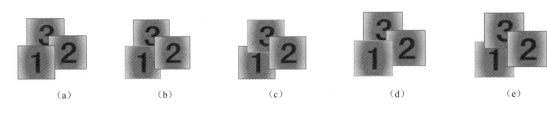

图 4-23　层叠对象

如果选择了多个对象，这些对象会移动到所有未选中的对象的上面或下面，而这些对象之间的相对顺序保持不变。

4.3　对象的对齐与合并

本节将从对齐对象、合并对象两个方面来进行介绍。

4.3.1　对齐对象

使用"对齐"面板可以实现沿水平或垂直轴对齐所选对象，如沿选定对象的右边缘、中心或左边缘垂直对齐对象，或者沿选定对象的上边缘、中心或下边缘水平对齐对象。

若要相对于舞台尺寸应用对齐方式发生的更改，在"对齐"面板中单击相对于舞台的按钮 。

4.3.2　合并对象

使用"修改"→"合并对象"命令可以合并或改变现有对象来创建新形状。在一些情况下，所选对象的堆叠顺序决定了操作的工作方式。

1. 联合

将两个或多个对象合成单个对象，由联合前形状上所有可见的部分组成。如图 4-24（a）所示，选中两个对象，执行"修改"→"合并对象"→"联合"命令，效果如图 4-24（b）所示。

> 与使用"组"命令（"修改"→"组"）不同，无法分离使用"联合"命令合成的形状。

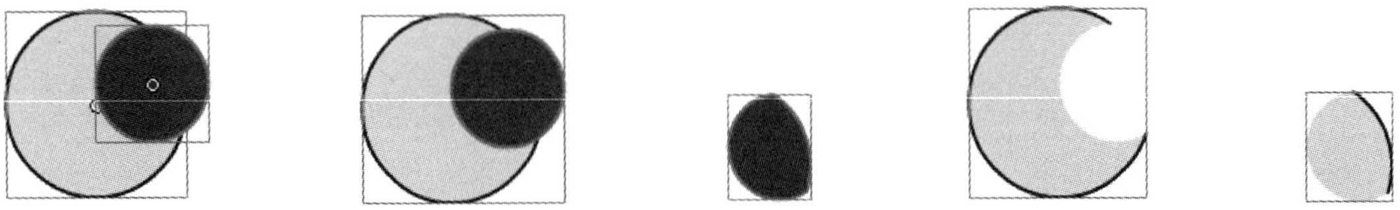

(a) 选中两个对象　　　　(b) 联合　　　　(c) 交集　　　　(d) 打孔　　　　(e) 裁切

图 4-24　层叠对象

2. 交集

两个或多个对象的交集由形状的重叠部分组成，形状上任何不重叠的部分将被删除，效果如图 4-24（c）所示。

3. 打孔

打孔会删除所选对象的某些部分，这些部分由所选对象与排在其前面的另一对象的重叠部分定义。打孔将删除由最上面对象覆盖的对象的部分，及最上面的对象的形状。生成的形状保持为独立的对象，不会合并为单个对象。效果如图 4-24（d）所示。

4. 裁切

使用一个对象的形状裁切另一个对象时，前面或最上面的对象定义裁切区域的形状。将保留与最上面的对象重叠的任何下层对象部分，而删除下层形状的所有其他部分，及最上面的对象。生成的形状保持为独立的对象，不会合并为单个对象。效果如图 4-24（e）所示。

4.4 知识进阶——绘图工具与文字工具的综合应用

4.4.1 动画场景造型设计——立体倒影文字

【效果描述】

本例为制作立体文字及其倒影效果，如图 4-25 所示。实例所在位置"教学资源/CH04/立体倒影文字"。

图 4-25　立体投影文字

【技术要点】

采用了分离文字、描边、复制移位、消除隐藏线、填充渐变色等操作，使文字呈现明暗不同的侧面，从而制作出立体感很强的立体文字及其倒影效果。

【操作步骤】

1. 新建文档并设置影片属性

（1）新建一个 Flash 文档。

（2）在"属性"面板中，设置舞台尺寸（300×150px），背景为深蓝色（#0000FF）。

2. 制作立体字

（1）选取文本工具 T，设置字号（120px），输入文本"Flash"。连续按"Ctrl+B"快捷键两次，将文字分离为形状，如图 4-26 所示。使用墨水瓶工具 为文字添加边框，并删除填充色，形成空心字效果，如图 4-27 所示。

图 4-26　分离文字　　　　　　　　　　图 4-27　形成空心文字

（2）选中空心文字，复制副本，并与原文字移开一段距离，如图 4-28 所示。

（3）用选择工具 ，分别选中文字变成立体后不可见的边线，按 Delete 键将其删除，效果如图 4-29 所示。

图 4-28　复制空心文字　　　　　　　　图 4-29　删除不可见的边线

（4）使用线条工具 ，在文字与副本相连的端点绘制连线，形成立体文字的框架，并删除立体后不可见的边线，效果如图 4-30 所示。

（5）选择颜料桶工具 ，将填充色设置成由蓝色（#4495F7）到蓝白色（#B9D7FB）再到蓝色（#4495F7）的线性渐变，分别在各个文字的正面区域进行填充，效果如图 4-31 所示。

图 4-30　进一步删除不可见边线　　　　图 4-31　为正面区域填充渐变色

（6）将填充颜色设置成由深蓝色（#0957A6）到浅蓝色（#3192F2）再到深蓝色

（#0957A6）的线性渐变，分别在文字的顶面区域进行填充，效果如图 4-32 所示。

（7）将填充色设置成由暗蓝色（#04284A）到深蓝色（#1256C7）再到暗蓝色（#04284A）的线性渐变，分别在文字的侧面区域进行填充，效果如图 4-33 所示。

图 4-32　为顶面填充渐变色

图 4-33　为侧面填充渐变色

（8）删除立体字的所有轮廓线，效果如图 4-34 所示。

3．制作倒影

（1）将立体文字的正面区域选中，复制到剪贴板，执行"编辑"→"复制到当前位置"命令。执行"修改"→"垂直翻转"命令，将复制对象翻转，使用选择工具调整该翻转对象的位置到立体文字的正下方。

（2）执行"修改"→"合并对象"→"联合"命令，将翻转对象合并，在"颜色"面板中设置该对象的 Alpha 值为 50%，效果如图 4-35 所示。

图 4-34　删除边框效果图

图 4-35　调整倒影文字

4．测试影片，保存文档

（1）按 Ctrl+Enter 快捷键测试影片。

（2）保存文档为"立体倒影字.fla"，导出影片为"立体倒影字.swf"。

4.4.2　动画场景造型设计——图片的模糊效果

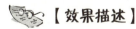【效果描述】

本例为影片场景的模糊效果，如图 4-36 所示。实例所在位置"教学资源/CH04/图片模糊效果.fla"。

图 4-36　图片的模糊效果

【技术要点】

本例的制作采用了对图形对象的属性面板的修改，如 Alpha 值的改变技巧，使图形呈现模糊的效果。

【操作步骤】

1．新建文档并设置影片属性

（1）新建一个 Flash 文档。

（2）在"属性"面板中，设置舞台尺寸（550×400px），单击 确定 按钮。

2．制作动画

（1）选择"文件"→"导入"→"导入到舞台"命令，选择图片"风景图.jpg"作为背景图片，如果图片大小和舞台不符，可以使用任意变形工具 调整图片大小。

（2）右键单击图片，选择"转换为元件"命令，元件名称输入"风景"，类型为"图形"。

（3）如图 4-37 所示，在"属性"面板的颜色选项中，选择"Alpha"，将"Alpha"值设置为 70%。此时图片变得模糊透明，适合作为背景图片使用。

图 4-37　设置属性面板

4.5　实训及指导

实训一　图片的填充效果

1．实训题目：图片的填充效果。

2．实训目的：巩固图片的编辑方法，应用位图填充等操作。
3．实训内容：位图填充"图片填充效果.fla"。

【效果描述】

本实例为使用位图图像填充一个完整图形的效果，如图 4-38 所示。实例所在位置：教学资源/CH04/效果/实训 2_图片填充效果.fla。

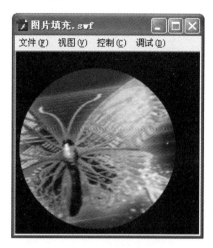

图 4-38 图片填充效果

【技术分析】

使用位图填充效果。

【操作步骤】

1．新建文档并设置影片属性

（1）新建 Flash 文档。
（2）在"属性"面板中，设置舞台尺寸（550×400px），背景色为黑色。

2．创建动画

（1）绘制圆形，填充色为白色。执行"文件"→"导入"→"导入到库"命令，导入图片"蝴蝶.jpg"。
（2）在"颜色"面板的类型中选择"位图"，使用位图"蝴蝶"填充圆形。
（3）使用渐变变形工具 调整位图位置。

实训二 淡入淡出文字

1．实训题目：淡入淡出文字。
2．实训目的：巩固文字特效的制作方法，并为后面动画制作章节开篇。
3．实训内容：文字实例"淡入淡出文字.fla"。

【效果描述】

文字的颜色呈现由浅及深,再由深及浅的动态变化,如图4-39所示。

图4-39 淡入淡出效果

【技术分析】

使用颜色变幻的效果来制作文字特效。

☞【操作步骤】

1. 新建文档并设置影片属性

(1) 新建Flash文档。
(2) 在"属性"面板中,设置舞台尺寸(400×200px),背景色为白色。

2. 创建动画

(1) 输入文字"淡入淡出",设置好字体、大小、颜色。
(2) 右键单击文字,选择"转换为元件"命令,类型设置为"图形元件"。
(3) 在"属性"面板中,设置元件的Alpha值。第一帧设置为20%,在第20帧插入关键帧,设置Alpha值为100%,在第40帧插入关键帧,设置Alpha值为20%。
(4) 分别在1~20帧、20~40帧之间创建运动补间。

第 5 章　应用其他媒体素材
——应用多媒体素材

 任务

成功地应用图像、视频、声音等多媒体素材，让动画看起来更加活泼精致。

 目标

- 掌握图像、视频、声音等多媒体素材的特点
- 掌握在 Flash 动画中应用图像素材的方法
- 掌握在 Flash 动画中应用视频素材的方法
- 掌握在 Flash 动画中应用声音素材的方法

5.1　多媒体素材

一个完整的 Flash 作品，大多会用到多媒体素材，如音乐贺卡、Flash MTV。本节将从 Flash 支持的图像、视频、声音文件格式几个方面进行介绍。

1. Flash 支持的图像文件格式

Flash 可以导入以下不同的矢量或位图文件格式。

文件类型	扩展名	文件类型	扩展名	文件类型	扩展名	文件类型	扩展名
GIF 动画	.gif	JPEG	.jpg	Photoshop	.psd	位图	.bmp

2. 支持的视频文件格式

如果系统上安装了适用于 Windows 的 QuickTime 6.5，或者安装了 DirectX 9 或更高版本，则可以导入多种文件格式的视频剪辑，包括 MOV、AVI 和 MPG/MPEG 等格式。可以将带有嵌入视频的 Flash 文档发布为 SWF 文件。

文 件 类 型	扩 展 名	文 件 类 型	扩 展 名
音频视频交叉	.avi	运动图像专家组	.mpg、.mpeg
数字视频	.dv	QuickTime 视频	.mov

如果系统安装了 DirectX 9 或更高版本，则在导入嵌入视频时支持以下视频文件格式。

文件类型	扩展名	文件类型	扩展名	文件类型	扩展名
音频视频交叉	.avi	运动图像专家组	.mpg、.mpeg	Windows Media 文件	.wmv、.asf

如果试图导入 Flash 系统不支持的文件格式，则会出现一个警告消息，说明无法完成该操作。

5.2 应用图像素材

绝大多数的 Flash 作品中都应用到图像素材，图像素材具有体积小、表现力强等优点。

5.2.1 导入位图

Adobe Flash CS3 Professional 可以使用在其他应用程序中创建的插图，可以导入多种文件格式的矢量图形和位图。如果系统安装了 QuickTime 4 或更高版本，则可以导入更多的矢量或位图文件格式。导入到 Flash 中的图形文件不能小于 2×2px。

执行"文件"→"导入"→"导入到舞台"或"文件"→"导入"→"导入到库"命令，打开"导入"对话框，选择图片文件，将图片导入到舞台或素材库中。如图 5-1 所示将图片导入到舞台，如图 5-2 所示将图片导入到库。

图 5-1 将图片导入到舞台

图 5-2 将图片导入到库

不管执行"文件"→"导入"→"导入到舞台"，还是执行"文件"→"导入"→"导入到库"命令，所有直接导入到 Flash 文档中的位图都会自动存入该文档的"库"面板中。

如果导入的位图是一个图像序列中的一部分，则在导入时，Flash 会询问用户是否将序列中所有图像全部导入，如图 5-3 所示。

图 5-3 导入图像序列信息提示对话框

- 单击  按钮：将所有图像全部导入，导入的图像以逐帧动画的方式排列，且每幅图像在舞台中的位图相同。如图 5-4（a）所示为导入图像序列的第一帧效果，图 5-4（b）所示为导入图像序列的第二帧效果。

（a）图像序列的第一帧效果　　　　　　　　（b）图像序列的第二帧效果

图 5-4　导入图像序列

- 单击 按钮：只导入当前的图像。

 可以直接导入到 Flash 文档中的位图（扫描的照片、BMP 文件）是作为当前图层中的单个对象导入的。Flash 保留导入位图的透明度设置。因为导入位图可能会增大 SWF 文件的大小，所以应考虑压缩导入的位图。

5.2.2　导入矢量图

作为 Flash CS3 Professional 的新增功能之一，可以将 Illustrator 创建的 AI 文件直接导入到 Flash 中，操作与导入位图基本相同，在此不再赘述。

5.2.3　图像素材的编辑

将位图导入到 Flash 舞台后，整个位图以一个整体对象显示，具有对象的组合属性。此时，可以通过"分离"命令将该位图分离为可在 Flash 中编辑的图形；也可以将导入的位图转换为矢量图形；如果一个 Flash 文档中包含多个位图时，还可以进行位图的交换。

1. 将位图转换为矢量图形

通过"转换位图为矢量图"命令，可以将导入到当前文档的位图转换为具有可编辑的离散颜色区域的矢量图形。将图像作为矢量图形处理，可以调整文件大小。将位图转换为矢量图形时，矢量图形不再链接到"库"面板中的位图元件。

（1）选择当前场景中的位图。

（2）执行"修改"→"位图"→"转换位图为矢量图"命令，打开"转换位图为矢量图"对话框，如图 5-5 所示。

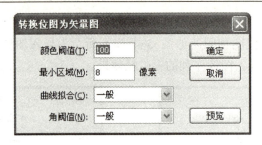

图 5-5 "转换位图为矢量图"对话框

(3) 在"转换位图为矢量图"对话框中设置相应的参数值：
- "颜色阈值"：当两个像素进行比较后，如果它们在 RGB 颜色值上的差异低于该颜色阈值，则认为这两个像素颜色相同；如果增大了该阈值，则意味着降低了颜色的数量。
- "最小区域"：设置为某个像素指定颜色时需要考虑的周围像素的数量。
- "曲线拟合"：确定绘制轮廓所用的平滑程度。
- "角阈值"：确定保留锐边还是进行平滑处理。

 若要创建最接近原始位图的矢量图形，可将"颜色阈值"设为 10px，"最小区域"设为 1px，"曲线拟合"设为"像素"，"角阈值"设为"较多转角"。

例如：

(1) 执行"文件"→"导入"→"导入到舞台"命令，在"导入"对话框中选择文件"位图图片.jpg"，将图片导入全舞台。

(2) 选中舞台中导入的位图，执行"修改"→"位图"→"转换位图为矢量图"命令，打开"转换位图为矢量图"对话框，设置"颜色阈值"为"80"，"最小区域"为"6"，选择"曲线拟合"为"像素"，选择"角阈值"为"较少转角数"，单击 确定 按钮，位图转换为矢量图，效果如图 5-6 所示。

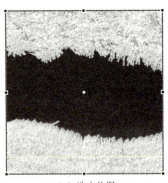 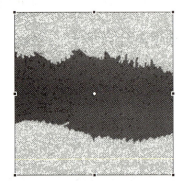

(a) 选中位图　　　　　　　　　　(b) 转换为矢量图

图 5-6 位图及转换后的矢量图

2．交换位图

选择导入到舞台中的位图，执行"修改"→"位图"→"交换位图"命令，或在"属性"面板中单击相应按钮,弹出"交换位图"对话框。在"交换位图"对话框中选择一个要交换的位图。例如,导入位图"喜羊羊 1.jpg"、"喜羊羊 2.jpg"到舞台中,选中位图图像"喜羊羊 1",如图 5-7 所示。执行"修改"→"位图"→"交换位图"命令,弹出"交换位图"对话框,在位图文件列表中选择"喜羊羊 2.jpg",如图 5-8 所示。单击 确定 按钮,舞台中的位图图像"喜羊羊 1"被"喜羊羊 2"替换,效果如图 5-9 所示。

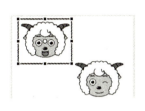
图 5-7 选中位图图像

图 5-8 选择交换图像

图 5-9 位图图像被替换

5.3 应用视频素材

在动画制作中添加视频素材,会使作品更生动更吸引人。现今的 Flash 作品,对于视频素材的需求更高,这使在动画中应用视频素材变得尤为重要。在 Flash CS3 中,允许用户将视频、数据、图形、声音和交互式控制融为一体,有助于创造高质量的视频演示文稿。

5.3.1 视频的导入

执行"文件"→"导入"→"导入视频"命令导入视频,或执行"文件"→"导入"→"导入到库"命令,将视频文件直接导入到"库"面板。

(1)选择"文件"→"导入"→"导入视频"命令,弹出"选择视频"对话框,单击 浏览... 按钮,选择要导入的视频,如选择"全运会开幕式.avi",如图 5-10 所示。

图 5-10 "选择视频"对话框

（2）单击 下一个> 按钮，弹出"部署"对话框，用于选择部署视频的不同方法。选择默认的"从 Web 服务器渐进式下载"，如图 5-11 所示。

图 5-11 "部署"对话框

（3）单击 下一个> 按钮，弹出"编码"对话框，该对话框共有 5 个选项卡，分别为"编码配置文件"、"视频"、"音频"、"提示点"和"裁切与调整大小"，保持默认设置，如图 5-12 所示。

图 5-12 "编码"对话框

（4）单击 下一个> 按钮，弹出"外观"对话框。单击"外观"下拉按钮，在下拉列表中选择一种视频外观，如果选择"无"，则不使用任何视频外观，如图5-13所示。

图 5-13 "外观"对话框

（5）单击 下一个> 按钮，弹出"完成视频导入"对话框，如图 5-14 所示。单击 完成 按钮，完成视频导入。这时在"库"面板中，将会出现对应的 FLV 文件，表明视频导入成功。

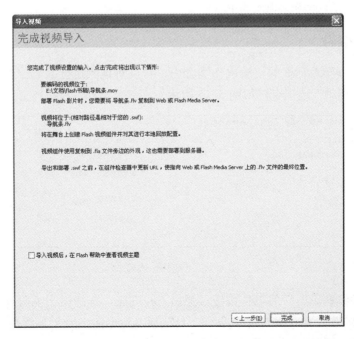

图 5-14 "完成视频导入"对话框

使用"导入视频"对话框可以把源视频剪辑编码为 FLV 格式,并在舞台上创建一个可在本地测试视频回放的视频组件。

与导入位图一样,导入视频也会增加 Flash 文件的大小。通过在"视频属性"对话框中设置不同的参数值,可以进行改进。打开导入视频的 Flash 文档的"库"面板,选择导入的视频元件,右击在弹出的快捷菜单中选择"属性"命令,打开"视频属性"对话框,如图 5-15 所示。

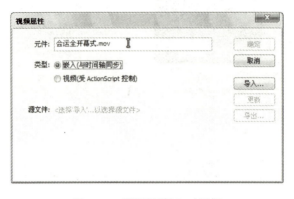

图 5-15 "视频属性"对话框

其中:
- "类型":设置视频的两种类型,一种是"嵌入(与时间轴同步)",另一种是"视频(受 ActionScript 控制)"。
- "源文件":显示导入的视频剪辑的信息,包括名称、路径等。
- "导入":可重新导入 FLV 格式的文件而替换当前的视频文件。
- "导出":用于将视频导入为 FLV。

5.3.2 视频的编码

在"导入视频"对话框的"编码"步骤中,可以对视频进行编码。若要指定高级编码选项,可选择"视频"选项卡,如图 5-16 所示。

图 5-16 "视频"选项卡

单击"视频编解码器"的下拉按钮,弹出下拉列表,选择用于编码视频内容的视频编解码器。如果为 Flash Player 6 或 7 创作,可选择 Sorenson Spark 编解码器;如果为 Flash Player 8 或更高版本创作,可选择 On2 VP6 编解码器。

1. 选择帧频

默认情况下，Flash Video Encoder 使用的帧频与源视频的帧频相同。除非有丰富的视频编码使用经验，并且所用的特定应用程序需要修改源视频的帧频，否则建议使用默认的帧频。若要更改帧频，应了解修改帧频会对视频品质有何影响。

若要在 SWF 文件中嵌入视频剪辑，该视频剪辑的帧频必须与 SWF 文件所用的帧频相同。若要使用与 FLA 文件相同的帧频对视频进行编码，应使用视频导入向导中的"视频"设置。

2. 选择视频的关键帧位置

关键帧是指包含完整数据的视频帧。例如，如果指定关键帧的间隔为 30，则 Flash Video Encoder 将在视频剪辑中每 30 帧编码一个完整的帧。对于关键帧之间的间隔帧，Flash 只存储与前一帧不同的数据。

默认情况下，Flash Video Encoder 在回放时间中每两秒放置一个关键帧。例如，如果要进行编码的视频的帧频为 30fps，则每 60 帧插入一个关键帧。通常，在视频剪辑内搜寻时，默认的关键帧值可以提供合理的控制级别。若要选择自定义的关键帧位置值，应注意关键帧间隔越小，文件就越大。

3. 从"品质"弹出菜单指定视频的品质

品质设置决定了编码视频的数据速率（即比特率）。数据速率越高，嵌入的视频剪辑的品质就越好。要指定品质设置，可执行下列操作之一：
- 选择预设的品质设置以自动选择数据速率值。
- 选择"自定义"，在"最大数据速率"文本框中输入一个值（以千比特/秒为单位）。

如果发现预设品质设置不适合特定的源镜头，则尝试指定自定义最大数据速率。

要调整视频剪辑的大小，可选中"调整视频大小"复选框。若要保持与原始视频剪辑相同的高宽比，可选中"保持高宽比"复选框。如果调整了视频剪辑的帧大小，但没有选中"保持高宽比"复选框，则该视频可能会扭曲变形。在指定"宽"和"高"的值，指定帧大小时，可以用像素或原图像大小的百分比表示。

5.3.3 Flash 视频控制

1. 使用时间轴控制视频回放

要想控制嵌入或链接的视频文件的回放，可以控制包含视频的时间轴。例如，若要暂停在主时间轴上播放的视频，可以调用将该时间轴作为目标的 stop() 动作。同样，可以通过控制某个影片剪辑元件的时间轴的回放来控制该元件中的视频对象。

可以对影片剪辑中导入的视频对象应用以下动作脚本：goto、play、stop、toggleHighQuality、stopAllSounds、getURL、FScommand、loadMovie、unloadMovie、 ifFrameLoaded 和 onMouseEvent。如果要对 Video 对象应用这些动作，则需要首先将 Video 对象转换为影片剪辑。

2．使用行为控制视频回放

（1）选择要触发该行为的影片剪辑。

图 5-17　"显示视频"对话框

（2）在"行为"面板中，单击添加行为按钮，从弹出的快捷菜单中单击"嵌入的视频"命令，从下一级子菜单中选择所需的行为选项即可，如"显示"。

（3）在弹出的"显示视频"对话框中选择要控制的视频，如图 5-17 所示。然后选择"相对"或"绝对"路径，若有必要，选择行为参数的设置，然后单击"确定"按钮。

（4）回到"行为"面板，会发现"事件"列表中出现一个"释放时"（默认事件）鼠标事件，即鼠标左键单击后的释放事件发生时，将触发视频显示动作。

5.4　应用声音素材

将声音应用于 Flash 中，会使动画变得更丰富，更引人入胜。

Flash 允许导入声音并在导入后对声音进行编辑，可以将声音附加到不同类型的对象，并用不同方式触发这些声音。

5.4.1　声音的导入

可以将 WAV、MP3 声音文件格式导入到 Flash；如果系统上安装了 QuickTime 4 或更高版本，则可以导入 AIFF 的声音文件格式、只有声音的 QuickTime 影片和 Sun AU、WAV 文件，Flash 在库中保存声音，以及位图和元件，只需声音文件的一个副本就可以在文档中以多种方式使用这个声音。将声音文件导入到当前文档的"库"面板，就可以将声音文件放入 Flash。如果想在 Flash 文档之间共享声音，则可以把声音包含在"共享库"中。

声音要使用大量的磁盘空间和 RAM，使用 WAV 或 AIFF 文件时，最好使用 16～22kHz 单声道，MP3 格式的声音数据经过了压缩，比 WAV 或 AIFF 声音数据小。Flash 可以导入采样比率为 11kHz、22kHz 或 44kHz 的 8 位或 16 位的声音，当将声音导入到 Flash 时，如果声音的记录格式不是 11kHz 的倍数（如 8、32 或 96kHz），将会重新采样。在导出时，Flash 会把声音转换成采样比率较低的声音。

如果要向 Flash 中添加声音效果，最好导入 16 位声音。如果 RAM 有限，应使用短的声音剪辑或用 8 位声音而不是 16 位声音。

执行"文件"→"导入"→"导入到库"命令，在"导入"对话框中，定位并打开所需的声音文件，也可以将声音从公用"库"拖入当前文档的库中。

将声音导入到场景后，声音会自动被添加到指针所在的当前帧位置；将声音导入到"库"面板中后，可以在任意帧位置，将声音从"库"面板中拖入到动画的当前帧中。

5.4.2 声音的编辑

声音添加到动画后,为了使其符合创作需求,可以通过两种方式对其进行编辑。

1. 在"属性"面板中编辑声音

添加声音后,在"属性"面板中可以对声音进行"效果"、"同步"及"重复"设置。

(1)将声音添加至某一时间轴,或选择某个已经包含声音的时间轴。

(2)打开"属性"面板,如图 5-18 所示。单击"效果"的下拉按钮,在弹出的列表中选择合适的效果。在"同步"下拉列表框中选择同步方式,如选择"事件"声音,并指定"重复"次数为"2"次。

图 5-18 声音"属性"面板

2. 使用编辑封套编辑声音

如果要对声音进行比较精确的编辑,单击"属性"面板中的 编辑... 按钮,打开"编辑封套"对话框,可在其中设置音频效果。在"属性"面板的"效果"下拉列表框中选择"自定义"选项,也可打开"编辑封套"对话框,如图 5-19 所示。

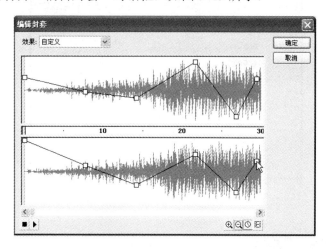

图 5-19 "编辑封套"对话框

在左右声道的波形上单击鼠标,可增加一个方形控制手柄,产生声音包络线。

- 音量控制线:单击包络线可增加一个方型控制柄,最多可以添加 8 个。拖动封套手柄,改变波形中不同点处的级别,即可更改声音封套。若要删除封套手柄,可将其拖出窗口。
- 起点游标：调整包络线上起点游标的位置可以定义声音开始和结束的时刻。
- 左右声道控制柄：通过拖动包络线上的正方形控制柄，可以调整声音的大小。
- 和 按钮：窗口中的声音波形在水平方向放大或者缩小。
- 和 按钮：控制水平轴以秒或者帧为单位显示声音波形。
- 按钮：单击"播放"按钮，随时听取编辑后的声音效果。

5.4.3 压缩 Flash 声音

制作有声的动画时，需要均衡考虑声音的音质与 Flash 动画的大小，以获得一个较理想的折中效果，这就需要对声音进行压缩，合理地压缩可以使动画更具美感。压缩声音的方法有 4 种：（1）删除没有声音的部分；（2）通过采样率和压缩率压缩；（3）循环小体积音频；（4）使用同一个声音文件。接下来，具体介绍通过采样率和压缩率压缩声音的基本方法。

在"库"面板中右击要进行压缩的声音文件，在弹出的菜单中执行"属性"命令，打开"声音属性"对话框。单击"压缩"下拉按钮，在下拉列表中可选择"默认"、"ADPCM"、"MP3"、"原始"或"语音"，如图 5-20 所示。导出 SWF 文件时，"默认"压缩选项将使用"发布设置"对话框中的全局压缩设置。如果选择"默认"，则没有可用的附加导出设置。单击 测试(T) 按钮，播放声音一次。单击 停止(S) 按钮，可随时结束测试。如果必要，可调整导出设置，直到获得所需的声音品质为止，然后单击 确定 按钮。

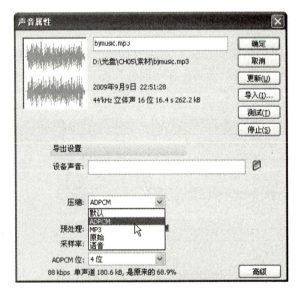

图 5-20 "压缩"模式

1. ADPCM 和原始压缩模式

ADPCM 压缩用于设置 8 位或 16 位声音数据的压缩。导出较短的事件声音（如单击按钮）时，可使用 ADPCM 设置。原始压缩导出声音时不进行声音压缩。各选项含义如下：
- 预处理：选择"将立体声转换成单声道"（单声道不受此选项的影响）会将混合立体声转换成非立体声（单声道）。

- 采样比率:控制声音保真度和文件大小。较低的采样比率会减小文件大小,但也会降低声音品质。比率选项如下所示:5kHz 对于语音来说,是最低可接受标准;11kHz 对于音乐短片来说是最低的声音品质,是标准 CD 比率的四分之一;22kHz 是用于 Web 回放的常用选择,是标准 CD 比率的二分之一;44kHz 是标准的 CD 音频比率。

需要注意的是,Flash 不能增加导入声音的比率,使之高于导入时的比率。

2.MP3 压缩模式

当导出较长的音频流时,可选用 MP3 模式。如果要导出一个以 MP3 格式导入的文件,导出时可以使用该文件导入时的相同设置。

- 使用导入的 MP3 品质:默认设置,取消对其他 MP3 压缩设置的选择,选择使用与导入 MP3 文件时相同的设置来导出此文件。
- 比特率:确定已导出声音文件中每秒的位数,Flash 支持 8kbps 到 160kbps CBR(恒定比特率)。导出音乐时,为获得最佳效果,应将比特率设置为 16kbps 或更高。
- 预处理:将混合立体声转换成非立体声(单声不受此选项的影响),只有在选择的比特率为 20kbps 或更高时才可用。
- 品质:决定了压缩速度和声音品质。

3.语音压缩选项

语音压缩采用适合于语音的压缩方式导出声音,但 Flash Lite 1.0 和 Flash Lite 1.1 都不支持"语音"压缩选项。

由于进行了压缩,即使采样比率选择 44kHz 的标准 CD 音频比率,SWF 文件中的声音也不是 CD 品质了。

5.5 知识进阶——Flash 对多媒体素材的控制

5.5.1 综合实例 1——对按钮添加声音

【效果描述】

当鼠标经过按钮时,发出预设的声音。界面效果如图 5-21 所示。

图 5-21 按钮声音

【技术要点】

声音按钮的制作采用了在按钮不同的状态下插入不同的声音，鼠标经过和按下时发出不同的声音。

【操作步骤】

1．创建文档

单击 按钮，或执行"文件"→"打开"命令，打开"教学资源/CH05/效果/按钮声音源文件.fla"。

2．为按钮添加声音

（1）执行"文件"→"导入"→"导入到库"命令，选择声音"教学资源/CH05/素材/media1.wav"导入到"库"面板中。

（2）在"时间轴"面板右下角，单击编辑元件按钮 ，在元件列表中单击按钮元件，进入按钮编辑状态。

（3）在"图层 1"上方创建新图层"图层 4"，在"指针经过"帧处插入关键帧。选择库面板中的音乐文件"media1"，拖曳到场景区。可以看到，在图层 4 的"指针经过"帧中，出现了音频波形，如图 5-22 所示。

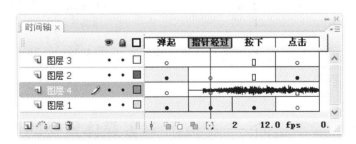

图 5-22　添加声音文件

3．保存影片

（1）保存文档为"按钮声音.fla"。
（2）预览影片效果，当鼠标经过按钮上方时，发出文件"media1"指定的声音。

5.5.2　综合实例 2——为动画添加背景音乐

【效果描述】

在播放动画的同时，适时地添加视频和声音文件。当图形"c"飞入时，播放声音文件 Media2.wav，当画面定格时，播放声音文件"琴声.mp3"，效果如图 5-23 所示。

图 5-23　音乐动画

【技术要点】

为 Flash 动画加入背景音乐，可以使动画效果更生动、丰满。在该实例中插入音乐、压缩音乐及添加视频等。

【操作步骤】

1. 打开文档

单击 按钮，或执行"文件"→"打开"命令，打开"教学资源/CH05/效果/飞入源文件.fla"。

2. 为动画添加背景声音

（1）执行"文件"→"导入"→"导入到库"命令，选择声音"琴声.mp3"，导入到当前文档的"库"面板中；再次执行"文件"→"导入"→"导入到库"命令，选择声音"Media2.wav"，导入到"库"面板中。

（2）执行"文件"→"导入"→"导入到库"命令，选择视频"fire.mov"，导入到"库"面板中。

（3）在图层"c"上方创建新图层"sound"，在第 2 帧处插入关键帧，将音乐文件"Media2.wav"从"库"面板拖动到舞台中。

（4）在图层"sound"第 3 帧处插入关键帧，在第 160 帧处插入关键帧，在第 3 帧至第 160 帧之间添加音乐"琴声.mp3"。

3. 保存文档

（1）保存文档为"谢谢你的爱.fla"。
（2）预览影片效果。

5.6 实训及指导

实训一 为导航条添加声音

1．实训题目：为导航条添加声音。
2．实训目的：巩固为按钮添加声音的操作。
3．实训内容：声音实例"导航条源文件.fla"。

【效果描述】

当鼠标经过导航条文字时，发出声音，如图 5-24 所示。实例所在位置：教学资源/CH05/效果/导航条源文件.fla。

图 5-24 导航条声音效果

【技术要点】

使用逐帧方法，选择按钮的指针经过状态，加入声音即可完成。

【操作步骤】

1．打开文档

单击 按钮，或执行"文件"→"打开"命令，打开"教学资源/CH05/效果/导航条源文件.fla"；

2．为按钮添加声音

（1）执行"文件"→"导入"→"导入到库"命令，选择声音"教学资源/CH05/素材/media2.wav"，导入到当前文档的"库"面板中。

（2）在"时间轴"面板右下角，单击编辑元件按钮 ，在元件列表中单击按钮元件"btn1"，进入按钮编辑状态。

（3）在图层"sound"的"指针经过"帧处插入关键帧，选择"库"面板中的音乐文件"media2.wav"，拖动到舞台中。可以看到，在图层"sound"的"指针经过"帧处，出现音频波形。

（4）按相同方法，为按钮元件"btn2"、"btn3"、"btn4"添加声音"media2.wav"。

3．保存文档

（1）保存文档为"导航条.fla"。

（2）预览影片效果，当鼠标经过按钮的时候，发出声音。

实训二 应用视频和音频素材

1．实训题目：使用视频和音频制作动画。
2．实训目的：巩固为 Flash 添加视频和位图的操作。
3．实训内容：实例"灌篮高手.fla"。

【效果描述】

Flash 播放与视频播放同步，利用视频和音频完成制作，效果如图 5-25 所示。

图 5-25 视频动画效果

【技术要点】

在 Flash 文档的制作过程中，引用视频和音频等外部素材，包括视频和音频的导入，视频的控制、音频的属性设置等知识点。

【操作步骤】

1．新建文档，添加背景声音

（1）执行"文件"→"新建"菜单命令，新建空白文档，保持默认设置。
（2）将"图层 1"重命名为"音频"，执行"文件"→"导入"→"导入到库"命令，选择声音"教学资源/CH05/素材/只想注视着你.mp3"，导入到"库"面板中。

2．导入视频

（1）新建图层"视频"，执行"文件"→"导入"→"导入视频"命令，选择视频"光盘/CH05/素材/视频 1.flv"，导入到"库"面板中。其中，在部署对话框中选择"在 SWF 中嵌入视频并在时间轴上播放"选项。

（2）按相同方法，将"光盘/CH05/素材/视频2.flv"导入到"库"面板中。

（3）选择图层"视频"的第1帧，将"视频1.flv"拖入到舞台，将会出现如图5-26所示对话框，单击 确定 按钮。

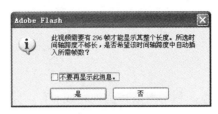

图 5-26　提示信息

（4）按相同方法，将"视频2.flv"拖入到舞台中。

3．保存文档

保存文档为"灌篮高手.fla"。

第二部分
Flash 动画制作

第6章 将素材按时间顺序串起来——时间轴动画

第7章 提高工作效率——应用元件、实例和库

第8章 制作多图层动画——图层动画

第9章 控制影片播放效果——交互式动画

第10章 提高创作水平——应用模板与组件

第11章 让影片变得形式多样——影片优化与发布

第 6 章 将素材按时间顺序串起来
——时间轴动画

任务

流式动画是按时间的先后顺序一直播放，中间不停顿，也不发生改变的动画。Flash 通过时间轴将一帧帧静态画面按先后顺序串接在一起，形成流式动画，并以关键帧标识动画的起始和最终状态。

目标

- 了解时间轴动画的特点
- 掌握逐帧动画的制作方法
- 掌握运动补间动画的制作方法
- 掌握形状补间动画的制作方法
- 逐帧动画与补间动画制作技巧的综合应用

6.1 逐帧动画

6.1.1 芝麻开门——生日贺卡

【实例来源】

电子贺卡是一种新潮、浪漫的贺卡形式，根据不同的需求将文字、音乐和图像合成在一起，形成一张精美小巧的卡片，可以方便地加入新颖的创意，变换设计风格，全方位演绎朋友、亲人之间的情感需求，在贺卡市场中的流行潮流势不可挡。

【效果描述】

本例为制作电子生日贺卡，伴有优美的背景音乐。动画效果为生日蛋糕与蜡烛依次出现，逐个点燃蜡烛，以打字效果依次出现"生日快乐"文字、心形图形和笑脸，同时生日蛋糕不断变大，烛光闪动，如图 6-1 所示。实例所在位置：教学资源/CH06/效果/生日快乐.fla。

【技术要点】

导入位图图像和声音素材为背景图片和背景音乐，应用绘图工具和文本工具绘制蛋糕、蜡烛、文字及心形图形，以逐帧方法完成动画效果。

图 6-1 生日贺卡

【操作步骤】

1．新建文档并设置影片属性

（1）单击 按钮，或执行"文件"→"新建"命令，新建一个 Flash 文档。

（2）在"文档属性"对话框中，设置舞台尺寸（550×400px），帧频（3fps）。

2．制作背景

（1）执行"文件"→"导入"→"导入到库"命令，选择声音文件"生日歌.wav"和图像文件"paopao.jpg"，导入到库中。

（2）双击"时间轴"面板中的"图层 1"，命名为"背景"。

（3）单击"背景"层的第一帧。执行"窗口"→"库"命令，打开"库"面板，在文件列表中将"paopao.jpg"拖到舞台中，调整位置。在"库"面板中选择"生日歌.wav"，拖到舞台中。

（4）单击"背景"层的 按钮，将该图层锁定。

3．制作动画

（1）插入图层，重命名为"动画"。

（2）单击"动画"层的第 2 帧，按 F6 键插入一个关键帧。使用椭圆、钢笔、选择、部分选取和颜料桶工具，在舞台中绘制蛋糕图形。框选蛋糕图形，执行"修改"→"合并对象"→"联合"命令，将蛋糕组合为图形对象，如图 6-2 所示。

（3）在"动画"层的第 3 帧插入关键帧，使用椭圆、钢笔、选择、部分选取和颜料桶工具，在舞台中绘制蜡烛图形。框选蜡烛图形，执行"修改"→"合并对象"→"联合"命令，将蜡烛组合为图形对象，如图 6-3 所示。并将其拖到蛋糕上方。

蛋糕图形的构成元素比较复杂,为防止绘制其他图形时对该图形造成误操作,在完成图形后选择所有元素,组合成图形对象,方便接下来的操作。其他图形类似。

(4)根据步骤(3)的方法,在"动画"层的第 4、5 帧插入关键帧,分别绘制另两个蜡烛图形,并将其拖到蛋糕上方,调整其大小,表现蜡烛的前后位置。为提高工作效率,可直接复制第 4 帧的蜡烛图形,修改填充颜色即可。

(5)在"动画"层的第 6 帧插入关键帧,使用椭圆、选择和颜料桶工具,在舞台中绘制一个烛光图形,并将其复制到剪贴板。选中图形,执行"修改"→"形状"→"柔化填充边缘"命令,打开"柔化填充边缘"对话框,设置柔化距离为"4 像素",步骤为"4",方向为"扩展",对外层火焰进行边缘柔化。粘贴烛光图形,缩小为 40%,并将其叠放在另一烛光图形上方。框选烛光图形,执行"修改"→"合并对象"→"联合"命令,将烛光组合为图形对象,如图 6-4 所示,并将其拖到蜡烛上方。

图 6-2 蛋糕图形

图 6-3 蜡烛图形

图 6-4 烛光图形

(6)在"动画"层的第 7、8 帧插入关键帧,复制第 6 帧处完成的烛光图形,并将其放到第二、第三个蜡烛上方。

(7)在"动画"层的第 9 帧插入关键帧,将三个烛光图形一起向上移动两个像素,在第 10 帧插入关键帧,将三个烛光图形一起向下移动两个像素。当将各帧连续播放时会显示烛光向上跳动的动画效果。

(8)在"动画"层的第 11 帧插入关键帧,框选蛋糕和蜡烛图形,选择任意变形工具,拖动右上角控制手柄,将图形向右上方变大,将三个烛光图形一起向上移动两个像素。在第 12 帧插入关键帧,将蛋糕和蜡烛图形向右上方继续变大,直到在整个舞台中占据主要空间,将三个烛光图形一起向下移动两个像素。

(9)在"动画"层的第 13 帧插入关键帧,使用椭圆、选择、颜料桶工具,在蛋糕左上方绘制心形图形,如图 6-5 所示。复制该图形到剪贴板,将三个烛光图形一起向上移动两个像素。

(10)在"动画"层的第 14 帧插入关键帧,使用文本工具输入字符"生",打散文字,调整边框和填充颜色。将"生"字拖到心形图形正上方,如图 6-6 所示。将三个烛光图形一起向上移动两个像素。

(11)根据步骤(10)的方法,分别在"动画"层的第 15、16、17、18、19、20 帧插入关键帧,制作心形图形和文字"日"、"快"、"乐",并调整图形位置。在每个关键帧处分别将三个烛光图形一起向上或向下移动两个像素。

（12）在"动画"层的第 21 帧插入关键帧，绘制苹果笑脸图形，调整其位置，如图 6-7 所示。

图 6-5　蛋糕图形　　　　图 6-6　蜡烛图形　　　　图 6-7　图形文字效果

（13）在"动画"层的第 30 帧插入帧。

（14）单击"背景"层的 按钮，解除该图层的锁定。选择第 30 帧后的所有普通帧，单击右键，在快捷菜单中执行"删除帧"命令。影片的时间轴效果如图 6-8 所示。

图 6-8　时间轴

 绘制蛋糕、蜡烛、烛光及心形图形中的不规则的图形元素时，先使用钢笔工具勾勒出基本路径，再用选择工具对直线弧线化，最后使用部分选取工具进行弧度调整。注意，使用钢笔工具绘制路径时一定要封闭某一个需要填充的区域，填充颜色时选择"封闭大空隙"模式。

4．保存影片

（1）保存文档为"生日快乐.fla"。

（2）按 Ctrl+Enter 快捷键，预览动画效果。

【小结一下】

本例中，每一幅静态画面即每一个关键帧图形都需要现场绘制，相邻两个关键帧的图形不同，反映动画的动态效果不同。通过普通帧将关键帧画面保持不变，使动画显现静态延时。

6.1.2　帧与关键帧

1．帧

在动画中，帧代表着时刻，不同的帧即不同的时刻，不同的时刻可以对应相同或不同

第 6 章 将素材按时间顺序串起来——时间轴动画

的静态画面，画面随时间的推移逐个出现，便会形成动画。帧是播放指针移动的最小单位。每秒播放的帧数（fps）称为帧频，就是播放指针在时间轴上移动的快慢。帧数反映了动画播放的速度、连贯性和平滑性，帧频太慢会使动画看起来有停顿感，帧频太快则使动画的细节变得模糊不清。在 Web 上，帧频为 12fps 时效果最佳，Flash 的默认帧频为 12fps。

一个 Flash 文档指定唯一一个帧频，因此在创建动画之前要首先设置帧频，而动画本身的复杂程度和计算机的性能会影响影片播放的流畅程度。

2．关键帧

关键帧用来定义动画的变化环节，每个时间轴的第一帧默认为关键帧。在时间轴中，实心圆表示有内容的关键帧，称为实关键帧；空心圆表示不包含任何内容的关键帧，称为空关键帧。在逐帧动画中，每个帧都是关键帧。

在时间轴中选择一个帧，执行下列操作之一，创建关键帧：
- 执行"插入"→"时间轴"→"关键帧"命令。
- 按 F6 键。
- 右击，在弹出的快捷菜单中执行"插入关键帧"命令。

3．普通帧与补间帧

时间轴中除了关键帧外，还有普通帧和补间帧。两个关键帧之间的帧可以是普通帧或补间帧，补间帧出现在补间动画中，反映动画的渐变过程。普通帧继承该帧左侧一帧的内容，如在一个实关键帧右侧插入一个或多个普通帧，该关键帧内容将会被复制到每一个普通帧。有内容的普通帧显示为灰色背景的单元格，无内容的普通帧显示为白色背景单元格。

6.1.3 时间轴中的动画表示方法

帧及关键帧按先后顺序串接在一条水平轴上，便形成了时间轴。

时间轴是制作动画的基本工具，Flash 动画按时间轴性质可分为逐帧动画和补间动画，补间动画又细分为运动补间动画和形状补间动画。

补间动画用起始关键帧处的黑色圆点表示，带有浅蓝色或浅绿色背景的黑色箭头则表示中间的补间帧，虚线表示补间是错误或不完整的，如目标关键帧丢失时。实关键帧后面的浅灰色普通帧包含无变化的内容，最后一帧有一个空心矩形，表示时间轴的结束。标识一个小"a"的关键帧，表示包含了一个帧动作，标识红色小旗的帧，表示包含了一个帧标签，金色的锚标记表明该帧是一个命名锚记，如图 6-9 所示。

①形状补间　②运动补间　③补间中断　④单个关键帧　⑤含动作的关键帧　⑥含标签的关键帧

图 6-9　时间轴中的动画表示方法

6.1.4 洋葱皮工具

制作 Flash 动画时，同一时间点只能显示动画序列中的一帧内容，但有时需要同时查看多个帧，这就要用到洋葱皮工具。洋葱皮工具也叫"绘图纸"工具，位于时间轴面板的下方，如图 6-10 所示。

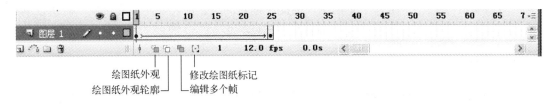

图 6-10　洋葱皮工具

（1）"绘图纸外观"：单击该按钮后，在舞台中可以将绘图纸外观标记之间的所有帧显示出来，当前帧以实体显示，其他过滤帧以半透明的方式显示。

（2）"绘图纸外观轮廓"：单击该按钮后，在舞台中可以将绘图纸外观标记之间的所有帧显示出来，当前帧以实体显示，其他过滤帧以轮廓线的方式显示。

（3）"编辑多个帧"：主要用于编辑绘图纸外观标记之间的多个或全部帧，单击该按钮，可以显示"时间轴"面板中绘图纸外观标记之间所有关键帧的内容，不管它是否为当前工作帧，如图 6-11 所示。

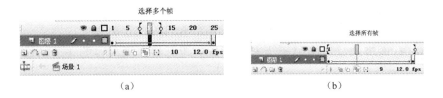

图 6-11　选择多帧

（4）"修改绘图纸标记"：主要用于更改绘图纸外观标记的显示范围与属性，单击该按钮，弹出下拉列表，用来设置标记，如图 6-12 所示。

图 6-12　修改绘图纸标记

- "总是显示标记"：无论绘图纸工具是否打开，选择该项，都可以显示绘图纸外观的两个黑色标记。
- "锚定绘图纸"：单击该选项，可以将绘图纸外观灰色标记进行锁定。一般情况下，绘图纸外观灰色标记随当前帧的移动而移动，使用该项，可以锁定绘图纸外观灰色标记的位置，在移动当前帧时可使其他位置不受影响。
- "绘图纸2"：单击该选项，会在当前帧的两侧显示2帧。
- "绘图纸5"：单击该选项，会在当前帧的两侧显示5帧。
- "绘制全部"：单击该项可以将当前帧两侧的帧全部显示。

6.2 形状补间动画

6.2.1 芝麻开门——变幻文字

【实例目的】

掌握形状补间动画的特点和创建方法。

【效果描述】

数字"1"逐渐变形到数字"2"的过程，变形效果如图6-13所示。

图6-13　文字变形效果

【技术要点】

绘制两个不同的文字形状，创建从一种形状渐变到另一种形状的动画。

【操作步骤】

1．新建文档并设置影片属性

（1）单击 按钮，新建一个Flash文档。
（2）在"文档属性"对话框中，设置舞台尺寸（550×400px），帧频（16fps）。

2．制作动画

（1）选择文本工具 ，任意设置文字属性。
（2）单击第1帧，在舞台上输入文字"1"。在第40帧处插入关键帧，将文字"1"修改为文字"2"。
（3）按"Ctrl+B"快捷键将第1帧的文字"1"和第40帧的文字"2"进行分离。

注意,形状补间的两个关键帧只能是可编辑的图形对象,因此,必须将文字分离。

(4)在第 1 帧至第 40 帧之间创建补间形状。

3．保存影片

(1)保存文档为"变幻文字.fla"。
(2)按 Ctrl+Enter 快捷键,预览动画效果。

6.2.2 创建形状补间动画

1．形状补间动画

在 Flash 的时间轴面板上,在一个时间点(关键帧)绘制一个形状,然后在另一个时间点(关键帧)更改该形状或绘制另一个形状,Flash 根据两帧的值或形状来创建的动画被称为形状补间动画。

2．构成形状补间动画的元素

形状补间动画可以实现两个图形之间颜色、形状、大小、位置的相互变化,其变形的灵活性介于逐帧动画和动作补间动画之间,使用的元素多为用鼠标或压感笔绘制出的形状,如果使用图形元件、按钮、文字,则必须先"分离"再变形。

3．形状补间动画在时间轴上的表现

形状补间动画创建好后,时间轴面板的背景色变为淡绿色,在起始帧和结束帧之间有一个长长的箭头,如图 6-14 所示。

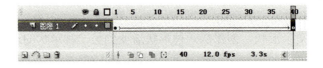

图 6-14　形状补间

4．创建形状补间动画的方法

(1)右键菜单创建形状补间动画。

选择同一图层中两个关键帧之间的任意一帧,右击,在弹出的菜单中选择"创建形状补间"命令。

在创建完成形状补间动画之后,如果想要删除补间动作,可以选择在形状补间动画关键帧之间的任意一帧,右击,在弹出的菜单中选择"删除补间"命令即可。

注意,如果创建后的形状补间动画以一条绿色背景的虚线表示,说明形状补间动画没有创建成功,主要原因可能是关键帧中的对象不符合创建形状补间动画的条件。

（2）使用"属性"面板创建形状补间动画。

选择同一图层中两个关键帧之间的任意一帧，在"属性"面板的"补间"下拉列表框中选择"形状"选项，可创建补间形状动画，或者选择下拉列表框中的"无"选项，可以将创建好的补间形状动画删除，如图 6-15 所示。

图 6-15 创建形状补间

创建好形状补间动画的"属性"面板下方，会出现"混合"选项，用于设置形状补间的过渡帧所产生的形状分布情况，有两个选项，如图 6-16 所示。

- "分布式"：过渡帧所计划产生的形状分布是平滑和不规则的。
- "角形"：过渡帧所计划产生的形状分布是不平滑的和锐利的。

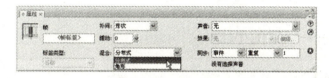

图 6-16 混合选项

6.2.3 应用形状特征提示点

如果仔细观察"变幻文字"实例，会发现，文字"1"和文字"2"之间的变形是随意的、散乱的。为了能更好地控制变形，达到理想的变形效果，可以添加控制点来控制变形。

（1）选中第 1 帧，执行 "修改"→"形状"→"添加形状提示"命令，或按"Ctrl+Shift+H"快捷键，可对变形的对象添加提示点。在第 1 帧共添加 5 个形状特征提示点，将它们排列好位置，如图 6-17 所示。

（2）在第 40 帧处也出现 5 个形状特征提示点，按照自己想要的变形方式安排好控制点的位置。一般情况下，总是将前一关键帧中的各个特征提示点所在位置作为形状变形的初始位置，下一关键帧中的提示点则分别对应变形的最终位置，这时形状控制点的颜色变为绿色，而在第 1 帧处的形状提示点变为黄色，如图 6-18 所示。

图 6-17 添加形状特征提示点   图 6-18 对应形状特征提示点的位置

（3）按 Ctrl+Enter 快捷键，预览动画效果，如果不如意可再次调整形状提示点的位置，最后变形效果如图 6-19 所示，渐变过程不再是分离、杂乱的。

图 6-19 变形效果

注意，形状补间在调整过程中容易出现一些问题，变化过程往往难以控制。如果费很多时间在调整形状特征提示点上，还不如自己老老实实地画出中间过程。

6.3 动作补间动画

6.3.1 芝麻开门——弹跳的小球

【实例目的】

掌握运动物体动画的制作，以及物体做自由落体时运动特点的设置技巧。

【效果描述】

一只皮球从平地弹起，再自由落地，由于自身的弹性，然后再弹起。在弹起、落地过程中，皮球会发生形状的变化，如在弹起之前和再次落地时皮球会被稍微压扁一些，而弹起时又会恢复原形。运动过程如图 6-20 所示。

图 6-20 效果展示

第 6 章 将素材按时间顺序串起来——时间轴动画

【技术要点】

通过改变物体的位置，来创建物体的移动画面。为了表现小球的弹跳过程中的弹性形变，对每一帧进行精细的调整。物体运动的弹性和形变规律具体可参见 12.5.1 一节。

【操作步骤】

1．新建文档并设置影片属性

（1）单击 按钮，新建一个 Flash 文档。
（2）在"文档属性"对话框中，设置舞台尺寸（550×600px），帧频（24fps）。

2．绘制元件

（1）执行"插入"→"新建元件"命令，打开"创建新元件"对话框，在"名称"文本框中输入"小球"，选择"类型"为"图形"，如图 6-21 所示。单击 按钮，进入元件编辑模式。
（2）在舞台上绘制"小球"的形状如图 6-22 所示。

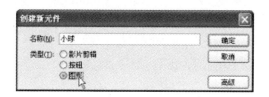　　　　　　　　　　　

图 6-21　创建"小球"元件　　　　　　　　图 6-22　小球形状

3．制作动画

（1）单击舞台左上角的 按钮或 按钮，返回场景 1 编辑模式。
（2）从"库"面板中将元件"小球"拖入到第 1 层的第 1 帧，调整其位置到舞台的下方，并设置"小球"实例比例大小为 90%。
（3）在第 4 帧、第 7 帧处分别插入关键帧。
（4）选择第 4 帧中的"小球"实例，在"属性"面板中，设置"小球"实例的宽、高比例分别为 90%和 75%（首先要单击 按钮，将锁定宽高比例解除），将小球压扁。这是为了表现小球在弹起之前蓄势待发的状态。在第 1 帧至第 4 帧之间创建补间动画。
（5）在第 4 帧和第 7 帧之间创建补间动画，实现小球在弹跳之前恢复至原始状态。
（6）在第 10 帧处插入关键帧，将"小球"实例宽、高比例大小调整为 90%和 100%。在第 7 帧和第 10 帧之间创建补间动画。这样，实现小球在弹起之后产生纵向拉长的变形效果。
（7）在第 15 帧处插入关键帧，宽、高比例大小调整为 90%和 110%，位置垂直向上移动一段距离。在第 10～15 帧之间创建补间动画，实现小球继续产生纵向拉长的变形和位移的变化。

(8) 在第 20 帧处插入关键帧，将"小球"实例宽、高比例大小调整为 90%和 100%，位置继续向上垂直移动一段距离。在第 15 帧和第 20 帧之间创建补间动画，实现小球继续产生纵向收缩的变形和位移的变化。

(9) 在第 25 帧处插入关键帧，将"小球"实例宽、高比例大小调整为 90%和 75%，位置继续向上垂直移动一段距离，达到最高点。在第 20 帧和第 25 帧之间创建补间动画，实现小球继续产生纵向收缩的变形和位移的变化。

(10) 在第 23 帧处插入关键帧，小球没有变化，在最高点持续 3 帧的时间。可以打开绘图纸工具来观察多个帧之间的变化，时间轴和舞台效果如图 6-23 所示。

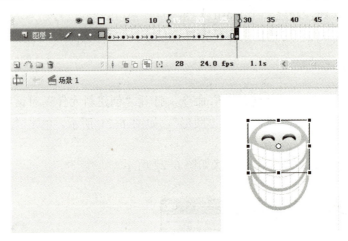

图 6-23　最高点的小球形状

 注意，小球的下落和上升过程是相似的，为了节省时间，可以将前面上升过程中的帧，复制到后面，然后进行帧的翻转，这样小球的下落过程也就随之完成了。

(11) 选中第 1 帧和第 25 帧之间的所有帧，右击，在弹出的菜单中选择"复制帧"命令。右击第 29 帧，在弹出的菜单中选择"粘贴帧"命令，将第 1 帧至第 25 帧的动画内容复制到第 29 帧至第 53 帧。

(12) 选中第 29 帧和第 53 帧之间的所有帧，右击，在弹出的菜单中选择"翻转帧"命令，实现帧的反转，也就是将小球上升的过程反转为小球下落的过程。

 帧的反转，就是将选择的一段连续的关键帧的序列进行头尾反转，即将第一帧和最后一帧互换，第二帧和倒数第二帧互换，以此类推。反转后的播放顺序和反转之前的播放顺序是相反的。

(13) 在第 65 帧处插入帧，让落地后的小球静止一段时间。

4．保存文档

(1) 保存文档为"跳动的皮球.fla"。
(2) 按 Ctrl+Enter 快捷键，预览动画效果。

6.3.2 创建动作补间动画

动作补间动画是 Flash 中最常见的动画类型。与形状补间动画不同的是，动作补间动画的对象必须是"元件"或"成组对象"。利用动作补间动画可以实现的动画的类型包括位置和大小的变化，旋转的变化，速度的变化，颜色、透明度和亮度的变化。逐帧动画需要将动画的每一帧的对象全部绘制出来，而使用动作补间动画，只要将两个关键帧中的对象绘制出来就可以了。两个关键帧之间的过渡帧由 Flash 自动创建。

1．动作补间动画的概念

在 Flash 的时间轴面板上，在一个时间点（关键帧）放置一个元件，然后在另一个时间点（关键帧）改变这个元件的大小、颜色、位置、透明度等，Flash 根据二者之间的帧的值创建的动画被称为动作补间动画。

2．构成动作补间动画的元素

构成动作补间动画的元素是元件，包括影片剪辑、图形元件、按钮等，除了元件，其他元素包括文本都不能创建补间动画，位图、文本等都必须要转换成元件才行，只有把形状"组合"或者转换成"元件"后才可以做动作补间动画。

3．动作补间动画在时间轴面板上的表现

动作补间动画建立后，时间轴面板的背景色变为淡紫色，在起始帧和结束帧之间有一个长长的箭头，如图 6-24 所示。

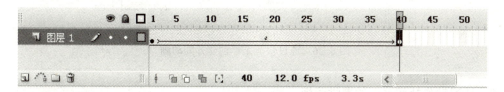

图 6-24 动作补间动画时间轴

4．形状补间动画和动作补间动画的区别

形状补间动画和动作补间动画都属于补间动画。前后都各有一个起始帧和结束帧，二者之间的区别见表 6-1。

表 6-1 动作补间动画和形状补间动画的区别

区 别	动作补间动画	形状补间动画
在时间轴上的表现	淡紫色背景加长箭头	淡绿色背景加长箭头
组成元素	影片剪辑、图形元件、按钮	形状，如果使用图形元件、按钮、文字，则须先打散再变形
完成的效果	实现一个元件的大小、位置、颜色、透明等的变化	实现两个形状之间的变化，或一个形状的大小、位置、颜色等的变化

5．创建动作补间动画的方法

在时间轴面板上动画开始播放的地方创建或选择一个关键帧并设置一个元件，一帧中只能放一个项目，在动画要结束的地方创建或选择一个关键帧并设置该元件的属性，再单击开始帧，在"属性"面板中单击"补间"右侧的下拉按钮，在下拉列表中选择"动画"，如图 6-25 所示，或右击选中的帧，在弹出的菜单中选择"新建补间动画"如图 6-26 所示。这样，就创建了"动作补间动画"。

图 6-25 在"属性"面板中创建补间动画

图 6-26 通过快捷菜单创建补间动画

6．认识动作补间动画的属性面板

在时间轴"动作补间动画"的起始帧上单击，补间"属性"面板如图 6-27 所示。

图 6-27 补间"属性"面板

● "缓动"

可直接在文本框中填入具体数值，或单击该选项右侧的下拉按钮，出现滑杆，上下拉动滑杆，补间动作动画效果会以不同设置做出相应的变化。值在 0～100 之间，动画运动的速度从慢到快，朝运动结束的方向加速补间。在-100～0 之间，动画运动的速度从快到慢，朝运动结束的方向减慢补间。默认情况下的值为 0，补间帧之间的变化速率不变。

- "编辑"

单击"编辑"按钮，弹出"自定义缓入/缓出"对话框，如图 6-28 所示。在这个对话框中，可以设置过渡帧更为复杂的速度变化。水平轴表示帧，垂直轴表示变化的百分比。第一个关键帧为 0%，最后一个关键帧为 100%。对象的变化速率用曲线的倾斜度来表示。曲线越接近垂直，变化速率越大。其中，"为所有属性使用一种设置"复选框被选中，表示所显示的曲线适用于所有属性，且左侧的"属性"下拉列表框不可用。取消该复选框的选中状态，可在"属性"下拉列表框中进行位置、旋转、缩放、颜色、滤镜等选项的选择。

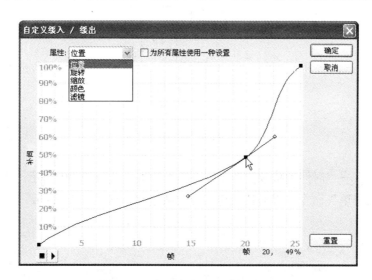

图 6-28 "自定义缓入/缓出"对话框

- "旋转"：旋转动画共有 4 个选择。选择"无"（默认设置）可以禁止元件旋转；选择"自动"可以使元件实例在需要最小动作的方向上旋转一次；选择"顺时针"或"逆时针"，并在后面输入数字，可使元件实例在运动时顺时针或逆时针旋转相应的圈数。
- "调整到路径"：将补间元件的基线调整到运动路径，此项功能主要用于引导线运动，使动画对象沿着运动路径的方向运动。
- "同步"：选中该复选框，可以使图形元件实例的动画和主时间轴同步。
- "贴紧"：选中该复选框，可以根据其注册点将补间元素附加到运动路径，此项功能主要用于引导线运动。

6.3.3 应用时间轴特效

时间轴特效动画是 Flash 软件内置的动画效果。使用时间轴特效可以执行最少的步骤创建复杂的动画，如模糊、分离、投影等，可以对文本、图形（包括形状、组合及图形元件）、位图图像和按钮元件等应用时间轴动画特效。当时间轴特效应用于影片剪辑时，Flash 会把特效嵌套在影片剪辑内。

时间轴特效包括"变形/转换"、"帮助"、"效果"三类，共 8 种效果。其中每一类又包含如图 6-29 所示的内容。

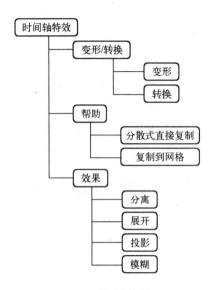

图 6-29 时间轴特效列表

执行"插入"→"时间轴特效"命令可以插入效果，如图 6-30 所示；或执行"修改"→"时间轴特效菜单"命令可以对特效进行修改或删除，如图 6-31 所示。

图 6-30 插入时间轴特效

图 6-31 修改或删除时间轴特效

1. "变形"特效

"变形"特效是变形对象在一定时间内实现一系列的变形动画，如淡入/淡出、放大/缩小和左旋/右旋的特效。在其对话框中，用户可选定元素的位置、缩放比例、旋转角度、Alpha 透明度、颜色，以及特效持续的帧数与运动简易值。"变形"对话框和动画效果如图 6-32 所示。

2. "转换"特效

对选择对象进行擦出和淡入/淡出处理，产生逐渐过渡动画的特效。"转换"对话框和动画效果如图 6-33 所示。

图 6-32 "变形"对话框和动画效果

图 6-33 "转换"对话框和动画效果

3. "分散式直接复制"特效

可按指定次数复制选定对象，第一个元素是原始对象的副本。对象将按一定增量发生改变，直至最终对象反映出输入的参数为止。"分散式直接复制"对话框和动画效果如图 6-34 所示。

图 6-34 "分散式直接复制"对话框和动画效果

4. "复制到网格"特效

根据行与列对选择的对象进行复制，可以设置复制对象的个数，也可以对其行距与列距进行设置。"复制到网格"对话框和动画效果如图 6-35 所示。

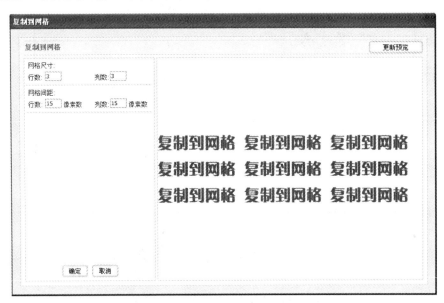

图 6-35 "复制到网格"对话框和动画效果

5. "分离"特效

"分离"特效可使对象产生爆炸的感觉，使文本或复杂对象的元素裂开、自旋和向外弯曲。"分离"对话框和动画效果如图 6-36 所示。

第 6 章 将素材按时间顺序串起来——时间轴动画

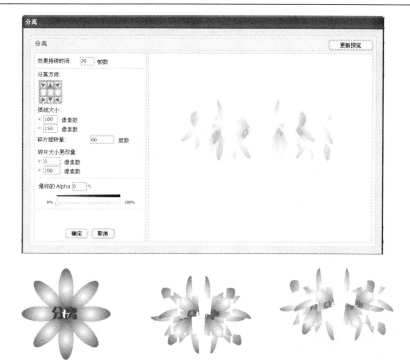

图 6-36 "分离"对话框和动画效果

6. "展开"特效

用于扩展和收缩对象，也可用于在影片剪辑或图形元件中组合的两个或多个对象。"展开"对话框和动画效果如图 6-37 所示。

图 6-37 "展开"对话框和动画效果

7. "投影"特效

使用该特效可在选定对象下方创建阴影，可以进行阴影的颜色、Alpha 透明度及偏移量的设置。"投影"对话框和动画效果如图 6-38 所示。

图 6-38 "投影"对话框和动画效果

8. "模糊"特效

通过改变对象的 Alpha 值、位置和缩放比例，创建出运动模糊的特效。"模糊"对话框和动画效果如图 6-39 所示。

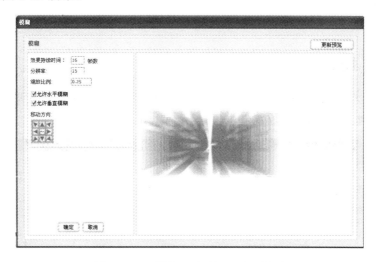

图 6-39 "模糊"对话框和动画效果

6.4 知识进阶——时间轴动画

6.4.1 逐帧动画综合实例——眨眼睛娃娃

【实例目的】

进一步掌握逐帧动画的制作方法，学会制作角色的眨眼动作。

第 6 章　将素材按时间顺序串起来——时间轴动画

【效果描述】

一个美丽的娃娃调皮地轻轻拉下眼皮的效果，眨眼过程如图 6-40 所示。

　　　　(a)　　　　　　　(b)　　　　　　　(c)　　　　　　　(d)

图 6-40　眨眼动画效果

【技术要点】

通过逐帧绘制动画角色眨眼过程的各个图形形状，形成眨眼动画效果。

1．新建文档并设置影片属性

（1）单击 按钮，或执行"文件"→"新建"命令，新建一个 Flash 文档。
（2）在"文档属性"对话框中，设置舞台尺寸（550×400px），帧频（12fps）。

2．绘制元件

（1）新建一个"名称"为"娃娃"的图形元件。
（2）在舞台上绘制娃娃的形象，如图 6-40（a）所示。

　　本例角色形象稍显复杂，可以根据自己的能力，将形象简化或自己创作形象，但眼睛部位需要画精确。

3．制作动画

（1）单击 或 按钮，返回场景 1 编辑模式。
（2）将"图层 1"重命名为"娃娃"。单击第 1 帧，将元件"娃娃"从"库"中拖放到场景中，在第 20 帧处插入普通帧。
（3）插入一个新图层，命名为"眼皮"。在第 2 帧按插入关键帧，选择按照"娃娃"形象中的眼睛大小绘制"眼皮"的形状，并用滴管工具 吸取脸部的颜色，用颜料桶工具 进行填充，如图 6-41（a）所示。将"眼皮"形状的位置调整到娃娃的眼睛处，使其从眼睛的上半部分开始覆盖娃娃的眼睛。
（4）在图层"眼皮"的第 3 帧、第 4 帧、第 5 帧插入关键帧，使用选择工具 分别对第

3、4、5 帧眼皮的形状做如图 6-41（b）、图 6-41（c）、图 6-41（d）所示效果的修改。至此，娃娃闭眼睛的动画效果制作完成。

（a）第 2 帧　　　　（b）第 3 帧　　　　（c）第 4 帧　　　　（d）第 5 帧

图 6-41　各帧中"眼皮"的形状

 本实例是通过绘制"眼皮"形状的不同变化来实现眼睛的睁开和闭合的过程的。当然也可以通过逐帧绘制不同的眼睛形状来实现，但是会稍显复杂。

4．保存影片

（1）保存文档为"眨眼娃娃.fla"。

（2）按 Ctrl+Enter 快捷键，观察影片播放效果，大眼睛娃娃慢慢闭上眼睛。连续播放影片，则显示娃娃眨眼睛的动画效果。如图 6-42 所示。

6.4.2　旋转动画实例——飘舞的雪绒花

【实例目的】

巩固运动补间动画的制作，练习旋转动画的创作。

【效果描述】

一朵美丽的雪绒花绕中心点旋转，展示优美的姿态，如图 6-43 所示。

图 6-42　添加眼皮后的时间轴设置和舞台效果　　　图 6-43　雪绒花效果

【技术要点】

通过"属性"对话框，对运动补间动画的"旋转"等属性进行调整。

第 6 章 将素材按时间顺序串起来——时间轴动画

☞ 【操作步骤】

1．新建文档并设置影片属性

（1）单击 按钮，或执行"文件"→"新建"命令，新建一个 Flash 文档。

（2）在"文档属性"对话框中，设置舞台尺寸（550×400px），帧频（12fps）。

2．制作花朵

（1）将"图层 1"重命名为"花瓣"。

（2）选择钢笔工具 、选择工具 、部分选取工具 、油漆桶工具 ，填充颜色设定为由白色（#FFFFFF）到浅蓝色（#0350C0）的放射状渐变，绘制如图 6-44 所示花瓣图形，并调整好大小。使用选择工具 框选绘制好的花瓣图形，执行"修改"→"转换为元件"菜单命令，打开"转换为元件"对话框，如图 6-45 所示。在对话框的"名称"文本框中输入"花瓣"，选择"类型"为"图形"，单击 按钮，进入元件编辑模式。

图 6-44　绘制花瓣形状　　　　　　　　　图 6-45　"转换为元件"对话框

（3）转化为元件后的"花瓣"变成了一个元件实例。选择任意变形工具 ，选中"花瓣"实例的注册点，将其往下拖动到如图所示 6-46 位置。打开"变形"面板，在"旋转"文本框中输入旋转角度为"45 度"，连续单击面板右下角的复制并应用变形按钮 7 次，将实例复制 7 个，形成一朵美丽的雪绒花的形状，如图 6-47 所示。使用选择工具 框选所有花瓣，按 Ctrl+G 快捷键，将花瓣组合为对象组，如图 6-48 所示。

（4）新建图层，并命名为"花心"。绘制一个圆形的花心，填充放射状渐变，与"花瓣"的颜色相同，调整位置如图 6-49 所示。

图 6-46　更改注册点　　图 6-47　制作花朵　　图 6-48　组合对象　　图 6-49　绘制花心

3．制作动画

（1）在图层"花瓣"的第 80 帧处添加关键帧。单击第 1 帧，在"属性"面板中将"补间"设置为"动画","旋转"设置为"顺时针","数值"为"1"次。单击第80帧,做同样的设置。

(2) 在图层"花心"的第80帧处插入普通帧。

4. 保存文档

(1) 保存文档为"飘舞的雪绒花.fla"。

(2) 按 Ctrl+Enter 快捷键,预览动画效果。

6.4.3 综合实例——太阳公公起床了

【效果描述】

本实例展示的是早晨起床后的"太阳公公",一边工作(发出红红的火焰),一边快乐地刷牙的动画效果,如图 6-50 所示。

图 6-50 太阳公公刷牙动画效果

【技术要点】

动作补间和形状补间动画技术的综合应用。

【操作步骤】

1. 新建文档并设置影片属性

(1) 单击 按钮,或执行"文件"→"新建"命令,新建一个 Flash 文档。

(2) 在"文档属性"对话框中,设置舞台尺寸(550×400px),帧频(12fps)。

2. 绘制图形

(1) 将"图层 1"重命名为"火焰",在第 1 帧中,绘制如图 6-51(a)所示火焰图形形状。

(2) 新建"图层 2",重命名为"身体",在第 1 帧中,绘制如图 6-51(b)所示身体图形形状。

(3) 新建"图层 3",重命名为"右手",在第 1 帧中,绘制如图 6-51(c)所示右手图形形状。

(4) 新建"图层 4",重命名为"泡沫",在第 1 帧中,绘制如图 6-51(d)所示泡沫图形形状。

（5）新建"图层5"，重命名为"眼睛"，在第1帧中，绘制如图6-51（e）所示眼睛图形形状。

（6）调整各图层中所绘制的图形形状的位置，组成如图6-50（a）所示图形效果。

（a）火焰　　　（b）身体　　　（c）右手　　　（d）泡沫　　　（e）眼睛

图6-51　绘制"太阳公公"各部分图形形状

3．制作动画

（1）选择图层"右手"，将图形转换成名称为"右手"的图形元件，打开"变形"面板，设置"旋转"角度为"10°"，将元件实例顺时针旋转10°。使用任意变形工具 ，调整元件实例的注册点到如图6-52所示位置。

（2）在第5帧和第10帧处分别插入关键帧。在第5帧处，将元件实例做旋转"-10°"的调整。在第1帧和第5帧之间，以及第5帧和第10帧之间分别创建补间动画。

（3）选择图层"火焰"，将图形转换为名称为"火焰"的图形元件。使用任意变形工具 ，调整元件实例的注册点到如图6-53所示位置。在第5帧和第10帧分别插入关键帧。在第5帧处，打开"变形"面板，调整元件实例的比例为"108%"。在第1帧和第5帧之间，以及第5帧和第10帧之间分别创建补间动画。

　　　　　　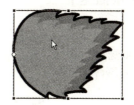

图6-52　调整"右手"元件的注册点　　　图6-53　调整"火焰手"元件的注册点

（4）选择图层"泡沫"，在第5帧和第10帧分别插入关键帧。在第5帧处，打开"变形"面板，将"泡沫"图形的比例调整为"105%"，在第1帧和第5帧之间，以及第5帧和第10帧之间分别创建补间形状。

（5）分别在"眼睛"图层和"身体"图层的第10帧处插入普通帧。动画时间轴结构及舞台效果如图6-54所示。

4．保存文档

（1）保存文档为"太阳公公起床了.fla"。

（2）按Ctrl+Enter快捷键，预览动画效果。

图 6-54 时间轴设置和舞台效果

6.5 实训及指导

实训一 打字机效果

1．实训题目：打字机效果。

2．实训目的：巩固逐帧动画的制作方法，应用选择工具和文本工具，对文本应用滤镜。

3．实训内容：逐帧动画实例"实训 1.fla"。

【效果描述】

以打字机效果向屏幕打出"欢迎进入神奇的闪客地带"，随即出现第一颗星星（五角星），并立即变形。然后一颗颗依次出现其他星星，并变形，最后所有星星出现一闪一闪的眨眼效果，如图 6-55 所示。实例所在位置：教学资源/CH06/效果/实训 1.fla。

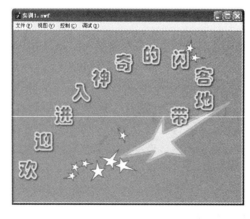

图 6-55 打字机效果

第 6 章 将素材按时间顺序串起来——时间轴动画

【技术要点】

使用逐帧方法，按动画的播放顺序，在每一个关键帧创建相应的文字或图形效果。

【操作步骤】

1. 新建文档并设置影片属性

（1）新建 Flash 文档。

（2）设置舞台尺寸（550×400px），背景色（#6699FF）。

2. 创建动画

（1）在"时间轴"面板中双击"图层1"，重命名为"打字机"。

（2）在第一帧输入文字"欢"，笔触颜色为黄色（#FFFF00），字体（华文彩云），字号（50）。打开"滤镜"面板，单击按钮，在下拉列表中选择"发光"效果选项，设置发光"颜色"为黄色（#FFFF00）。再次单击按钮，在下拉列表中选择"投影"效果选项，设置投影"颜色"为黑色（#000000）。

（3）依据步骤(2)的方法，分别在第 2 帧至第 11 帧插入关键帧，输入文字"欢迎进入神奇的闪客地带"，并分别设置其滤镜效果。

（4）在第 12 帧插入关键帧，应用多角星型工具绘制五角星形状，笔触颜色为浅绿色（#99FF00），填充颜色为橙色（#FF3300）。

（5）在第 13 帧插入关键帧，选中五角星形状，按"Ctrl+B"快捷键，将图形分离，执行"修改"→"形状"→"将线条转化为填充"命令，将线条转化为填充形状，执行"修改"→"形状"→"柔化填充边缘"命令，向外扩展"4px"柔化。

（6）在第 14 帧插入关键帧，应用多角星形工具绘制五角星形状，笔触颜色为橙色（#FF3300），填充颜色为白色（#FFFFFF），调整星星的位置。

（7）在第 15 帧插入关键帧，应用选择工具将五角星变形。

（8）依据步骤（6）、（7）的方法，制作其他五角星图形并变形。

（9）在第 32、33、34、35、36 帧分别插入关键帧，并分别选中第 33、35 帧，删除掉舞台中所有的星星图形。

3. 保存文档

（1）保存文档为"打字机效果.fla"。

（2）预览动画效果。

实训二 汽车运动效果

1. 实训题目： 汽车运动效果。

2. 实训目的：巩固动作补间动画的制作，应用旋转属性和动作补间相结合制作运动效果。

3. 实训内容：动作补间动画实例"实训 2.fla"。

【效果描述】

汽车车轮做旋转运动，同时汽车本身发生位移变化，如图 6-56 所示。实例所在位置：教学资源/CH06/效果/实训 2.fla。

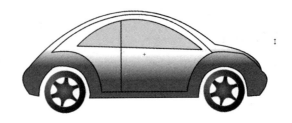

图 6-56　汽车运动效果

【技术要点】

用绘图工具绘出汽车形状，制作车轮的旋转动画和车身的位移动作补间动画。

【操作步骤】

1．新建文档并设置影片属性

（1）新建 Flash 文档。

（2）设置舞台尺寸（550×400px），背景色为白色。

2．绘制形象

（1）执行"插入"→"新建元件"命令，在弹出的"新建元件"对话框中设置名称为"汽车"，类型为"影片剪辑"。

（2）新建图层，命名为"车身"，在图层的第 1 帧绘制车身图形。

（3）新建图层，命名为"前轮"，在图层的第 1 帧绘制前轮图形。

（4）新建图层，命名为"后轮"，在图层的第 1 帧绘制后轮图形，如图 6-57 所示。

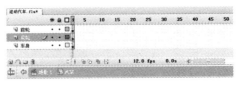

图 6-57　汽车形象绘制

（5）选中图形"后轮"，将其转换为"名称"为"后轮"的图形元件。

(6) 选中图形"前轮",将其转换为"名称"为"前轮"的图形元件。

(7) 选择图层"后轮",在第 10 帧处插入关键帧。单击第 1 帧,在"属性"面板中设置"补间"为动画,旋转为"逆时针",数值设为"1"次。

(8) 选择图层"前轮",按步骤(7)的方法进行相同的设置。时间轴设置和舞台效果如图 6-58 所示。

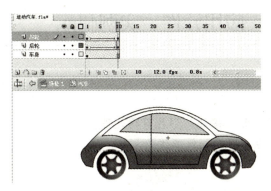

图 6-58 时间轴和舞台效果

3. 创建动画

(1) 单击舞台左上角的 按钮或 按钮,返回场景 1 编辑模式。

(2) 将"库"面板中的影片剪辑元件"汽车"拖放到舞台的左边,调整大小。

(3) 在第 20 帧处插入关键帧,将"汽车"元件实例拖曳到舞台右边。在第 1~20 帧之间创建补间动画。添加运动效果后的时间轴和舞台效果如图 6-59 所示。

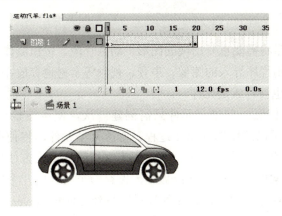

图 6-59 场景 1 的时间轴和舞台效果

4. 保存文档

(1) 保存文档为"汽车运动效果.fla"。
(2) 预览动画效果。

第 7 章 提高工作效率
——应用元件、实例和库

 任务

创建、修改与调用图形、按钮、影片剪辑元件,编辑元件实例,使用"库"面板组织和管理元件,共享库资源,提高创作工作效率。

目标

- 元件的创建与编辑
- 实例的创建、编辑及属性设置
- 库的使用和管理
- 滤镜效果的使用

7.1 元件、实例、库及其关系

1. 元件

在 Flash 中,通常将需要重复出现的图形、动画片段、按钮制作成元件,存放在"库"面板中。而从外部应用程序导入的图像、声音、视频等素材也存放在"库"面板中,它们也可以重复使用,通常也被看成是元件。

使用元件有很多优点。首先,元件只需创建一次,便可在整个 Flash 文档中重复使用;其次,使用元件可以简化影片制作过程,修改某个元件,将使所有由该元件生成的实例批量更新,而不必逐一修改;再次,元件还为文档间提供了方便的共享,用户可以在一个文档中使用另一个文档创建的元件;另外,保存一个元件的几个实例远比保存该元件内容的多个副本占用的存储空间小,且元件只需下载到 Flash Player 中一次,大大加快了动画的播放速度。

2. 实例

实例是将元件应用到舞台上或嵌套在另一个元件内的元件副本。通俗地说,将一个元件从"库"面板中拖到舞台上即创建了该元件的一个实例,一个元件可以创建多个实例。实例保持元件的基本特征,但可以与元件在颜色、大小和功能上有所差别。编辑元件会更新它的所有实例,但对元件的一个实例应用效果则只更新该实例。

3. 库

Flash 使用库来存储和组织创建的元件及导入的文件，包括位图图像、声音文件和视频剪辑。库分为公用库和专用库，其中 Flash 自带的很多元件存放在公用库中；用户自己创建的元件以及外部导入的图形、声音、视频等动画素材存放在专用库中。库是通过"库"面板来进行管理的。通过"库"面板，可以调用库中的资源，也可以对库中的资源进行查看、新建、删除、编辑、归类等操作。有关库的详细介绍见 7.3 节。

7.2 元件的创建与应用

在 Flash 中创建的元件有 3 种类型：图形元件、按钮元件、影片剪辑元件。

1. 图形元件

图形元件主要用来制作动画中的静态图形，并可用来创建连接到主时间轴的可重用动画片段。图形元件没有交互性，交互式控件动作和声音在图形元件的动画序列中不起作用。

2. 按钮元件

使用按钮元件可以创建用于响应鼠标单击、滑过或其他动作的交互式按钮，通过事件来激发它的动作。按钮元件有 4 种状态，即弹起、指针经过、按下和点击，每种状态都可以通过图形、元件及声音来定义。

3. 影片剪辑元件

使用影片剪辑元件可以创建可重用的动画片段。影片剪辑拥有各自独立于主时间轴的多帧时间轴。用户可以将多帧时间轴看做是嵌套在主时间轴内，它们可以包含交互式控件、声音甚至其他影片剪辑实例。也可以将影片剪辑实例放在按钮元件的时间轴内，以创建动画按钮。

每个元件都有一个唯一的时间轴和舞台，以及多个图层。就像在主时间轴上一样，用户可以在元件时间轴上添加帧、关键帧和图层。创建元件时需要选择元件类型。按钮主要是用来交互的，经常看到的 Flash 影片，通常不是一开始就播放，而是停在一个画面，单击这个画面上的"播放"按钮时才开始播放动画。也就是说通过添加 ActionScript 脚本控制了这个"播放"按钮，使之产生了交互效果，能控制影片的播放。如果不使用 ActionScript，按钮只是一个摆设而已。影片剪辑主要用来产生一些重复的动画片段，如头发飘动的效果、眨眼睛等都可以做成影片剪辑类型。另外，何时使用影片剪辑和图形元件，还要考虑到 ActionScript 编程的需要，图形元件不具有交互性，而影片剪辑元件可以获得实例名称，从而达到用程序控制和调用的效果。其实，图形元件也可以用来创建动画片段，但和影片剪辑有所差异，通常忽略图形的动画功能。

在 Flash 中有两种创建元件的方法：一是将当前工作区中的内容选中，然后将其转换为元件；另一种是直接新建元件，在元件编辑模式制作元件。

7.2.1 应用图形元件——美丽的花

图形元件主要用于静态图像的重复使用以及用于制作运动渐变动画。下面以一个简单实例来介绍图形元件的创建。

【效果描述】

绘制花朵，并将其转换为图形元件。实例所在位置：教学资源/CH07/效果/美丽的花.fla。

【技术要点】

掌握将图形转换为图形元件的方法，元件的嵌套调用，"变形"面板的使用。

【操作步骤】

1．画一个花瓣

（1）单击 按钮，或执行"文件"→"新建"菜单命令，新建一个 Flash 文档。
（2）选择椭圆工具 ，设置"笔触颜色"为"无"，绘制一个填充椭圆。
（3）在"颜色"面板中，"类型"设置为"放射状"渐变，设置由淡黄色（#FFFF66）到玫红色（#FF00FF）的圆形渐变，在舞台上绘制一个花瓣的形状，如图 7-1（a）所示。

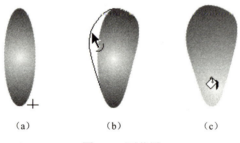

图 7-1　画花瓣

（4）使用选择工具 ，调整花瓣的形状为图 7-1（b）所示的效果。
（5）选择颜料桶工具 ，单击花瓣形状的下部，使其呈现红黄渐变填充色，如图 7-1（c）所示。

2．将花瓣形状转换为元件

（1）选中画好的花瓣，执行"修改"→"转换为元件"菜单命令，或按 F8 键，弹出"转换为元件"对话框，如图 7-2 所示，在该对话框中做如下设置：
- "名称"：不建议使用默认的元件名称"元件 1"，输入元件的名称"花瓣"，这样可以根据名称快速地找到要编辑的元件。
- "类型"：单击"图形"前面的单选按钮，转换为图形元件。
- "注册"：定义在元件编辑环境下的中心点位置，共有 9 个位置可供选择，用户编辑元件时要以中心点为中心进行编辑。保持默认选项，不做修改。

第 7 章　提高工作效率——应用元件、实例和库

　将选中的花瓣图形拖向"库"面板，也会弹出"转换为元件"对话框。

（2）单击 确定 按钮，就将花瓣形状转换为元件，如图 7-3 所示。

　　图 7-2　"转换为元件"对话框　　　　　　　图 7-3　"花瓣"元件

　注意，元件和形状有很大差异。首先，选中状态不同：选中形状时，图形表面出现暗网纹；选中元件时，图形周围会出现浅蓝色边框和中心点。其次，外形编辑不同：可以用"选择"工具改变形状的外观，而对元件则不能。最后，其属性设置也不同。

3．制作花朵元件

（1）首先确定花的中心点位置。选择任意变形工具 ，"花瓣"元件上出现变形框，用鼠标拖住花瓣的中心点垂直下移，移到花瓣的底部，即将来的花心位置，如图 7-4 所示。

　注册中心点通常位于对象的中心，是帮助对象定位的，同时也为图形变形提供参考点。所有的组合体、实例及位图等对象都有注册点。在旋转对象时，以对象的注册点为中心进行旋转。矢量形状没有注册点，其定位和变形相对它们的左上角。

（2）执行"窗口"→"变形"菜单命令，打开"变形"面板，如图 7-5 所示。设置"旋转"值为"60 度"，单击面板右下角的复制并应用变形按钮 ，每单击一下，会复制一个花瓣，连续单击 5 次，一朵花就做好了，效果如图 7-6 所示。

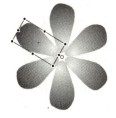

　图 7-4　确定花心　　　　图 7-5　"变形"面板　　　　图 7-6　制作花朵

（3）框选整朵花，按 F8 键，打开"转换为元件"对话框，将花朵转换成名称为"花朵"的图形元件。

4．修改花朵

如果对"花朵"元件的效果不满意，可以进行调整。只要修改"花瓣"元件，由花瓣

构成的花朵就会随之改变。

（1）将花朵转换为元件后，舞台上的图形变成一个元件实例。双击舞台上的"花朵"实例，进入"花朵"元件编辑环境。

（2）选择一个"花瓣"实例，继续双击，进入"花瓣"元件编辑环境，如图7-7所示，只有选中的花瓣可以编辑，其他的花瓣都以灰色显示，表示不可编辑。

（3）使用选择工具 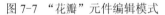 将花瓣调整得圆润些。观察发现，其他的花瓣实例也跟着发生变化。

（4）在花瓣边缘按住Ctrl键向下拖动鼠标，生成拐点。继续增加拐点数量，让花瓣边缘呈锯齿状。选中花瓣，通过方向箭头调节，使花瓣更紧凑，效果如图7-8所示。

图7-7 "花瓣"元件编辑模式　　　　　　图7-8 调整后的花朵效果

5．保存影片

（1）保存影片文件为"美丽的花.fla"。

（2）按Ctrl+Enter快捷键，或执行"控制"→"测试影片"菜单命令，预览动画效果。

【小结一下】

在上述实例中，通过修改"花瓣"元件，介绍了元件的编辑方法。

（1）在当前位置编辑元件：双击舞台上的元件实例，或选中舞台上的元件实例右击，从弹出的菜单中选择"在当前位置编辑"命令。此时，只有该实例所对应的元件可以编辑，其他对象在舞台中呈灰色显示，表示不可编辑。

（2）在元件编辑模式中编辑元件：
- 双击"库"面板中需要编辑的元件图标。
- 单击舞台右上角的 按钮，在下拉菜单中单击要编辑的元件。
- 选中舞台上的元件实例，右击，从弹出的菜单中执行"编辑"命令。

（3）在新窗口中编辑元件：右击舞台上元件的一个实例，从弹出的菜单中执行"在新窗口编辑元件"命令。正在编辑的元件名称会显示在舞台顶部的标题栏内。

7.2.2　应用按钮元件——音乐按钮

在Flash中，按钮元件用来响应鼠标的操作事件，当鼠标指针移到按钮上或者按下

第 7 章 提高工作效率——应用元件、实例和库

时，按钮可以发生相应的变化。有弹起、指针经过、按下和点击 4 种状态，分别对应 4 个帧，可以在对应的帧中使用图形、声音及元件设置按钮的每个状态效果。

- 弹起：鼠标指针不在按钮上的状态。
- 指针经过：鼠标指针移到按钮上面，但没有按下时的状态。
- 按下：鼠标指针移到按钮上方，并按下左键时的状态。
- 点击：定义按钮响应鼠标动作的区域。

【效果描述】

本实例是当鼠标移动到按钮上时听到一个声音，按下鼠标左键时又听到另一个不同的声音，如图 7-9 所示。实例所在位置：教学资源/CH07/效果/音乐按钮.fla。

图 7-9 音乐按钮

【技术要点】

创建按钮元件，导入声音素材为按钮添加声音。

【操作步骤】

1．新建文档并设置影片属性

（1）单击按钮，或执行"文件"→"新建"命令，新建一个 Flash 文档。

（2）在"属性"面板中或在"文档属性"对话框中设置文档尺寸为 300×200px，背景颜色为黄色（#FFFF00）。

2．导入声音素材

执行"文件"→"导入"→"导入到舞台"或"文件"→"导入"→"导入到库"菜单命令，在"导入"对话框中选择需要的声音文件，单击按钮。

3．新建按钮元件

（1）选择菜单"插入"→"新建元件"或按 Ctrl+F8 快捷键，弹出"创建新元件"对话框，设定"名称"为"音乐按钮"，"类型"为"按钮"，如图 7-10 所示。

图 7-10 "创建新元件"对话框

（2）单击 确定 按钮，进入按钮元件的编辑模式，元件名称出现在场景名称的右侧。在舞台中心有一个＋，表示元件的注册点，时间轴包含4帧，如图 7-11 所示。

图 7-11 按钮元件编辑状态

（3）在"弹起"帧，使用椭圆工具 绘制一个无描边的红色椭圆，使用文本工具 在椭圆上添加文字"up"，字体为"华文行楷"，颜色为白色。

 如果"弹起"帧为空，而其他帧不为空，这样的按钮通常称为隐形按钮。

（4）在"指针经过"帧处插入关键帧，将文字由"up"改为"over"，颜色改为黄色（#FFFF00）。

（5）在"按下"帧处插入关键帧，将文字改为"down"，颜色设为绿色（#006600）。

（6）在"点击"帧处插入关键帧，删掉文字，将椭圆作为鼠标响应区。

 "点击"帧在测试时是看不见的，用来定义按钮的鼠标响应区。如果不定义"点击"帧，则"弹起"帧对应的图形将被作为鼠标响应区；如果"弹起"帧只有文本，一定要在"点击"帧定义鼠标响应区，否则有效区域只是文字，点中按钮非常困难。

（7）新建"图层 2"，在"指针经过"帧处插入关键帧，在"属性"面板的"声音"下拉列表框中选择"button.wav"。在"按下"帧处插入关键帧，从"库"面板中将

"laser.wav"元件拖入舞台,实现对"按下"帧添加声音效果,如图7-12所示。

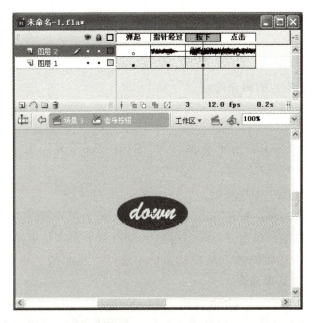

图7-12 为"指针经过"帧和"按下"帧添加声音

4．测试按钮

(1) 单击 按钮或者场景名称，退出元件编辑模式，进行场景编辑环境。

(2) 打开"库"面板，将按钮拖入舞台。

(3) 保存Flash文档为"音乐按钮.fla"。

(4) 可以采用下列方式之一测试按钮:

● 执行"控制"→"启用简单按钮"菜单命令，把鼠标指针移到按钮上，开始测试。

● 按快捷键Ctrl+Enter可测试影片。

【小结一下】

按钮主要是用来交互的。经常看到的Flash影片中的"播放"按钮控制着影片的播放，是在"播放"按钮上添加了ActionScript动作（详见第9章），使按钮产生了交互效果。如果不使用ActionScript，按钮只是一个摆设。

7.2.3 应用影片剪辑——眨眼娃娃

影片剪辑元件功能强大、使用频繁，主要用于制作需要重复使用的动画片段，如头发飘动、眨眼睛等效果，是一种非常重要的元件。

影片剪辑元件的创建方法与图形和按钮元件相同。在影片剪辑元件的编辑环境中，就像在主场景一样，可以在时间轴上添加帧、关键帧和图层等来创建动画。

下面利用"眨眼娃娃.fla"来制作一个影片剪辑。

【效果描述】

将实例"教学资源/CH06/效果/眨眼娃娃.fla"动画效果以影片剪辑元件形式来实现。

【技术要点】

将现有动画转换为影片剪辑元件。

【操作步骤】

（1）执行"文件"→"打开"菜单命令，打开文档"教学资源/CH06/效果/眨眼娃娃.fla"。

（2）在"眨眼娃娃.fla"中选择帧，方法如下：
- 选择某些层的所有帧：按住 Shift 键，单击要转换为影片剪辑的所有图层。
- 选择多个连续的帧：单击开始帧，再按住 Shift 键并单击结束帧。

（3）复制帧：右击选定的帧，从快捷菜单中选择"复制帧"命令或执行"编辑"→"时间轴"→"复制帧"菜单命令。

（4）单击 按钮，新建一个 Flash 文档。

（5）在新建的 Flash 文档中，执行"插入"→"新建元件"菜单命令，弹出"创建新元件"对话框，在"名称"文本框中输入"眨眼娃娃"，选择"类型"为"影片剪辑"。单击 确定 按钮，进入元件编辑模式。

（6）在元件时间轴第 1 帧上右击，在弹出的菜单中选择"粘贴帧"命令。

（7）单击舞台上方的 按钮，或单击场景名称 ，返回场景 1 编辑模式。

（8）从"库"面板中，将影片剪辑"眨眼娃娃"拖入到舞台。

（9）保存 Flash 文档。

（10）按快捷键 Ctrl+Enter，或执行"控制"→"测试影片"菜单命令，预览动画效果。

7.2.4 补间元件

元件是动作补间动画的一个基本元素，系统会强制把当前的对象转换成补间元件，存放在"库"面板中，随着补间元件的增多，依次命名为"补间 1"、"补间 2"、"补间 3"等。

 在 Flash CS3 中，文本、组、绘制对象、位图等也可以制作动作补间动画，甚至使用形状制作动作补间动画也不会报错。

下面通过一个实例看一下补间元件的生成。

（1）单击 按钮，新建一个 Flash 文档。

（2）在第 1 帧，使用文本工具 T，在舞台左侧输入文字"移动文字"。

（3）在第 40 帧处插入关键帧，将文字移到舞台右侧。

（4）在第 1 至第 40 帧间的任一帧处右击，从弹出的菜单中选择"创建补间动画"命令，实现文本块从舞台左边移动到舞台右边的渐变动画效果。

仔细观察发现，第 1 帧和第 40 帧的文本块，已经不再是文本块，而分别是图形元件

"补间 1"的实例和图形元件"补间 2"的实例。打开"库"面板,也会发现"补间 1"和"补间 2"两个图形元件,如图 7-13 所示。

建议将创建动作补间动画的元素转换为元件,这样"库"面板中就只保存一个元件。这样可以减小文件的尺寸,也可以为元件赋予有意义的名称,便于日后编辑。

图 7-13 "补间"元件

7.3 库面板的应用

Flash 使用库来存储和管理元件,并通过"库"面板对库中的资源进行查看、新建、删除、编辑、归类等管理操作,也可以将元件作为共享库资源在文档之间共享。

1. 打开"库"面板方法

库分为公用库和专用库,其中 Flash 自带的很多元件存放在公用库中;用户自己创建的元件,以及外部导入的图形、声音、视频等动画素材存放在专用库中。

- 打开公用库:执行"窗口"→"公共库"菜单命令,如图 7-14 所示,从级联菜单中打开需要的类型。

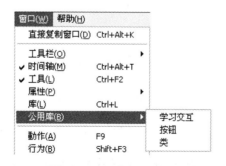

图 7-14 打开"公用库"

- 打开专用库:执行"窗口"→"库"菜单命令,或按快捷键 Ctrl+L,"库"面板中会列出当前文档的所有元件。如图 7-15 所示为"库"面板的构成。

2. "库"面板的构成

使用"库"面板可以新建元件、编辑元件、重命名元件、删除元件、设置元件属性，还可以创建元件文件夹，对元件归类以便于管理。

- 按钮：单击可打开"库"面板的命令菜单，如图 7-16 所示，可以进行各项有关操作。
- 按钮：固定当前库。
- 按钮：单击此按钮可以打开一个"库"面板的副本。
- 按钮：用于播放或停止播放影片剪辑元件或按钮元件。
- 按钮：切换元件的排列顺序。
- 按钮：可以将"库"面板切换到加宽显示模式。
- 按钮：将加宽模式下的"库"面板切换到窄的显示模式。
- 按钮：单击可弹出"创建新元件"对话框。
- 按钮：单击可在库面板中创建文件夹，实现元件的归类操作。例如，在"ex1.fla"的库中新建一个"MC"文件夹，然后将所有的影片剪辑拖动到该文件夹中，如图 7-17 所示。
- 属性按钮：单击打开所选项的属性对话框。如果选的是元件，则打开"元件属性"对话框；如果选的是位图或声音，则打开"位图属性"或"声音属性"对话框。
- 按钮：单击删除选中的元件。

图 7-15 "库"面板的构成

图 7-16 "库"面板菜单

图 7-17 库文件夹的使用

在"库"中对元件重命名，可以双击元件的名称，然后输入新名字即可。注意，不要双击元件图标，这样会进入元件编辑模式。

3. 使用其他文档的库资源

在影片制作过程中，并不是每次都需要重新创建所需要的元件，也可以将其他 Flash 文档中的元件复制到当前文档中使用。

方法一：通过复制、粘贴来复制库资源。

（1）在源文档的舞台中选择元件，执行"编辑"→"复制"命令。

（2）在目标文档作为当前文档，执行下列操作之一：

- 执行 "编辑"→"粘贴到中心位置"菜单命令，将资源粘贴到可见工作区的中心位置；
- 执行"编辑"→"粘贴到当前位置" 菜单命令，将资源放置在与源文档中相同的位置上。

这时，源文档创建的元件就被复制到目标文档的"库"面板中，用户即便删除舞台中的元件实例，"库"面板中复制进来的元件依然存在。但是，如果复制过来的元件名和目标库中的元件重名，会弹出如图 7-18 所示的"解决库冲突"对话框，此时需要更改元件名后再复制。这也是在创建元件时，强调不使用默认名称，而要赋予每个元件有意义的名称的原因之一。

方法二：通过拖动复制库资源。

（1）打开源文档"库"面板，选择元件资源。

（2）将元件资源拖入目标文档的舞台或"库"面板中。

方法三：使用源库复制库资源。

（1）在当前文档"ex1.fla"中执行"文件"→"导入"→"打开外部库"菜单命令，打开"作为库打开"对话框，在列表中选择源文档"绝望的生鱼片.fla"，单击 打开(O) 按钮。

（2）此时，源文档"绝望的生鱼片.fla"的"库"面板在当前文档"ex1.fla"中被打开，可以作为专用库资源使用，如图 7-19 所示。

图 7-18 "解决库冲突"对话框

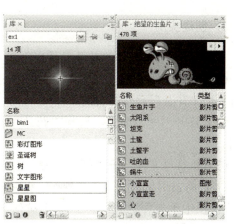

图 7-19 打开外部库"绝望的生鱼片"

 外部元件库中元件列表的背景色为灰色，不同于专用元件库的白色。

4．使用共享资源库

制作一个大型的 Flash 影片，往往需要多人合作完成。此时，Flash 的共享库功能，可以帮助处于不同地域的用户实现对彼此元件库中的资源共享，协同完成影片的制作。

按下"库"面板右上角的 按钮，弹出"库"面板菜单，执行"共享库属性"菜单命令，打开"共享库属性"对话框，如图 7-20 所示。

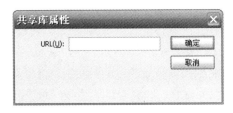

图 7-20 "共享库属性"对话框

在"URL"文本框中输入共享库所在的网址，单击 确定 按钮，将 Flash 制作源文件上传到该网址，就可以实现该文件元件库资源的网络共享。

7.4 实例的创建与编辑

元件在动画中是通过创建元件实例方式使用的。实例是元件的一个引用，是元件在舞台中的具体体现。用户可以对实例进行编辑，如改变实例的色彩效果等，而这些变化不会对元件产生任何影响。

7.4.1 创建实例并设置属性

在创建元件之后，将元件从"库"面板拖放到舞台上就为该元件创建了一个实例。Flash 文档中的所有地方都可以使用元件实例，包括在其他元件的内部。

1．创建实例

下面利用 7.2.1 制作的花朵元件来创建实例。

（1）打开文档"美丽的花.fla"。由于采用的是执行"转换为元件"菜单命令，此时舞台上有一个"花朵"元件的实例。

（2）打开"库"面板，选择"花朵"元件，拖放到舞台上。重复拖放操作可创建多个实例。

（3）执行"文件"→"打开"命令，打开"教学资源/CH07/效果/美丽的花 2.fla"。

（4）单击时间轴上方的 美丽的花 美丽的花2 文件切换标签，切换到"美丽的花.fla"，在"库"面板中单击 美丽的花 下拉列表框，选择"美丽的花 2"，打开其"库"面板，如图 7-21 所示。

（5）由于"美丽的花 2.fla"和"美丽的花.fla"中的元件名称完全一致，若直接引用"美丽的花 2.fla"中的元件，会产生冲突。因此，双击"花瓣"元件名称，改为"花瓣 2"，将"花朵"改名为"花朵 2"。

（6）将元件"花朵 2"拖放到舞台上，就实现在"美丽的花.fla"中对文档"美丽的花 2.fla"中的元件引用。

（7）在"库"面板中单击 美丽的花2 下拉列表框，选择"美丽的花"，打开其"库"面板，如图 7-22 所示。观察发现，"花瓣 2"元件也出现在"库"面板中，也就是说把一个元件添加到"库"面板时，它包含的元件也会随之被添加进去。

图 7-21 "美丽的花 2"的"库"面板　　　　　图 7-22 "美丽的花"的"库"面板

2．改变实例的属性

每个元件实例都有独立于该元件的属性。用户可以修改实例的色调、亮度、透明度，可以对实例进行缩放、旋转、倾斜，重新定义实例的类型（如把图形更改为影片剪辑），并可以设置动画在图形实例内的播放形式。这些操作不会影响元件，也不会影响元件的其他实例。

（1）设置实例的颜色选项。

打开文档"美丽的花.fla"，选中"花朵"实例，打开"属性"面板，如图 7-23 所示。单击 颜色：无 下拉列表框，其中：

图 7-23 "花朵"实例的"属性"面板

- "亮度"：亮度调节图像的相对亮度或暗度，度量范围是从–100%（黑）到 100%（白），0 为默认值。在文本框中输入值，或者单击文本框后 拖动滑杆可调整亮度。
- "色调"：为实例着色。可以直接单击 打开调色板，也可以直接输入红、绿、蓝颜色值，使用滑杆 可设置色调百分比，从 0%（透明）到 100%（完全饱和）。
- "Alpha"：调整实例的透明度，调节范围是从 0%（完全不可见）到 100%（完全可见）。
- "高级"：单击 设置... ，可弹出"高级效果"对话框，设置红、绿、蓝颜色值与透明度参数。

如图 7-24 所示的是对"花朵"实例进行亮度、色调、Alpha、高级等属性设置后的效果。

图 7-24 "花朵"实例设置后的效果

（2）设置动画片段在图形实例内的播放形式。

影片剪辑元件拥有自己独立的时间轴，而动画图形元件使用与主文档相同的时间轴，在"属性"面板中可以设置图形实例内的影片剪辑元件的动画播放模式。单击 循环 下拉列表框，有如下选项：

- "循环"：表示从指定帧开始重复播放动画片段。
- "播放一次"：从指定帧开始播放动画片段，只播放一次。
- "单帧"：显示动画片段的指定帧。
- "第一帧"：指定动画从哪一帧开始播放。

（3）"按钮"实例对应的 当作按钮 下拉列表框中的各选项的含义如下：

- "当作按钮"：鼠标按一下只能做出一次反应，并忽略从别的按钮上发出的事件。
- "当作菜单项"：接收同样性质的菜单或者按钮发出的事件，而且，鼠标按下按钮时不断发出动作信号。

（4）对"按钮"和"影片剪辑"应用混合模式。

在 Flash CS3 中可以像在 Photoshop 中一样，对影片剪辑和按钮元件这两种处理对象应用混合模式。当两个图像的颜色通道以某种数学计算方法混合叠加到一起的时候，两个图像会产生某种特殊的变化效果。

为了便于观察混合模式的效果，先导入两张图片，在舞台上调整大小，然后将上面的图片转换为影片剪辑元件。选中影片剪辑元件实例，"属性"面板中的 混合 一般 变为可用，单击下拉按钮，弹出下拉菜单，其中：

- "一般"：正常应用颜色，不与基准颜色发生交互。
- "图层"：可以层叠各个影片剪辑，而不影响其颜色。
- "变暗"：选择基色或混合色中较暗的颜色作为结果色。比混合色亮的像素被替换，比混合色暗的像素保持不变。
- "色彩增值"：将基准颜色与混合颜色复合，从而产生较暗的颜色。任何颜色与黑色复合产生黑色。任何颜色与白色复合保持不变。
- "变亮"：选择基色或混合色中较亮的颜色作为结果色。比混合颜色暗的像素被替换，比混合颜色亮的像素保持不变。
- "荧幕"：用基准颜色乘以混合颜色的反色，从而产生漂白效果。

- "叠加"：复合或过滤颜色，具体操作要取决于基准颜色。图案或颜色在现有像素上叠加，同时保留基色的明暗对比。不替换基色，但基色与混合色相混以反映原色的亮度或暗度。
- "强光"：复合或过滤颜色，具体操作取决于混合颜色。该效果类似于用点光源照射对象。如果混合色（光源）比 50% 灰色亮，则图像变亮，就像过滤后的效果，这对于向图像中添加高光有用。如果混合色（光源）比 50% 灰色暗，则图像变暗，就像复合后的效果，这对于向图像添加暗调有用。
- "增加"：在基准颜色的基础上增加混合颜色。
- "减去"：在基准颜色的基础上去除混合颜色。
- "差异"：从基准颜色中去除混合颜色或者从混合颜色中去除基准颜色。从亮度较高的颜色中去除亮度较低的颜色，具体取决于哪一个颜色的亮度值更大。与白色混合将反转基色值，与黑色混合则不产生变化。
- "反转"：反相显示基准颜色。
- "擦除"：擦除影片剪辑中的颜色，显示下层的颜色。

如图 7-26 所示，给出了混合模式的各种效果示例，来说明不同的混合模式如何影响图像的外观。

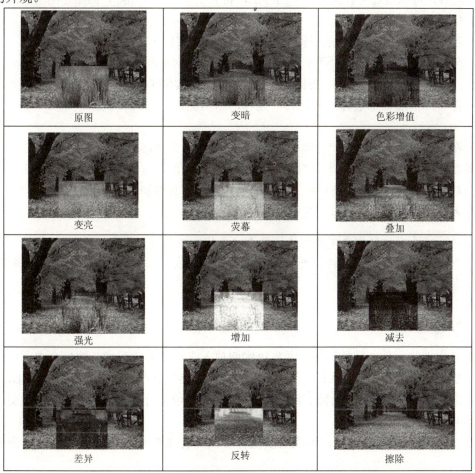

图 7-25 混合模式示例

7.4.2 实例的转换与替换

1．更改实例的类型

可以更改实例的类型来重新定义它在 Flash 应用程序中的行为。例如，要设置动画片段在实例内的播放形式，可以将影片剪辑实例重新定义为图形实例。

（1）在舞台上选择元件实例。

（2）打开"属性"面板，单击 影片剪辑 下拉列表框，从下拉列表中选择"图形"。这样就把影片剪辑实例更改为图形元件实例。

2．替换实例

可以为实例分配不同的元件，将选中的实例替换成另外一个实例，并让更新的角色出现在所有帧中大致相同的位置上。

例如，在 7.2.4 节的文本块移动的实例中，系统自动生成了"补间 1"、"补间 2"元件，而这两个元件的效果完全一致，并且，第 1 帧和第 40 帧分别是"补间 1"和"补间 2"的实例。此时，可以通过"替换实例"的办法，将其中一个元件删除，而不影响动画效果。

（1）打开文档"补间.fla"。

（2）在时间轴第 40 帧处，选择舞台中的"补间 2"实例。

（3）在"属性"面板中单击 交换... ，打开"交换元件"对话框，发现元件列表中"补间 2"已被选中，单击"补间 1"，单击 确定 按钮，"补间 2"实例即被替换为"补间 1"实例。

（4）在"库"面板中选择"补间 2"元件，单击面板下方的 🗑 按钮，删除"补间 2"元件。

（5）在"库"面板中双击"补间 1"名称，将其改名为"移动文字"。

如果要替换元件的所有实例，可以利用图 7-18 所示的"解决库冲突"对话框来实现。即在一个新文档中创建一个与待替换元件同名的元件，将其拖到当前 Flash 文档的"库"面板中，在"解决库冲突"对话框中选择"替换现有项目"。

若要直接复制选定的元件，单击"交换元件"对话框中的重制按钮 🗔，在库中直接创建一个新元件，并将复制工作量减到最少。这种方法尤其适用于创建具有细微差别的元件。

7.4.3 分离实例

要断开实例与元件之间的连接，并将该实例放入未组合形状和线条的集合中，可以选择舞台上要分离的元件实例，执行"修改"→"分离"菜单命令，或按快捷键 Ctrl+B，"分离"该实例。实例分离后就不会随着源元件的修改而自动更新了，此功能对于实质性更改实例而不影响其他实例非常有用。

对于多重元件套用的实例，可能需要执行多次"分离"命令，才能将其分离为矢量形状。

7.5 知识进阶

7.5.1 应用滤镜制作闪光按钮

【效果描述】

利用渐变斜角滤镜制作一个按钮,当鼠标指针移到按钮上时产生闪光的动画效果,如图 7-26 所示。

图 7-26 闪光按钮

【技术要点】

图形的绘制、元件的创建和引用,以及渐变斜角滤镜的使用。

【操作步骤】

1．新建文档并设置影片属性

(1) 单击 按钮,或执行"文件"→"新建"命令,新建一个 Flash 文档。

(2) 在"文档属性"对话框中,设置文档"尺寸"为 400×300px ,"背景颜色"为 #663366,"帧频"为 18fps。

2．制作"f"元件

(1) 使用刷子工具 ,设置"填充颜色"为白色(#FFFFFF),"刷子大小"选择最大,"刷子形状"选择 ,刷出字母"f"大致的形状 。

(2) 使用选择工具 调整形状,并多次单击工具箱选项区下方的 按钮,对形状做平滑处理。

(3) 选择墨水瓶工具 ,"笔触颜色"设为红色(#FF0000),为形状添加红色描边效果。

(4) 选择绘制的图形,按 F8 键,将其转换为"名称"为"f"、"类型"为"影片剪辑"、

"注册"为 的元件。效果如图 7-27 所示。

 滤镜只适用于影片剪辑、按钮和文本,因为要对实例应用滤镜,所以"类型"不能选"图形"。

3. 制作"高光"元件

(1)按快捷键 Ctrl+F8,新建"名称"为"高光"的影片剪辑元件。

(2)在元件编辑模式中,用椭圆工具 绘制一个无描边椭圆,大小为 112×74px,修改 X、Y 的坐标值分别为"-56"和"-37",使元件的注册点位于椭圆中心。

(3)在"颜色"面板中,设置由白色(#FFFFFF,Alpha"70%")到白色(#FFFFFF,Alpha"0%")的线性渐变方案。选择颜料桶工具 填充椭圆,使用渐变变形工具 调整填充效果,如图 7-28 所示。

图 7-27 "f"影片剪辑

图 7-28 "高光"元件

4. 制作"图标"元件

(1)按快捷键 Ctrl+F8,新建"名称"为"图标"的影片剪辑元件。

(2)在元件编辑模式中,使用椭圆工具 绘制正圆,大小为 144×144px,修改 X、Y 的坐标分别为"-72"和"-72",使元件的注册点位于正圆中心。

(3)在"颜色"面板中,设置由白色(#FFFFFF)到红色(#FF0000)到暗红色(#CC0000)的放射状渐变方案。选择颜料桶工具 填充正圆,并使用渐变变形工具 调整填充效果,如图 7-29 所示。

(4)新建"图层 2",将"库"面板中的"f"元件放到舞台中,调整到合适位置。

(5)新建"图层 3",将"库"面板中的"高光"元件放到舞台中,调整位置,效果如图 7-30 所示。

图 7-29 "放射状"填充圆

图 7-30 "图标"元件

5．利用滤镜制作影片剪辑

（1）按快捷键 Ctrl+F8 新建"名称"为"闪光球"的影片剪辑元件。

（2）在元件编辑模式中，拖动"库"面板中的"图标"元件到舞台中央，设置 X、Y 坐标分别为"0"、"0"。

（3）选择第 1 帧中的"图标"实例，打开"滤镜"面板，单击 按钮，在弹出的菜单中选择"渐变斜角"滤镜效果，设置如图 7-31 所示的各项参数值，并将渐变颜色条最右边的色标改为红色（#FF0000）。

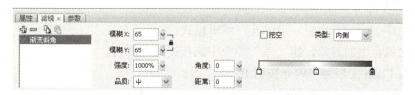

图 7-31　设置参数

（4）在第 5、10、15、20、25、30、35、40、45、50、55、60、65、70、75 帧处分别插入关键帧。

（5）选择第 5 帧中的实例，在"滤镜"面板中，更改"角度"值为"19"，"距离"值为"4"。

（6）选择第 10 帧中的实例，在"滤镜"面板中，更改"角度"值为"43"，"距离"值为"0"。

（7）选择第 15 帧中的实例，在"滤镜"面板中，更改"角度"值为"67"，"距离"值为"-4"。

（8）按照以上方法，分别为其他关键帧上的实例设置"渐变斜角"滤镜效果，只更改"角度"和"距离"值的设置。"角度"的变化规律是随机增加，一直到"358"，"距离"值按"0"、"4"、"0"、"-4"周期循环。

（9）从第一个关键帧开始，在两个关键帧间的任意帧右击，从弹出的菜单中选择"创建补间动画"，效果如图 7-32 所示。

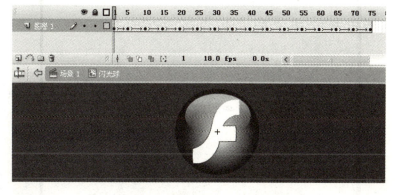

图 7-32　"闪光球"影片剪辑

6．制作"闪光按钮"元件

（1）按快捷键 Ctrl+F8，新建"名称"为"闪光按钮"的按钮元件，进入按钮元件编辑模式。

（2）拖动"库"面板中的"图标"元件到"弹起"帧，设置 X、Y 坐标值分别为"0"、"0"，拖动"库"面板中的"闪光球"元件到"指针经过"帧，设置 X、Y 坐标值分别为"0"、"0"。

7．测试影片，保存文档

（1）单击 或 按钮，退出元件编辑模式。

（2）删除舞台上的对象，将"库"面板中的按钮拖入舞台。

（3）保存 Flash 文档为"闪光按钮.fla"。

（4）按 Ctrl+Enter 快捷键测试影片。

【小结一下】

本实例中，为了能使用滤镜效果，将"f"、"高光"、"图标"元件都设置为"影片剪辑"类型。通过改变"渐变斜角"滤镜的"角度"和"距离"参数产生闪光效果，并使用影片剪辑元件"闪光球"定义按钮的"指针经过"帧，当鼠标指针移到按钮上时就产生了闪光的动画效果。

7.5.2 应用影片剪辑制作旋转效果

【效果描述】

本例中的旋转效果如图 7-33 所示。

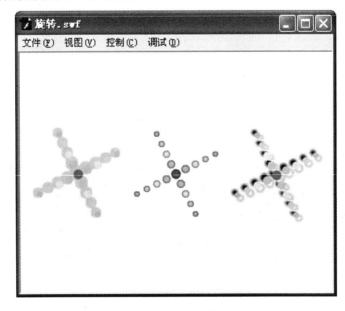

图 7-33 旋转效果

【技术要点】

创建各种类型的元件，影片剪辑实例转换为图形实例，使用"变形"面板对实例进行缩放、旋转、创建副本等操作。

【操作步骤】

1. 新建文档并设置影片属性

（1）单击 按钮，新建一个 Flash 文档。

（2）在"文档属性"对话框中，设置舞台"尺寸"为 400×300px。

2. 制作影片剪辑"变色缩放圆"

（1）按快捷键 Ctrl+F8 新建"名称"为"变色缩放圆"的影片剪辑元件，进入元件编辑环境。

（2）使用椭圆工具 绘制一个无描边的红色（#FF0000）正圆，半径值设为"25"。

（3）选中正圆图形，按 F8 键，将其转换为"名称"为"圆"的图形元件，设置"注册"为 。

（4）调整第 1 帧中"圆"元件实例的位置，设置 X、Y 坐标值分别为"0"、"0"。

（5）在影片剪辑时间轴的第 5、10、15、20 帧分别插入关键帧。

（6）选中第 5 帧的"圆"元件实例，在"属性"面板中单击"颜色"下拉按钮，选择"色调"，颜色选择黄色（#FFFF00），"色调"值为"100%"。

（7）按 Ctrl+Alt+S 快捷键，或执行"修改"→"变形"→"缩放和旋转"菜单命令，打开"缩放和旋转"对话框，将缩放比例调整为"80%"。

（8）根据步骤（6）的方法，分别将第 10、15、20 帧的元件实例的色调颜色调整为绿色（#009900）、蓝色（#1A50B8）、紫色（#990033）。

（9）根据步骤（7）的方法，分别将第 10、15、20 帧的元件实例的缩放比例调整为"60%"、"40%"、"20%"。

（10）分别在第 1~5 帧、第 5~10 帧、第 10~15 帧、第 15~20 帧之间创建补间动画。

（11）单击舞台左上角的 或 按钮，退出元件编辑模式，进行主场景编辑模式。

3. 制作影片剪辑"五变色缩放圆"

（1）按快捷键 Ctrl+F8，新建"名称"为"五变色缩放圆"的影片剪辑元件，进入元件编辑模式。

（2）打开"库"面板，将影片剪辑"变色缩放圆"拖到舞台上，创建 5 个"变色缩放圆"的实例。

（3）执行"修改"→"对齐"菜单命令，将 5 个实例排成一个纵向列，并将最上方的圆形的圆心与编辑工作区中的"＋"对齐，效果如图 7-34 所示。

（4）选择最上方的实例，在"属性"面板中单击 影片剪辑 下拉列表框，从列表中选择"图形",这样就把影片剪辑元件实例转换为图形元件实例。

(5)单击 单帧 下拉列表框,在列表中选择"循环"。这样就可以从"变色缩放圆"元件的第 1 帧开始循环播放动画片段。

(6)按步骤(4)、(5)的方法,将其他元件实例依次转换为图形元件类型,并分别设置为从第 3、5、7、9 帧开始循环播放。调整完的效果如图 7-35 所示。

图 7-34 对齐实例　　　　　　　　　图 7-35 设置动画片段在实例内的播放形式

(7)在第 20 帧处按下 F5 键,插入帧。

这是非常关键的一步。如果只是单帧,则将该元件拖到舞台上测试时只能出现静态效果,不会产生任何动画效果。这也是图形元件和影片剪辑的区别所在。另外,本实例选择在第 20 帧插入帧,用户可以尝试在不同的帧插入帧,如第 5 帧、第 15 帧等,动画效果也会发生变化。

该影片剪辑元件实现的效果是,将 5 个"变色缩放圆"元件实例纵向排成一列,分别从影片剪辑("变色缩放圆")的第 1、3、5、7、9 帧开始变色和缩放。

4.制作旋转效果

(1)按快捷键 Ctrl+F8,新建"名称"为"旋转五变色缩放圆"的影片剪辑元件,进入元件编辑模式。

(2)打开"库"面板,将影片剪辑"五变色缩放圆"拖放到舞台上,调整实例的位置。

(3)选择任意变形工具 ,调整实例的旋转中心位置,如图 7-36 所示。

(4)在第 20 帧处插入关键帧,在第 1~20 帧之间创建补间动画。

(5)在"属性"面板中单击 旋转: 自动 下拉列表框,选择"顺时针",旋转次数设为"1"。

(6)单击舞台左上角的 或 场景1 按钮,退出该元件编辑模式。

5.利用"旋转五变色缩放圆"制作各种效果

(1)在影片主场景模式下,将"旋转五变色缩放圆"元件拖到舞台中,用任意变形工具 调整其旋转中心点到元件形状的最上方位置。

(2)打开"变形"面板,如图 7-37 所示,设置"旋转"角度为"90 度",选中"约束"复选框,设置整体缩放比例为"50%"。连续单击面板下方的复制并应用变形按钮 三次,就生成十字形图形。

图 7-36 调整旋转中心位置　　　　　图 7-37 "变形"面板

（3）选中组合图形，按 F8 键，转换成"名称"为"旋转效果 1"的影片剪辑元件。

（4）在舞台上创建 3 个"旋转效果 1"的实例，调整为如图 7-38 所示图形效果。

图 7-38 调整实例位置

（5）分别对 3 个实例添加"投影"、"发光"、"渐变斜角"滤镜效果，并设置如图 7-39、图 7-40、图 7-41 所示的参数值。

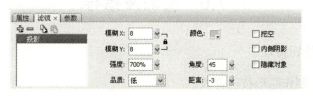

图 7-39 "投影"滤镜

图 7-40 "发光"滤镜

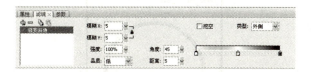

图 7-41 "渐变斜角"滤镜

6．测试影片，保存文档

（1）保存 Flash 文档为"旋转.fla"。

（2）按 Ctrl+Enter 快捷键测试影片。

利用"旋转五变色缩放圆"元件还可以制作类似陀螺的旋转效果。

（1）新建一个名称为"旋转效果 2"的影片剪辑元件，调整"旋转五变色缩放圆"实例的旋转中心。

（2）在"变形"面板中做如图 7-42 所示的设置，连续单击复制并应用变形按钮 ，每单击一次就产生一个缩放比例为 90%、旋转 20 度角的副本。

（3）对"旋转效果 2"的元件实例添加"渐变斜角"滤镜。具体的参数不再赘述，请用户自己设置。如图 7-43 所示是动画的一个瞬间。

图 7-42 "变形"面板

图 7-43 旋转效果 2

7.6 实训及指导

实训一　隐形按钮特效

1．实训题目：制作隐形按钮特效。
2．实训目的：巩固按钮的制作。
3．实训内容：按钮制作实例"实训 1.fla"。

【效果描述】

本实例的效果是，随着鼠标移动会出现一个不断改变大小的正圆，如图 7-44 所示。实例所在位置：教学资源/CH07/效果/实训 1.fla。

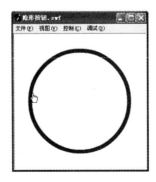
图 7-44 隐形按钮效果图

【技术分析】

隐形按钮的创建方法。

【操作步骤】

1．新建文档并设置影片属性

（1）单击 按钮，新建一个 Flash 文档。
（2）在"文档属性"面板中，设置舞台"尺寸"为 400×400px。

2．创建隐形按钮

（1）按 Ctrl+F8 快捷键，创建按钮元件，进入按钮元件的编辑模式。
（2）在"指针经过"帧处插入关键帧。使用椭圆工具 绘制一个无填充的正圆。选中正圆，在"属性"面板中，设置半径为"25"，将 X、Y 坐标值都设为"–12.5"。
（3）在"点击"帧处插入关键帧，复制"指针经过"帧的内容为点击区域。
（4）单击舞台左上角的 或 按钮，退出按钮编辑模式。

3．制作按钮特效

（1）打开"库"面板，将按钮元件"隐形按钮"拖入到舞台。发现按钮以淡蓝色显示，表明这是一个隐形按钮，即"弹起帧"为空。
（2）调整按钮在舞台中的位置，使其位于舞台中央。
（3）选中按钮实例，打开"变形"面板，选中"约束"复选框，将宽高的缩放比例都调整为 105%。
（4）连续单击面板右下角的复制并应用变形按钮 ，不断复制并放大隐形按钮，直至覆盖整个舞台。

4．保存影片

（1）保存文档为"隐形按钮特效.fla"。
（2）按 Ctrl+Enter 快捷键预览效果。

实训二　飞鹤

1．实训题目：制作飞鹤。
2．实训目的：巩固各种类型的元件的创建方法。
3．实训内容：元件制作实例"实训 2.fla"。

【效果描述】

本例使用图形元件、影片剪辑元件创建拍动翅膀的飞鹤，效果如图 7-45 所示。实例所在位置：教学资源/CH07/效果/实训 2.fla。

1．制作"羽毛"图形元件

（1）选择工具椭圆 ，笔触颜色设为无色，填充颜色为从绿色（#00CC00）到黑色（#000000）的放射状渐变，在舞台上绘制绘制一个椭圆。使用选择工具 ，调整椭圆成羽毛的形状。选择颜料桶工具 ，单击羽毛图形的上部，使其呈现从绿到黑的渐变色羽毛。绘制过程如图 7-46 所示。

（2）选中绘制的羽毛形状，按 F8 键，将其转换为"名称"为"羽毛"的图形元件。

2．制作"翅膀"图形元件

（1）选中"羽毛"元件实例，使用任意变形工具 ，将变形中心点垂直下移到变形框的底部正中位置，如图 7-47 所示。

 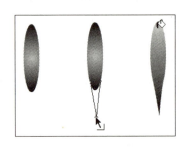 

图 7-45　飞鹤效果图　　　　　图 7-46　绘制羽毛　　　　　图 7-47　移动变形中心点

（2）选中"羽毛"元件实例，在"变形"面板中，设置缩放比例为"90%"，"旋转"角度为"10 度"，连续单击面板右下角的复制并应用变形按钮 。这样，就会每旋转 10 度角复制一个"羽毛"实例，且每个实例的都缩小到原来的 90%，一个翅膀就制作出来了，效果如图 7-48 所示。

（3）选中所有"羽毛"实例，在"变形"面板中设置"旋转"角度"30 度"，如图 7-49 所示。

（4）选中所有"羽毛"实例，按 F8 键，转换为"翅膀"图形元件。

3．制作"拍动的翅膀"影片剪辑元件

（1）按 Ctrl+F8 快捷键，创建"名称"为"拍动的翅膀"的影片剪辑元件，进入元件编辑模式。

（2）将"库"面板中的"翅膀"元件拖到舞台，用任意变形工具 调整变形中心点到翅膀的根处。

（3）在第 5、10 帧处分别插入关键帧。使用任意变形工具 稍微调整第 5 帧处"翅膀"实例的形状，使之微微倾斜。

（4）退出元件编辑模式。

4．绘制头和脖颈

（1）在主场景编辑模式下，将"库"面板中的影片剪辑元件"拍动的翅膀"拖放到舞

台上,复制一个元件实例。

(2)选中其中一个实例,执行"修改"→"变形"→"水平翻转"菜单命令,再调整两个实例的位置,使之左右对称,拖动时出现图 7-50 所示的虚线。

(3)选择刷子工具,在两个翅膀之间画出鹤的头、脖颈和眼睛形状。

图 7-48 复制羽毛　　　图 7-49 翅膀旋转 30 度角　　　图 7-50 调整两个翅膀

5. 保存和测试影片

(1)保存文档为"实训 2.fla"。

(2)按 Ctrl+Enter 快捷键预览效果。

第8章 制作多图层动画
——图层动画

任务

掌握从简单引导层动画、遮罩层动画到引导、遮罩多图层动画的创作方法和技巧，并能创建多场景动画。

目标

- 图层的基本概念及操作
- 引导层动画的制作
- 遮罩层动画的制作
- 多场景动画的制作

8.1 引导层动画

通过前面章节的学习，用户对逐帧动画和补间动画的基本方法有了了解。但元件实例在补间动画中，都是以直线运动展现的，如"弹跳的小球.fla"。这种运动方式在很多情况下显得呆板，因为有些动画需要角色沿着一种随意的轨迹运动，如飘零的树叶、飘落的雪花、盘旋的飞机、自由飞翔的小鸟等。

8.1.1 芝麻开门——盘旋的飞机

【效果描述】

本例为飞机的盘旋飞翔效果，飞机沿着曲线轨迹进行运动，如图 8-1 所示。实例所在位置：教学资源/CH08/效果/盘旋的飞机.fla。

图 8-1 盘旋的飞机

第 8 章 制作多图层动画——图层动画

【技术要点】

利用特殊的文本制作飞机,用铅笔绘制飞翔的路线。在使用引导层的补间动画时,被引导的对象是以注册点为吸附点,吸附到引导线上的。

【操作步骤】

1. 新建文档并设置影片属性

(1)单击 按钮,或执行"文件"→"新建"菜单命令,新建一个 Flash 文档。

(2)在"文档属性"对话框中,设置舞台"尺寸"为 521×384px,单击 确定 按钮。

2. 制作背景

(1)执行"文件"→"导入"→"导入到舞台"命令,选择图像文件"蓝天白云.jpg",导入到库中。

(2)打开"缩放和旋转"面板,将位图尺寸调整为 50%。在"属性"面板中,将位图的 X、Y 坐标值调整为"0"、"0"。

(3)将"图层 1"重命名为"背景",在第 60 帧处插入普通帧,单击图层中的 按钮,锁定该图层。

3. 制作"飞机"元件

(1)在"背景"层的上方插入新图层,重命名为"飞机"。

(2)选择文本工具 T ,在"属性"面板中,设置"字体"为"Wingdings","字号"为"100",单击按钮 B 切换为粗体,在舞台中输入大写字母"Q",就看到一个类似飞机的图案,如图 8-2 所示。

(3)按 Ctrl+B 快捷键,将文本分离为形状。

(4)在"颜色"面板中,设置从左到右分别为黑色(#FFFFFF)、深灰色(#666666)、浅灰色(#999999)的放射状渐变填充方案。选择颜料桶工具 填充分离后的飞机形状,如图 8-3 所示。

(5)选择飞机形状,按 F8 键,将其转换为"名称"为"飞机"的图形元件,"注册"为 ,如图 8-4 所示。

图 8-2 输入文本

图 8-3 填充飞机

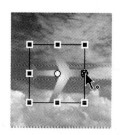
图 8-4 调整注册点

运动引导层补间动画中,被引导对象以注册点为吸附点贴紧引导线,才能沿引导线运动。

4. 让实例沿引导线运动

(1) 在"飞机"图层的第 60 帧处插入关键帧,在第 1~60 帧之间创建补间动画。

(2) 单击时间轴窗口图层列表区的 按钮,插入一个引导层。单击第 1 帧,使用铅笔工具 在舞台上绘制飞机飞翔的路径。

(3) 第 60 帧处会自动插入普通帧,单击引导图层中的 按钮,锁定该图层。

(4) 在绘制引导线时,第 1 帧中的实例已经自动吸附在引导线上,但结束帧的实例没有吸附到引导线上。移动第 60 帧的实例到引导线的结尾处,将实例的中心点贴紧引导线,如图 8-5 所示。

图 8-5 将实例吸附在引导线上

 在移动"飞机"实例时,建议打开工具箱选项区的吸附按钮 ,或者执行"视图"→"贴紧"→"贴紧至对象"菜单命令,该选项对于将实例与运动路径贴紧非常有用。吸附正确时,中心点会放大。

(5) 按 Enter 键,飞机完全沿着引导线运动了,但是飞机的头始终朝向右侧,特别是在绕圈时,飞机竟然倒着飞,这显然不合常理。

5. 让实例朝向与路径一致

要让飞机头始终朝着运动的方向,就需要让实例与引导线始终保持一定的角度。

(1) 单击"飞机"图层第 1~60 帧之间的任一帧,在"属性"面板中选择"调整到路径"复选框。

(2) 按 Enter 键播放影片,发现飞机的运动方向更乱了,有时甚至在舞台上翻跟头。

引起这种状况的原因是起始帧和结束帧的飞机方向与引导线方向不一致。

(3) 单击"飞机"层的第 1 帧,选择任意变形工具,将鼠标指针放在角控制柄上,当鼠标指针变成时,拖动鼠标将飞机旋转一个角度,与引导线方向一致。

(4) 单击"飞机"层的第 60 帧,用同样的方法调整飞机方向,与引导线方向一致,如图 8-6 所示。

图 8-6 使飞机方向与引导线方向一致

6. 保存影片

(1) 保存文档为"盘旋的飞机.fla"。
(2) 按 Ctrl+Enter 快捷键预览影片。在动画播放过程中引导线并不显现。

 【小结一下】

使用引导图层可以使元件以引导线为路径运动,但要注意,引导线引导的必须是元件实例,而不能是矢量形状。为了使飞机有方向性,本例选择了"调整到路径"功能选项。

8.1.2 图层的基本概念及操作

在 Flash 中引入图层的概念,可以更有效地组织动画,轻松地制作复杂动画效果。Flash 中的图层就像一张张透明的薄纸一样,叠在一起就构成了显示的内容。可以在图层上绘制和编辑对象,而不影响其他图层上绘制的内容。透过图层的空白部分可以看到下面图层的内容,而图层上有内容的部分将盖住其下方相同部位的内容。所以改变图层的叠放次序可以改变所看到的内容。

Flash 动画的每个场景都由许多帧和图层组成。在时间轴上,行就是层,列就是帧。使用图层组织和安排动画内容,可以将运动对象隔离开来,以免对象间相互影响。一般来说，将静止不动的内容放置在背景层，图层上每帧内容都不变；将运动的对象分别放在不同的图层中，在对应图层的时间轴上制作动画。将声音和交互动作放在单独的图层中，便于快速编辑。

除了普通的图层，还有引导图层和遮罩图层。引导图层可以帮助其他层中的对象进行辅助定位和编辑，也可以让对象沿指定路径运动，遮罩图层可以创建一些复杂的动画效果。

1. 图层操作区的功能

图层是时间轴窗口的一部分，如图 8-7 所示，是动画"飞入文字音效.fla"的图层结构。

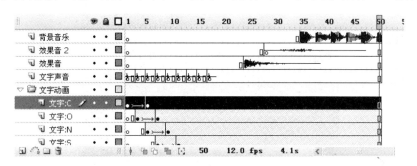

图 8-7　图层结构

- ●按钮：是一个开关，用来显示/隐藏所有图层。单击某图层中●按钮垂直对齐的小圆点，圆点变成✖，表明该层被隐藏，不可见，单击✖，显示图层。

处于隐藏状态的图层不能进行任何修改。当要对某个图层进行修改又不想被其他层的内容干扰时，可以先将其他图层隐藏起来。

- ●按钮：是一个开关，锁定/解除锁定图层。被锁定的图层不能被选中，图层中的对象不会被编辑。锁定图层是为了图层间不因为误操作而互相影响，通常将已经编辑好的图层锁定，只显示内容而不对其进行编辑。这样在编辑其他图层时，就不会影响到已经编辑好的图层。

锁定图层就不能对该层的对象进行编辑，但对图层的操作仍可进行，如图层的重命名、更改轮廓线颜色、移动、复制、删除等。

- □按钮：显示图层中的图形元素的轮廓效果。默认情况下，图层中的内容以完整的实体显示，单击该按钮，则打开或关闭轮廓显示。双击图层名称左侧的□按钮，打开"图层属性"对话框，单击"轮廓颜色"后的▼按钮，在弹出的调色板中设置轮廓线的颜色。
- ▣按钮：在当前活动图层的上方插入一个新图层。新插入的图层上出现✐，表示该层处于活动状态，通常称为当前层。
- ▣按钮：在当前活动图层的上方插入一个引导层。
- ▣按钮：插入图层文件夹，以方便图层的分类管理。
- ▷/▽按钮：单击图层文件夹旁边的▽按钮可以折叠图层文件夹，折叠后图层文件夹旁边的按钮变为▷，而单击该按钮又可以展开该文件夹。

对图层文件夹的操作会影响该文件夹的所有图层。锁定图层文件夹将锁定该文件夹的所有图层；若将图层文件夹设为不可见，则该文件夹的所有图层都不可见；若删除图层文件夹，则图层文件夹的所有图层都将被删除。

- 按钮：删除图层或图层文件夹。

2．图层的基本操作

在图层操作区，可以对图层进行显示、隐藏、锁定、解除锁定、以轮廓线显示等操作，还可以添加、删除图层或图层文件夹。

（1）创建图层。

在时间轴窗口中单击某一图层或图层文件夹，单击或按钮，或者执行"插入"→"时间轴"→"图层/图层文件夹"菜单命令，或者右击鼠标，从弹出的菜单中选择"插入图层"或"插入文件夹"命令，都可以在当前图层或图层文件夹的上方插入一个新图层或图层文件夹。

注意：插入的图层或图层文件夹总是在当前层的上方，如果对图层的叠放顺序不满意，也可以改变图层的位置。

（2）选择图层。

若要选择单个图层，可执行以下操作之一：

- 单击图层或图层文件夹的名称。
- 单击舞台上的素材对象，则包含该对象的图层也被选中。
- 单击图层上的某一帧，则该图层将被选中。

要选择多个图层，可执行以下操作之一：

- 选择连续图层。先选择某一个图层，按住 Shift 键，单击另一个图层，则两个图层之间的所有图层被选中。
- 选择不连续的图层。按住 Ctrl 键，依次单击要选择的各个图层名称。

选中的图层呈蓝色显示，图层名称右侧的表示该图层处于活动状态。尽管一次可以选择多个图层，但同一时刻只能有一个图层处于活动状态。

（3）重命名图层。

默认情况下，新图层是按照创建顺序命名的，默认名为"图层 1"、"图层 2"……，依次类推。在制作复杂影片时，可能会用到很多图层，为了更好地反映图层内容，要为图层重新起一个直观的名称，而不是使用默认名称。

执行以下操作之一，可以对图层重命名：

- 双击需要重命名的图层名称，在图层名称文本框　中输入新名称。
- 在需要重命名的图层上右击，从弹出的菜单中选择"属性"，打开"图层属性"对话框，如图 8-8（a）所示，在"名称"文本框中输入新名称，单击　按钮。
- 选择"修改"→"时间轴"→"图层属性"，也可以打开"图层属性"对话框，设置图层名称。

（4）删除图层。

- 选择要删除的图层，单击按钮。

- 选择要删除的图层，将其拖到 按钮上。
- 选择要删除的图层，右击，从弹出的菜单中选择"删除图层"命令。

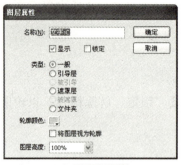
（a）显示图层属性

（b）显示图层文件夹属性

图 8-8　"图层属性"对话框

（5）复制图层。

复制图层，就是将图层上的内容全部复制到一个新的图层中。

① 选择要复制的图层，则该层的所有帧都被选中。

② 选择"编辑"→"时间轴"→"复制帧"菜单命令。

③ 单击 按钮，创建一个新图层。

④ 选择新图层，选择"编辑"→"时间轴"→"粘贴帧"菜单命令。

若要复制图层文件夹，则先单击图层文件夹左侧的 按钮将其折叠，然后选择整个文件夹。

（6）改变图层的叠放顺序。

图层的叠放顺序决定了最后的显示效果，排列在上方图层的对象内容会遮盖其下方全部图层的内容。若要改变图层的排列顺序，则选择要改变位置的图层，按下鼠标左键将其拖曳到目标位置即可。

（7）设置图层的属性。

选中要设置属性的图层，通过图 8-8（a）所示的"图层属性"对话框设置图层的属性。

以上操作对图层文件夹同样适用，操作方法不再赘述。在"图层属性"对话框中，显示图层文件夹的属性略有不同，如图 8-8（b）所示。

8.1.3　普通引导层动画

引导层是一种特殊的辅助设计图层，主要用来设置对象的运动轨迹或进行辅助定位，引导层中的内容在测试和发布动画时不显示。引导层分为普通引导层 和运动引导层 。

普通引导层通常由一般图层转换而成，操作如下：

（1）单击 按钮，创建一个新图层。

（2）单击新建图层，执行如下操作之一：

- 右击，在弹出的菜单中选择"引导层"命令。
- 右击，打开"图层属性"对话框，在"类型"选项组中选中"引导层"单选按钮。

这时图层名称的左侧显示 图标，表明该层是普通引导层。

如图 8-9 所示，绘制的手机外屏上有 8 个等距离的小球，可以使用普通引导层为小球定位。

（1）在 Flash 文档中将"图层 1"重命名为"小球"。

（2）新建一个图层，命名为"定位"。

（3）选择"定位"层，右击，从弹出的菜单中选择"引导层"命令，将其转化为普通引导层。

（4）在"定位"层的第 1 帧处，先绘制一个无描边正圆形状，再绘制 4 条直线，与正圆交于 8 个点，直线间的角度为 45°。

（5）锁定"定位"层。

（6）单击"小球"层第 1 帧，绘制小球，并复制 7 个小球。单击工具箱选项区的吸附按钮 ，调整各小球的位置，分别放在如图 8-10 所示位置上。在移动小球位置时，会发现小球中心出现一个空心圆形状，当靠近直线时，空心圆会自动吸附在直线上。

图 8-9　绘制手机

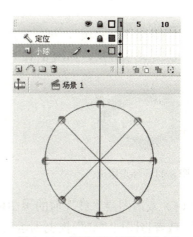

图 8-10　普通引导层的辅助定位

任何图层都可以作为引导层。在动画制作过程中，如果不想显示某一层，可以将其转换为引导层。若要再次转换为一般图层，可以选中该层并右击，在"图层属性"对话框中取消选中"引导层"。

8.1.4　运动引导层动画

用运动引导层可以控制对象沿着绘制的路径运动。

执行"插入"→"时间轴"→"运动引导层"命令或单击 按钮，可以创建一个运动引导层。

在实例"盘旋的飞机"中，在"飞机"层上方插入运动引导层后，"飞机"层向右缩进，新插入的运动引导层自动命名为"引导层：飞机"，而且层名称左侧出现 图标，"飞机"层就变成了被引导层。请注意，运动引导层至少要与一个普通图层建立连接，即运动引导层至少要有一个被引导层。如果需要，也可以将多个普通层连接到一个运动引导层，使多个对象沿同一条路径运动。

下面以"赛跑"为例，介绍运动引导层的使用。

（1）新建一个 Flash 文档，将"图层 1"重命名为"跑道"，绘制灰色的环形跑道，如图 8-11 所示。

（2）绘制一个黄色无描边正圆，并将其转换为图形元件"yellow ball"。新建一个图层，命名为"黄"，拖动"库"面板中的"yellow ball"元件到第 1 帧，放置在环形跑道的左侧。在第 40 帧、第 41 帧、第 80 帧分别插入关键帧。在第 40、41 帧处，分别移动元件实例到环形跑道右侧。在第 80 帧处，再将实例移动到跑道的左侧。在第 1～40 帧、第 41～80 帧间分别创建补间动画。选中第 1～40 帧之间的任意帧，在"属性"面板中设置"缓动"为"–100"，选中"调整到路径"复选框。选中第 41～80 帧之间的任意帧，在"属性"面板中，将"缓动"改为"100"，其他值不变。

（3）绘制一个红色无描边正圆，并将其转换为图形元件"red ball"。新建一个图层，命名为"红"。拖动"库"面板中的"red ball"元件到第 1 帧，放置在环形跑道的左侧，位置与"yellow ball"元件实例不能重合。按步骤（2）的方法，为"red ball"元件实例创建补间动画。并在第 1～40 帧之间设置"缓动"为"100"，在第 41～80 帧之间设置"缓动"为"–100"。

（4）选中图层"黄"，执行"插入"→"时间轴"→"运动引导层"命令，或单击 按钮，插入运动引导层，如图 8-12 所示。

图 8-11　环形跑道　　　　　　　　　图 8-12　插入运动引导层

（5）双击图层"红"前的 图标，打开"图层属性"对话框，设置"类型"为"被引导"，或者将图层"红"拖曳到运动引导层的下方，便可将图层"红"与运动引导层关联起来。将引导层重命名为"引导层"，效果如图 8-13 所示。

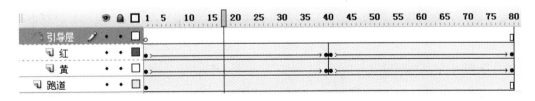

图 8-13　运动引导层与多个图层关联

（6）选择"跑道"图层中环形跑道的外边线，按 Ctrl+C 快捷键进行复制。锁定图层"跑道"。

（7）单击图层"引导层"第 1 帧，按 Ctrl+Shift+V 快捷健，将复制对象粘贴在原始位置，并修改颜色为蓝色（#003399）。打开"缩放和旋转"对话框，调整缩放比例，使引导线刚好位于环形跑道的中央，用橡皮擦工具 将引导线擦出两个小缺口，如图 8-14 所示。锁定图层"引导层"。

图 8-14 绘制引导线

（8）锁定图层"黄"。单击图层"红"第 1 帧，拖动实例使其与引导线左边缺口的上边缘对齐，单击第 40 帧，将实例与右边缺口的上边缘对齐，单击第 41 帧，将实例与右边缺口的下边缘对齐，单击第 80 帧，将实例与左边缺口的下边缘对齐。

（9）锁定图层"红"，解除图层"黄"的锁定。按步骤（8）的方法，将图层"黄"中的各关键帧中的元件实例分别与引导线对齐。

 拖曳实例的注册点能获得最好的对齐效果。

（10）按 Ctrl+Enter 快捷键预览影片，发现小球沿着引导线运动。在上半跑道中，红色的小球跑得较快，下半跑道黄色小球跑得较快。

制作引导层动画时要注意：

① 一个引导层可以为多个图层提供运动轨迹，同时在一个引导层中可以有多条运动轨迹。

② 引导线允许重叠，如螺旋状引导线，但重叠处的线段必须保持圆润，让 Flash 能辨认出线段走向，否则会使引导失败。

若要将图层和运动引导层关联起来：

① 将被引导的图层拖到运动引导层的下面，则该图层在运动引导层下面以缩进形式显示。

② 在"图层属性"对话框中将图层类型修改为"被引导层"。

如果要断开图层和运动引导层的连接：

① 将图层拖到运动引导层的上面。

② 在"图层属性"对话框中将图层类型设为"一般"。

8.2 遮罩层动画

在 Flash 动画中，经常会看到荡漾的水波、倾泻的瀑布、百叶窗等效果，以及特效文字等效果，这些很神奇的效果都可以通过 Flash 动画的遮罩功能来实现。

8.2.1 芝麻开门——展开画卷

【效果描述】

本实例的效果为，随着画轴的慢慢移动，一幅美丽的中国式画卷从左到右逐渐打开，如图 8-15 所示。实例所在位置：教学资源/CH08/效果/展开画卷.fla。

图 8-15　展开画卷

【技术要点】

使用遮罩层，动态遮罩画卷，形成展开效果。

【操作步骤】

1．绘制画轴和画卷背景

（1）单击 按钮，新建一个 Flash 文档。

（2）将"图层 1"重命名为"画卷背景"。

（3）打开"颜色"面板，设置从左向右依次为黑色到红色到黑色的线性渐变填充样式。

（4）选择矩形工具 ，设置"笔触颜色"为无，在舞台中绘制一个宽 18px、高 360px 的细长矩形，作为画卷的卷轴。

（5）选中绘制的矩形，将其转换成"名称"为"画轴"的图形元件，"注册"为 。

（6）选择矩形工具 ，在舞台上画出画卷的背景矩形。选择颜料桶工具 ，在背景矩形中斜向拖拉填充矩形，如图 8-16 所示。

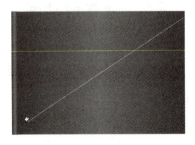

图 8-16　填充画卷背景

（7）在"画卷背景"层的第 40 帧按下 F5 键，插入帧。

2．制作滚动的卷轴动画

（1）插入一个新图层，重命名为"滚动轴"。

（2）将"画轴"元件从"库"面板拖到舞台上，调整位置，并置于"画卷背景"层中画轴的右侧。

（3）在第 40 帧处插入关键帧，将画轴移动到画卷背景的右边。

（4）在第 1 帧和第 40 帧两个关键帧之间创建补间动画。至此完成了画轴移动的动画效果。

3．导入画作

（1）在"画卷背景"层上方插入一个新图层，命名为"梅花"。

（2）执行"文件"→"导入"→"导入到舞台"菜单命令，导入"梅花.jpg"到舞台。

（3）在舞台中调整梅花图像的大小和位置，使其位于画卷背景的中央。

4．制作遮罩效果

（1）在"梅花"图层上方插入一个图层，命名为"变形块"。

（2）使用矩形工具 ▢，在第 1 帧绘制一个无描边矩形，如图 8-17 所示，图中显示的画轴位于顶层的"滚动轴"图层，遮住了矩形的右半部分。

（3）在第 40 帧插入一个关键帧，使用任意变形工具 ▦，调整矩形块的大小，使其完全盖住画卷。

（4）在第 1 帧、第 40 帧两个关键帧间创建补间形状。

图 8-17　绘制遮罩层的初始帧

（5）右击"变形块"图层，从弹出的菜单中选择"遮罩层"。这时"变形块"层和"梅花"层前的图标发生了变化，而且"梅花"层向右缩进，如图 8-18 所示。

（6）双击"画卷背景"层前的 ▢ 图标，打开"图层属性"对话框，"类型"选择"被遮罩"，则"画卷背景"层也向右缩进，如图 8-19 所示。

图 8-18　遮罩"梅花"层

图 8-19　遮罩"画卷背景"层

（7）在所有图层的第 45 帧插入帧。

5．保存文档，测试影片

（1）保存文档为"展开画卷.fla"。

(2) 按 Ctrl+Enter 快捷键，预览动画。

8.2.2 静态遮罩动画

遮罩层是一种非常特殊的图层，将某一图层创建为遮罩层时，其相邻的下一层会自动变为被遮罩层。遮罩结果为，被遮罩层中的元素遮住的部分显示出来，而没有被遮住的部分无法显示。

遮罩的原理：
- 遮罩至少通过两个图层实现，上层是遮罩层，下层是被遮罩层。一个遮罩层可以遮罩多个被遮罩层。
- 遮罩结果是遮罩层和被遮罩层的叠加部分，遮罩层决定显示的形状，被遮罩层决定显示的内容。

在 Flash CS3 中没有专门的按钮来创建遮罩层，遮罩层是由一般图层转换而成的，常用方法如下：
- 右击要转换为遮罩层的图层，从弹出的菜单中选择"遮罩层"。
- 选择要转换为遮罩层的图层，在"图层属性"对话框中，选择"类型"选项组中的"遮罩层"单选按钮。使用同样方法可以将遮罩层下面图层的"类型"设置为"被遮罩"。

下面通过一个例子来看一下遮罩效果的实现。

（1）单击 按钮，新建一个 Flash 文档。

（2）在"文档属性"对话框中，设置舞台"尺寸"为 230×240px，"背景颜色"为蓝色（#CCCCCC）。

（3）将"图层1"重命名为"表盘"，在第 1 帧绘制如图 8-20 所示的表盘。

（4）新建一个图层，命名为"美女"。

（5）选择图像文件"美女.jpg"导入到"美女"层，调整图片的大小和位置，将其转换成"名称"为"美女"的图形元件。

（6）选中"美女"元件实例，在"属性"面板中将其"Alpha"选项设为"40%"，使其看起来朦胧一些，效果如图 8-21 所示。

（7）新建一个图层，命名为"遮罩"。选择椭圆工具 ，绘制一个无描边正圆，使其刚好覆盖表盘内侧，如图 8-22 所示。

图 8-20 绘制表盘

图 8-21 修改实例的 Alpha 值

图 8-22 绘制无描边正圆

第 8 章　制作多图层动画——图层动画

（8）在"遮罩"层上右击，从弹出的菜单中选择"遮罩层"，这时 "遮罩"和"美女"图层前的图标发生变化，并同时被锁定，圆形外的图片内容不再显示，效果如图 8-23 所示。

图 8-23　遮罩效果

　　建立遮罩层后，遮罩层和被遮罩层会自动被锁定以显示遮罩效果，若要对图层进行编辑须先解锁，但解锁后就不再显示遮罩效果。

（9）执行"控制"→"测试影片"命令，预览效果。

播放动画的时候，显示的是被遮罩层的内容，遮罩层上的内容不显示。本实例中，在遮罩层绘制的圆的颜色与显示效果无关，而圆的大小则决定了显示的"美女"图像的范围。

8.2.3　动态遮罩动画

Flash CS3 中，在遮罩层和被遮罩层中均可设置动画，从而使遮罩具有动感，实现炫目的动态遮罩效果。

一个遮罩层可以同时遮罩多个被遮罩层，当把某个图层设置为遮罩层时，与它相邻的下方图层自动被设为被遮罩层。若要遮罩多个图层，可以通过下面的两种方法实现：

- 若图层位于遮罩层上方，则选中该图层，拖动它到遮罩层下方。
- 若图层位于遮罩层下方，则右击该图层，在"图形属性"对话框中，选择"类型"为"被遮罩"。

如果需要取消遮罩与被遮罩的关系，则可以打开被遮罩层的"图层属性"对话框，设置类型为"一般"，或者把该图层拖曳到遮罩层上方。

1．采用遮罩层静止、被遮罩层运动的方法制作遮罩效果

遮罩层实际上就像一个窗口，只有这个窗口之内的东西可以看见。如果遮罩层不动，让被遮罩层动起来，就像窗口不动，而窗外的景物不断移动。下面以一个实例"流光文字"演示效果。

本实例分三大步，即输入文本、制作移动色块、进行遮罩。

（1）单击 按钮，新建一个 Flash 文档，背景设为黑色。

（2）将"图层 1"重命名为"文本"。选择文本工具，在"属性"面板中设置"字体"为"Arial Black"，"字号"为"120"，颜色任意。在舞台中输入文本"FLASH 闪光遮罩"，并调整文字在舞台中的位置。

（3）在第 40 帧处插入帧。

  输出动画时，显示的是被遮罩层而不是遮罩层的内容，因而遮罩层的文字用什么颜色无所谓。

（4）在"文本"层的上方插入一个新图层，命名为"移动色块"。

（5）选择矩形工具，设置填充颜色为渐变光谱色，绘制一个无描边矩形，大小正好盖住下层的文字。

（6）选中矩形，按住 Alt 或 Ctrl 键，向左拖动矩形，复制一个矩形。调整两个矩形的位置，设置沿上边线对齐，把它们拼接起来，两矩形中间不留空隙。

（7）选择拼接好的矩形，转换成"名称"为"移动色块"的图形元件。舞台上的效果如图 8-24 所示。

  在拼接矩形时，因为矩形宽度超出舞台，所以将舞台的显示比例设定为 50%，以便于操作。

图 8-24　移动色块

（8）在"移动色块"层的第 40 帧处插入关键帧，将"移动色块"元件实例水平右移，让色块的左侧与舞台左侧对齐。

（9）在"移动色块"层的第 1～40 帧之间创建补间动画。

（10）将"文本"层拖到"移动色块"层的上方。

（11）在"文本"层上右击，从弹出的菜单中选择"遮罩层"命令。

（12）按 Ctrl+Enter 快捷键，测试动画，文字中就有美丽的七色光不停地从左向右闪过，流光溢彩的效果出现了，如图 8-25 所示。

（13）被遮罩层中放置的元件在移动的时候，注意起始位置和结束位置，一般都不能小于遮罩所处的位置，否则就会出现"遮罩不见了"的怪现象。不过有时候也可以不拘一格制作出更炫的遮罩闪光效果，如图 8-26 所示的帧中，移动色块明显小于遮罩它的文字，这样遮罩结果就只显示文字"Flash 闪"，并且文字颜色是由移动色块决定的。为了让文字完全显示出来，又增加了一个"复制文本"图层，该图层是对"文本"图层的复制。

用户在制作遮罩动画时一定要发挥想象力。如果"复制文本"层的文本和"文本"层的文本的位置不完全重合，则会产生阴影字的效果，如图 8-27 所示。

图 8-25 流光文字

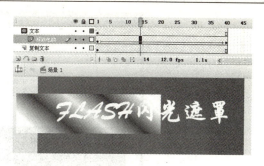
图 8-26 闪光遮罩效果

图 8-27 阴影字效果

2. 采用遮罩层运动、被遮罩层静止的方法制作遮罩效果

把遮罩层看成一个窗口或者一个窟窿，遮罩层运动而被遮罩层静止，这种效果就好像一个移动的有窟窿的挡板，窟窿移动到哪个部分，被遮罩层的内容就显示哪个部分。下面以典型实例"探照灯"演示效果。

（1）单击 按钮，新建一个 Flash 文档，背景设为黑色。

（2）将"图层 1"重命名为"亮色文本"。选择文本工具 ，在"属性"面板中设置"字体"为"Arial Black"，"字号"为"80"，颜色为白色，在舞台中输入文本"FLASH CS3"，并调整文字在舞台中的位置。

（3）在"亮色文本"层的上方插入新图层，并命名为"遮罩"。使用椭圆工具 ，绘制一个直径稍大于文本高度、颜色任意的无轮廓正圆，将其转换成"名称"为"圆"的图形元件。

 这是将来要用的遮罩（窟窿），用什么颜色无所谓，设置遮罩后透过圆形窟窿看到下层的文字。

（4）在"遮罩"层的第 40 帧处插入关键帧，将"圆"实例水平右移至文字的右侧，在第 1 帧和第 40 帧之间创建补间动画。

（5）右击"遮罩"层，在弹出的菜单中选择"遮罩层"，则"亮色文本"图层自动转换为被遮罩层。如图 8-28 所示，是其中一帧的效果。

（6）在"遮罩"层上方插入新图层，命名为"暗色文本"。

（7）选择"亮色文本"层的文本，执行"编辑"→"复制"命令。

（8）单击"暗色文本"层的第 1 帧，执行"编辑"→"粘贴到当前位置"命令。

图 8-28 遮罩效果

（9）选择"暗色文本"层中粘贴进来的文本，在"属性"面板中将文本颜色设为与背景色相近的深灰色（#333333）。

（10）拖动"暗色文本"层名称左侧的图标，将该层移动到所有图层的最下面。

（11）按 Ctrl+Enter 快捷键，测试动画，显示效果是遮罩效果和暗色文字的叠加，如图 8-29 所示是其中一帧的探照灯效果。

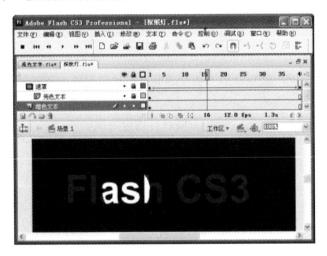

图 8-29 探照灯效果

 若是直接选择"暗色文本"层，将其拖到最下面，则会自动将其设为被遮罩层。此时，需要在"图层属性"对话框中，将其"类型"设为"一般"。

本实例中，被照亮的白色文字与灰色文字位于两个图层，白色文字图层在上，由于遮罩效果而局部显现。灰色文字图层在下，在白色文字不显现的地方就可以看到灰色的文字。上下两层文字完全重合，因此，窟窿（"圆"实例）移动到的地方就看到了白色文字，好像被灯照亮了。

利用这个原理还可以实现很多效果，如常见的水波荡漾、瀑布效果等。

如图 8-30 所示为水波荡漾效果,"错位图片"层是由"背景图片"层复制得来的,不过在"错位图片"层将图片向右、向下各移动了 1 个像素(如果移动太多水波效果就有些失真)。这幅图片显示的是水中倒影,"波纹"层的制作一定要注意,"波纹"实例在移动过程中,实例的上边缘一定要在水里,不然图片中的山和树也会晃动起来。

如图 8-31 所示为瀑布效果,"背景图片"层放的是图 8-32 所示的图片。而图层"水"将复制的图片分离,然后用"套索"工具,将有水的部分保留,其他的内容全部删除,如图 8-33 所示,并且进行错位移动。

图 8-30 水波荡漾效果

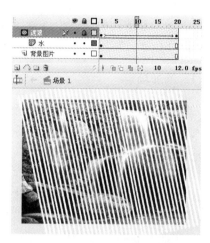

图 8-31 瀑布效果

图 8-32 导入的位图

图 8-33 用"套索"工具选择水

3. 采用遮罩层运动、被遮罩层也运动的方法制作遮罩效果

遮罩在 Flash 中应用非常广泛而且灵活多变,在遮罩层运动的同时,被遮罩层也可以运动。用户可根据上面介绍的两种方式,结合看到的 Flash 效果,发挥想象力进行创作,这里不再举例。

一个遮罩层可以同时遮罩多个被遮罩层,多个图层却不能同时对一个图层进行遮罩。如果要让遮罩层中的对象沿着某一轨迹运动,这种效果该如何实现呢?可以将对象的引导层运动做成影片剪辑,然后利用影片剪辑实例进行遮罩,影片剪辑可以使遮罩效果异常绚丽。

8.3 多场景动画

一个场景就好像话剧中的一幕,一个 Flash 动画就是由这一幕幕场景组成的。因此,使用场景可以更好地组织动画。当影片很长很复杂时,使用一个场景容易发生误操作,也不方便编辑和管理动画,这时就可以将复杂的影片划分为多个场景,使影片结构更加清晰,便于多人合作,提高工作效率。

在 Flash 中,场景是通过"场景"面板来管理的,如添加、删除、重命名等。执行"窗口"→"其他面板"→"场景"菜单命令或按 Shift+F2 快捷键,打开"场景"面板,如图 8-34 所示,可以显示当前影片中所有的场景。

1．添加场景

单击"场景"面板下方的 + 按钮即可在当前场景的下方添加一个场景。也可以执行"插入"→"场景"命令新增一个场景,此时在舞台的左上角会显示出新增场景的名称。

2．删除场景

在"场景"面板中,选择要删除的场景,单击 按钮,弹出提示框,确认即可删除该场景。需要注意的是,删除场景意味着删除了该场景中的所有内容,包括该场景中的所有层和帧。因此,此操作须慎用。

3．复制场景

如果某一场景需要多次使用,可以制作它的副本。在"场景"面板中选择要制作副本的场景,单击面板下方的 按钮,复制出一个副本,副本场景的所有对象和效果与原场景完全相同。复制场景主要用于编辑某些类似的场景,只有对副本场景进行重命名才可以让副本场景完全独立出来。

4．重命名场景

新建场景的默认名称是"场景 1"、"场景 2"等,用户可以为场景选择有意义的名字。在"场景"面板中双击场景名称,输入新名称,然后按 Enter 键即可,如图 8-35 所示。

图 8-34 "场景"面板

图 8-35 重命名场景

5．切换场景

单击舞台右上角的编辑场景按钮 ,弹出下拉列表,在列表中包含了当前文档所有的场景。在"场景"面板中也包含了当前文档的所有场景。单击需要切换的场景，即可完成场景切换。或者执行菜单命令"视图"→"转到"来切换场景。

6. 调整场景播放顺序

默认情况下，Flash 动画会按"场景"面板中自上而下的场景顺序依次播放，如果需要，可以重新调节场景的播放顺序。单击需要调整的场景，按住鼠标左键拖动，当蓝色标识条移到所需位置时松开鼠标左键即可，如图 8-36 所示。

图 8-36 调整场景顺序

此外，还可以通过 ActionScript 脚本控制场景的播放顺序，具体操作详见第 9 章。

8.4 知识进阶——图层动画

8.4.1 综合实例——拉伸的百叶窗

【效果描述】

百叶窗在日常生活中经常见到，计算机的屏保、PowerPoint 幻灯片的切换经常用百叶窗效果。本实例将使用遮罩技术模拟百叶窗效果，如图 8-37 所示。实例所在位置：教学资源/CH08/效果/拉伸的百叶窗.fla。

图 8-37 百叶窗效果

【技术要点】

动态遮罩图层动画的设计技巧。

【操作步骤】

1. 新建文档并设置影片

（1）单击 按钮，新建一个 Flash 文档。
（2）在"文档属性"对话框中，设置舞台"尺寸"为 480×360px。

2．导入图像

（1）执行"文件"→"导入"→"导入到库"菜单命令，选择图像文件"fengjing1.jpg"和"fengjing2.jpg"，导入到当前文档的专用库中。

（2）将"图层1"重命名为"风景1"，从"库"面板中拖曳"fengjing1.jpg"到第1帧。

（3）插入"图层2"，将其重命名为"风景2"，将图像文件"fengjing2.jpg"从"库"面板中拖曳到第1帧。

（4）由于两幅图像的原始尺寸都是800×600px，所以在"变形"面板中将其宽、高比例都设为60%，并将其X、Y坐标都设为"0"。

3．制作百叶窗影片剪辑并遮罩

（1）执行"插入"→"新建元件"菜单命令，创建一个名称为"拉伸的叶片"的影片剪辑元件。

（2）选择矩形工具，设置填充颜色为蓝青色（#00FFFF），在舞台上绘制一个无描边矩形。在"属性"面板中，矩形的宽、高分别设为"480"和"40"。

（3）选择矩形，将其转换成"名称"为"叶片"的图形元件，"注册"为 。

> 将"注册"设为 ，在"拉伸的叶片"元件编辑环境下，"叶片"实例的坐标都是"0"。如果改为 ，"拉伸的叶片"元件和"百叶窗"元件都会发生变化。读者可自己检验出现的效果。

（4）选择第1帧的"叶片"实例，在"属性"面板中将X、Y坐标分别设为"0"、"0"。

（5）在第20帧、第40帧分别插入关键帧。将第20帧处的"叶片"实例的高设为1px。

（6）在第1~20帧和第20~40帧之间，分别创建补间动画。这样就实现了叶片慢慢收起，然后慢慢拉开的效果，如图8-38所示。

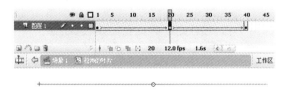

图8-38 创建补间动画

（7）单击 按钮，完成元件"拉伸的叶片"，进入主场景编辑模式。

（8）在图层"风景2"上方插入新图层，命名为"百叶窗"，将"拉伸的叶片"元件从"库"面板中拖曳到舞台上，共创建9个实例。

（9）调整9个实例的X、Y坐标分别为（0，0）、（0，40）、（0，80）、（0，120）、（0，160）、（0，200）、（0，240）、（0，280）、（0，320）。

（10）选择这9个实例，按F8键，将其转化为"名称"为"百叶窗"的影片剪辑，"注册"为 ▦。

（11）在图层"百叶窗"上右击，从弹出的菜单中选择"遮罩层"，图层"风景2"自动变成被遮罩层。

4．根据遮罩效果修改"拉伸的叶片"元件

此时按 Ctrl+Enter 快捷键预览，发现图片切换太快，来不及看清图片内容。而且"fengjing2.jpg"总是不能完全显示，中间有一条细缝。对"拉伸的叶片"元件进行如下修改：

（1）在第21帧插入关键帧。

（2）选择第21～40帧间的所有帧。

（3）拖动鼠标移至第41帧，释放鼠标。

（4）在第80帧按F5键插入帧。如图8-39所示，在第1～20帧，叶片慢慢收起；第20～40帧，维持叶片收起状态；第41～60帧，叶片慢慢拉下；第61～80帧，叶片维持拉下状态。

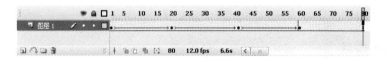

图8-39　添加帧延长图片显示

（5）在第20帧和第40帧之间的任意帧，右击，从弹出的菜单中选择"删除补间"。

（6）在第21帧处按F7键，插入空白关键帧消除细缝，如图8-40所示。

图8-40　插入空白关键帧消除细缝

5．保存文档，测试影片

（1）保存文档为"拉伸的百叶窗.fla"。

（2）按Ctrl+Enter快捷键，预览影片。

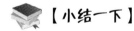【小结一下】

本例中要注意百叶窗叶片拉伸的设计，通过计算得出百叶窗中叶片的具体坐标值。采用影片剪辑来制作遮罩，也是 Flash 遮罩效果千变万化的原因之一。用户在设计遮罩动画时一定要思路清晰，想好哪部分内容应放在遮罩层，哪部分内容应放在被遮罩层。

8.4.2　综合实例——写描边字

【效果描述】

本实例模拟粉笔在黑板上写描边字的效果，如图8-41所示。实例所在位置：教学资源/

CH08/效果/写描边字.fla。

图 8-41 写描边字效果

【技术要点】

综合运用补间动画和逐帧动画、引导层动画和遮罩层动画。

【操作步骤】

1．制作空心字

（1）单击 按钮，新建一个 Flash 文档，背景设为黑色。

（2）选择文本工具 T ，设置"字体"为"Arial Black"，"字号"为"120"，颜色为白色，粗体。在舞台中输入文本"FLASH"，并调整文字使其在舞台上居中，连续按 Ctrl+B 快捷键两次，将文本分离为形状。

（3）选择墨水瓶工具 ，设置笔触颜色为白色，宽度为 2px，为文本添加描边。

（4）删除分离的文本形状，制作空心字效果。打开"对齐"面板，加大空心字的间距，如图 8-42 所示。

（5）将"图层 1"重命名为"文本"，在第 80 帧插入帧。

2．制作粉笔元件

（1）在"文本"层的上方插入新图层，命名为"粉笔"。

（2）选择矩形工具 ，在"粉笔"图层，绘制一个白色无轮廓小矩形。用任意变形工具 调整矩形的形状为上窄下宽的效果，并旋转图形。

（3）选择绘制的粉笔图形，将其转换成"名称"为"粉笔"的图形元件，如图 8-43 所示。

图 8-42 制作空心字

图 8-43 "粉笔"元件

（4）选择任意变形工具，将"粉笔"实例的注册点移至笔尖位置。

3．引导粉笔写字

（1）选择"粉笔"图层，单击图标，插入运动引导层"引导层：粉笔"。

（2）选择"文本"图层中的文本，执行"编辑"→"复制"菜单命令，锁定"文本"层。

（3）单击引导层，执行"编辑"→"粘贴到当前位置"菜单命令，将粉笔图形粘贴在原始位置，该图形将作为引导路径。

（4）将引导层中的空心字颜色改为红色，这样可以使引导线和底层文本易于区分。选择橡皮擦工具，将每个闭合路径（即一个空心字）擦出一个小缺口，字母"A"要擦出两个小缺口，如图8-44所示。

（5）在引导层的第80帧处插入帧。

图8-44　制作引导路径

（6）在"粉笔"层的第15帧处插入关键帧，在第1～15帧之间创建补间动画。

（7）单击工具箱选项区的吸附图标。拖动"粉笔"层第1帧中的"粉笔"元件实例，使它的注册点吸附到空心字"F"缺口的一端。拖动第15帧中的"粉笔"元件实例，使注册点吸附到空心字"F"缺口的另一端。

在吸附时，拖曳实例的注册点能获得最好的效果，当吸附成功时注册点会放大成一个空心圆。

（8）在"粉笔"层的第16、30帧分别插入关键帧，在两关键帧间创建补间动画。第16帧中的实例与空心字"L"缺口的一端相吸附，第30帧中的实例与缺口的另一端相吸附。

（9）以步骤（7）、（8）同样的方法，完成"粉笔"沿其他空心字的引导运动。

此时预览影片，发现粉笔未到之处文字已经出现，即没有实现用粉笔来写字的效果。要想实现粉笔移到哪个位置，文字就显示到哪个位置，需要使用遮罩来实现。

4．遮罩文本

（1）选择"文本"层作为当前层，插入一个新图层，命名为"遮罩"。

（2）在第2帧处插入关键帧，选择刷子工具，调整其形状和大小，从"粉笔"实例所在引导线缺口的中间位置开始，沿着粉笔运动的方向，刷至粉笔的当前位置，将粉笔写完的线条（即粉笔经过的路径）完全覆盖住。

(3)在第 3 帧处插入关键帧,从上一帧刷好的路径开始,沿着"粉笔"实例运动的方向,继续刷至粉笔的当前位置。

(4)在第 4~80 帧之间插入关键帧,沿"粉笔"实例在每一帧中经过的路径用刷子工具刷出的形状覆盖。

 虽然引导线有个小缺口,但刷子工具刷出来的路径必须是闭合的,这样才能保证最后"粉笔"写出的字是完整的。例如,第 15 帧刷完后应该能和第 2 帧刷出来的路径连接起来。

(5)"遮罩"层转换为"遮罩层",则"文本"层自动被遮罩。时间轴结构如图 8-45 所示。

图 8-45 时间轴结构

5.保存影片,预览动画

(1)保存文档为"写描边字.fla"。
(2)按 Ctrl+Enter 快捷键,预览动画。

【小结一下】

本例中,先通过以文字作为引导层中的引导路径,引导粉笔沿路径运动。再通过遮罩层中的遮罩图形沿粉笔经过的路径逐帧递增,将文字慢慢描出,实现"粉笔写字"的效果。

8.5 实训及指导

实训一 流星

1.实训题目:流星效果。
2.实训目的:普通引导层的辅助定位,巩固多图层动画的制作。

3. 实训内容：图层动画实例"实训 1.fla"。

【效果描述】

模拟短暂美丽的流星划过天际的效果，如图 8-46 所示。实例所在位置：教学资源/CH08/效果/实训 1.fla。

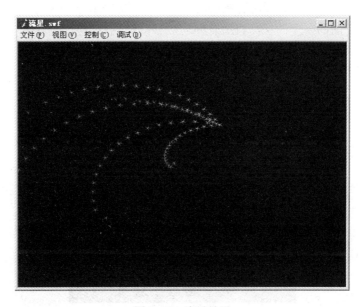

图 8-46　流星效果

【技术分析】

使用普通引导层进行辅助定位制作星星扩散效果，并使用多个图层将其排列为阶梯状。

【操作步骤】

背景设置为黑色模拟夜空，星星用白色。

1. 制作"星星扩散"影片剪辑

使用多角星形工具，绘制一个白色小星星，尺寸约 12×12px，将其转换成"名称"为"星星"的图形元件。在舞台的（0，0）位置引用 5 个"星星"实例。选择这 5 个星星，右击鼠标，从弹出的菜单中选择"分散到图层"，则 5 个星星分别位于 5 个图层的第一帧。将"图层 1"转换为静态引导层。时间轴结构如图 8-47 所示，5 个图层分别实现星星向上、左上、右上、左下、右下 5 个方向的补间运动，第 20 帧处实例的 Alpha 值都设为"40%"。

2. 创建影片剪辑"流星"

新建影片剪辑"流星"，从"库"面板中将"星星扩散"元件拖出，排成如图 8-48 所示的椭圆。在这里可以采用"变形"面板制作花朵元件的方法来做：用任意变形工具将一个"星星扩散"实例的注册点移到元件编辑环境的中央（实例到注册点的距离即为圆的半径），然后在"变形"面板中将旋转角度设为"5 度"，连续单击 按钮，直至排成一个正圆。选中这些实例，将其调整为椭圆形状。如果此时有些位置上的实例特别多，则删除一些，调整间距。

选择所有的实例，右击鼠标，从弹出的菜单中选择"分散到图层"。这样每个实例都在不同的图层中，删除原来排列椭圆实例的"图层1"。在顶层的第20帧处按住鼠标左键并向下拖动至底层，释放鼠标，选择所有图层的第20帧，按F5键插入帧。

单击最底层上面的一个图层，将所有帧向后移动1帧；再选择其上一图层，将所有帧向后移动2帧；依次类推，将所有图层按向右递推1帧操作，最终形成阶梯状时间轴结构，如图8-49所示。

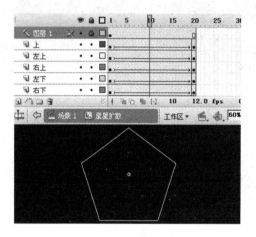

图 8-47　"星星扩散"影片剪辑的时间轴结构

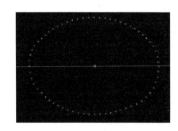

图 8-48　排列"星星扩散"实例

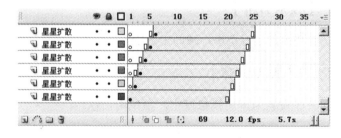

图 8-49　"流星"元件阶梯状时间轴结构

3．保存影片

将"流星"影片剪辑元件拖入舞台，保存文档为"流星.fla"。按 Ctrl+Enter 快捷键，预览影片。

实训二　蝴蝶翩翩

1．实训题目：蝴蝶翩翩。
2．实训目的：巩固运动引导层动画的制作。
3．实训内容：运动引导层动画实例"实训 2.fla"。

第 8 章 制作多图层动画——图层动画

【效果描述】

在一片花丛中,两只蝴蝶翩翩起舞,远处飞来一只小鸟,如图 8-50 所示。实例所在位置:教学资源/效果/实训 2.fla。

图 8-50 蝴蝶翩翩效果

【技术分析】

运动引导层动画的制作技巧。

【操作步骤】

本实例要分别为两只蝴蝶和一只鸟创建运动引导层,时间轴结构如图 8-51 所示。

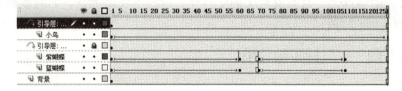

图 8-51 时间轴结构

实训三 动态遮罩动画

1. 实训题目:动态遮罩动画。
2. 实训目的:掌握各种遮罩层动画的制作。
3. 实训内容:遮罩层动画"水波文字.fla"、"水波荡漾.fla"、"瀑布.fla"。
4. 实训指导:请参照 8.2.3 节的内容。

第 9 章 控制影片播放效果
——交互式动画

任务

熟悉 Flash CS3 内置脚本语言 ActionScript 3.0 的语法规则、对象处理语句、程序控制语句，在"动作"面板中开发与编辑 ActionScript 3.0 脚本程序，制作动画效果、实现交互。

目标

- Flash CS3 的"动作"面板
- ActionScript 的基本语法
- 处理对象（属性、方法、事件）
- ActionScript 的程序控制语句
- Flash CS3 的内置行为

9.1 ActionScript 3.0 基础

Flash 最大的特点之一是具有强大的交互性。用户不仅是观众，而且能够参与到动画中，自由控制动画的播放。

9.1.1 芝麻开门——鼠标跟随效果

【效果描述】

在网上会经常看到关于鼠标跟随的种种特效。如鼠标滑过出现一串串由大变小的心形图案，出现一串串幻彩光点等效果。本实例是一个简单的鼠标跟随效果，如图 9-1 所示，一串闪光的小球跟随着鼠标在屏幕上飘移。实例所在位置：教学资源/CH09/效果/鼠标跟随.fla。

【技术要点】

首先制作跟随鼠标的影片剪辑，然后编写鼠标跟随程序。

【操作步骤】

1．制作跟随鼠标的影片剪辑

（1）单击 按钮，在"新建文档"对话框中选择"Flash 文件(ActionScript 3.0)"。

第 9 章　控制影片播放效果——交互式动画

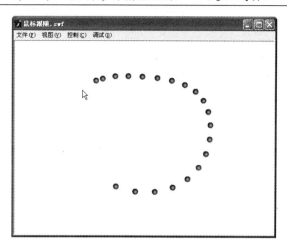

图 9-1　鼠标跟随效果

（2）按 Ctrl+F8 快捷键，创建"名称"为"ball"的影片剪辑元件，单击 确定 按钮，进入元件编辑模式。

（3）选择椭圆工具 ，笔触颜色设置为无，填充颜色选择从红色（#FF0000）到黑色（#000000）的放射状渐变。在舞台上绘制一个大小为 12×12px 的正圆，X、Y 坐标为（–6，–6）。

（4）在第 2 帧处插入关键帧，调整正圆的填充效果为从绿色（#009900）到黑色（#000000）的放射状渐变。

（5）单击 按钮或者场景名称按钮 ，进入场景 1 编辑模式。

2．编写鼠标跟随程序

（1）打开"库"面板，在影片剪辑"ball"上右击鼠标，从弹出菜单中选择"链接"命令，打开"链接属性"对话框。在对话框中选中"为 ActionScript 导出"复选框，激活"类(C)"文本框，默认名称为"ball"（用户也可以输入新名称，这里不再修改）。如图 9-2 所示。

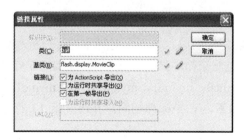

图 9-2　"链接属性"对话框

　可能会弹出"ActionSctipt 类警告"对话框，提示无法在类路径中找到对此类的定义，用户可不必管它，选中"不要再警告我"复选框，单击 确定 即可。

（2）单击"图层 1"的第 1 帧，按 F9 快捷键，打开"动作-帧"面板，输入如下代码：

```
1    //设置对象的间距
2    var jianju:uint=25;
3    //设置跟随速度
4    var speed:uint=2;
5    //复制影片剪辑
6    var mymc:ball;
7    for (var i:int=0; i<20; i++) {
8        //mymc=new ball();
9        this["mymc"+i]=new ball();
10       this["mymc"+i].x=100+jianju*i;
11       this["mymc"+i].y=100;
12       //在舞台显示
13       addChild(this["mymc"+i]);
14   }
15   function gensui(e:Event) {
16   //默认情况下第一个球 mymc0 的位置为鼠标位置
17       this.mymc0.x+=(root.mouseX-this.mymc0.x)/speed;
18       this.mymc0.y+=(root.mouseY-this.mymc0.y)/speed;
19   //最重要的部分是，逐个计算后面影片剪辑的位置，根据首个球 mymc0 来计算
20       for (var i:uint=19; i>0; i---) {
21           this["mymc"+i].x+=(this["mymc"+(i-1)].x+jianju-this["mymc"+i].x)/speed;
22           this["mymc"+i].y+=(this["mymc"+(i-1)].y-this["mymc"+i].y)/speed;
23       }
24   }
25   addEventListener(Event.ENTER_FRAME,gensui);
```

3. 保存影片

（1）按 Ctrl+S 快捷键，保存文档为"鼠标跟随.fla"。

（2）按 Ctrl+Enter 快捷键，预览动画效果。

【小结一下】

本实例重点为鼠标跟随程序的编写。下面对脚本进行分析和总结。

- 第 7～14 行代码：是一个循环结构，其作用是复制 20 个"ball"类型的影片剪辑实例，名称分别为 mymc0，mymc1，mymc2，…，mymc19，相邻影片剪辑实例的 X 坐标相差 jianju 个像素，Y 坐标都相同，并通过第 13 行的 addChild()语句在舞台中显示效果。
- 第 15～24 行代码：定义了一个 gensui 事件处理函数。
- 第 25 行代码：调用 addEventListener()方法，当 Event.ENTER_FRAME 事件发生时，执行 gensui 函数的动作。详细内容请参照 9.1.4 节。
- 第 17、18 行代码：是鼠标跟随的关键语句。

    17   this.mymc0.x+=(root.mouseX-this.mymc0.x)/speed;
    18   this.mymc0.y+=(root.mouseY-this.mymc0.y)/speed;

这两行语句是让 mymc0 实例跟着鼠标指针移动。root.mouseX、root.mouseY 获取鼠标指针的坐标,减去 mymc0 实例的坐标,这样就得到了二者之间的距离。将距离分成 speed 份,将其中的一份加到 mymc0 实例的坐标,这样实例就不会马上移动到鼠标指针的位置,而是每次加上距离的 1/speed,慢慢地跟随鼠标。

- 第 20~23 行代码:通过 for 循环逐个设置 mymc1、mymc2,…,mymc19 的坐标使之跟随鼠标。设置的依据是根据 mymc0。这样 mymc0 跟随鼠标,mymc1 跟随 mymc0,mymc2 跟随 mymc1,…,依次跟随下去,实现后一个实例跟随前一个实例,始终保持一定距离跟随。

> 如果将第 21 行的 jianju 删除,即改为:
> this["mymc"+i].x+=(this["mymc"+(i–1)].x -this["mymc"+i].x)/speed;
> 会产生什么不同效果呢?请用户自己试验。

9.1.2 ActionScript 与"动作"面板

ActionScript 是 Flash 交互动画的灵魂,而"动作"面板是 ActionScript 的编辑环境。

1. ActionScript

AcitonScript 是 Flash 内嵌的脚本语言,具备强大的交互功能。使用 ActionScript 可以加强对动画元件的控制,提高动画与用户之间的交互性。如播放或停止动画、打开或关闭音效、使对象随着鼠标移动等,可以创建交互式网站,创建表单反馈用户信息,甚至可以开发 Flash 游戏等。

随着 Flash 软件的发展,ActionScript 也不断地推陈出新,整个的发展过程分为 3 个阶段:跟随 Flash3 的最早期的版本——ActionScript1.0;Flash MX 2004(7.0)引入了 ActionScript2.0;Flash CS3 的语言版本发展到了 ActionScript 3.0。

ActionScript 3.0 和以前的版本有很大的区别,它有一个全新的虚拟机,所以 ActionScript 3.0 动画不能直接与 ActionScript 1.0 和 ActionScript 2.0 动画直接通信。ActionScript 3.0 代码的执行速度比 ActionScript 2.0 快 10 倍,但在早期版本中有些并不复杂的任务在 ActionScript 3.0 中的代码长度会是原来的两倍。

2."动作"面板

"动作"面板是 ActionScript 程序的编辑环境。选择"窗口"→"动作"命令或按 F9 快捷键,可以打开"动作"面板,在其中输入代码,如图 9-3 所示。"动作"面板由 3 个窗格构成:

- 动作工具箱:按类别对 ActionScript 元素进行分组;
- 脚本导航器:列出了当前选中对象的具体信息,如名称、位置等,可以快速地在 Flash 文档中的脚本间导航;
- 脚本窗格:是供用户输入 ActionScript 代码的编辑窗口。

在脚本窗格输入语句之后,面板上方的一排工具按钮会被激活,运用这些按钮可以进行相关操作,各按钮的功能与含义见表 9-1。

图 9-3 "动作"面板

表 9-1 脚本窗格中的各按钮的功能

序号	按钮	功能
1		单击弹出下拉菜单,选择需要的 ActionScript 语句,将新项目添加至脚本
2		查找并替换脚本中的文本块
3		在编辑语句时插入一个目标对象的路径
4		检查当前脚本中的语法错误,并列在输出面板中
5		使当前语句按标准的格式排版
6		将鼠标光标定位到某一位置后,单击该按钮,可显示所在语句的语法格式和相关的提示信息
7		对当前语句进行调试。可以设置和删除断点,以便在调试时可以逐行执行脚本中的每一行
8		将大括号中的代码进行折叠
9		折叠当前所选的代码块
10		展开当前脚本中所有折叠的代码
11		将注释标记添加到所选代码块的开头和结尾
12		在插入点处或所选多行代码中每一行的开头添加单行注释标记
13		删除注释从当前行或当前选择内容的所有行中删除注释标记
14		显示或隐藏"动作"工具箱
15		开启或关闭"脚本助手"模式
16		显示"脚本"窗格中所选 ActionScript 元素的参考信息。例如,单击 import 语句,再单击"帮助","帮助"面板中将显示 import 的参考信息
17		打开面板菜单,包含适用于"动作"面板的命令和首选参数。例如,可以设置行号和自动换行,访问 ActionScript 首选参数以及导入或导出脚本

在"动作"面板中,可以采用以下方法之一添加动作脚本。

● 直接在脚本窗格输入 ActionScript 语句。

- 将动作工具箱中的动作拖到脚本窗格中。
- 双击动作工具箱中的某一项，添加到脚本窗格。
- 单击 按钮，在弹出菜单中选择要添加的语句。

在 ActionScript 1.0 和 ActionScript 2.0 中，可以将 ActionScript 代码添加到关键帧、按钮或影片剪辑中。但在 ActionScript 3.0 中，只支持在时间轴的关键帧中输入代码，或者将代码输入到外部类文件中。

9.1.3 ActionScript 3.0 编程基础

1. 数据类型

在创建变量、对象和定义函数时，应指定要使用的数据类型。ActionScript 3.0 的某些数据类型可以看做是"简单"或"复杂"数据类型。"简单"数据类型表示单条信息：例如，单个数字或单个文本序列。常用的"简单"数据类见表 9-2。

表 9-2 常用的"简单"数据类型

数 据 类 型	含 义
String	一个文本值，例如，一个名称或书中某一章的文字
Numeric	对于 numeric 型数据，ActionScript 3.0 包含 3 种特定的数据类型： Number：任何数值，包括有小数部分或没有小数部分的值 Int：一个整数（不带小数部分的整数） Uint：一个"无符号"整数，即不能为负数的整数
Boolean	一个 true 或 false 值，例如开关是否开启或两个值是否相等

然而，ActionScript 中定义的大部分数据类型都可以被描述为复杂数据类型，因为它们表示组合在一起的一组值。例如，数据类型为 Date 的变量表示单个值——时间中的某个片刻。然而，该日期值实际上表示为几个值：年、月、日、时、分、秒等，它们都是单独的数字。所以，虽然可以通过创建一个 Date 变量将日期作为单个值来对待，但是在计算机内部仍认为日期是组合在一起、共同定义单个日期的一组值。大部分内置数据类型以及程序员定义的数据类型都是复杂数据类型。常用的"复杂"数据类型见表 9-3。

表 9-3 常用的"复杂"数据类型

数 据 类 型	含 义
MovieClip	影片剪辑元件
TextField	动态文本字段或输入文本字段
SimpleButton	按钮元件
Date	有关时间中的某个片刻的信息（日期和时间）

经常用做数据类型的同义词的是类和对象。"类"仅仅是数据类型的定义——就像用于该数据类型的所有对象的模板，例如"所有 Example 数据类型的变量都拥有这些特性：A、B 和 C。而"对象"仅仅是类的一个实际的实例；可将一个数据类型为 MovieClip 的变量描述为一个 MovieClip 对象。下面几种陈述虽然表达的方式不同，但意思是相同的。

- 变量 myVariable 的数据类型是 Number。

- 变量 myVariable 是一个 Number 实例。
- 变量 myVariable 是一个 Number 对象。
- 变量 myVariable 是 Number 类的一个实例。

2．变量

变量用来存储程序中使用的值。在 ActionScript 3.0 中，一个变量实际上包含三个不同部分：变量名、存储在变量中的数据的类型、存储在计算机内存中的实际值。变量名用于区分不同的变量，变量值用于确定变量的类型和实际值。

（1）变量的命名。

在 Flash CS3 中为变量命名时要遵循以下规则：

① 变量必须是一个标识符。标识符的第一个字符必须为字母、下画线（_）或美元符号($)。其后的字符可以是数字、字母、下画线或美元符号。

② 变量不能是关键字或 ActionScript 文本，如 true、false、null 或 underfined。

③ 变量在其范围内必须是唯一的。

④ 变量不能是 ActionScript 语言中的任何元素，例如类名称。

 标识符是变量、属性、对象、函数或方法的名称。

（2）变量的声明与赋值。

- 在 ActionScript 中使用 var 语句创建变量（也称为声明变量）。下面的代码行声明一个名为 value1 的 int 类型的变量：

    var value1:int;

- 可以在声明变量的同时为变量赋值：

    var value2: int=17; //声明一个名为 value2 的 int 类型的变量并为其赋值
    var numArray:Array = ["zero", "one", "two"]; //声明一个名为 numArray 的数组变量，并为数组中的元素赋值

- 如果要声明多个变量，则可以使用逗号运算符(,)来分隔变量，从而在一行代码中声明所有这些变量。下面的代码在一行代码中声明 3 个变量：

    var a:int, b:int, c:int;
    var a:int = 10, b:int = 20, c:int = 30;

 尽管可以使用逗号运算符来将各个变量的声明组合到一条语句中，但是这样可能会降低代码的可读性。

在 Adobe Flash CS3 Professional 中，还包含另一种变量声明方法。在将一个影片剪辑元件、按钮元件或文本字段放置在舞台上时，可以在"属性"面板中为它指定一个实例名称。在后台，Flash 将创建一个与该实例名称同名的变量，可以在 ActionScript 代码中使用该变量来引用该舞台项目。例如，如果为一个影片剪辑元件实例指定了名称"rocketShip"，那么，只要在 ActionScript 代码中使用变量"rocketShip"，实际上就是在处理该影片剪辑。

3．基本语法

（1）点语法。

- 在 ActionScript 中，点运算符(.)用来访问对象的属性和方法；也用于标识指向影片剪辑或变量的目标路径。点语法表达式为：对象名.属性（或方法）。

如：对于影片剪辑实例"mymc"，表达式 mymc.x 就是指影片剪辑对象"mymc"的 x 属性；mymc.play()表示播放影片剪辑"mymc"。

- 定义包时，可以使用点运算符来引用嵌套包。

如：EventDispatcher 类位于一个名为 events 的包中，该包嵌套在名为 Flash 的包中，则可以使用下面的表达式来引用 events 包：

Flash.events

- 或使用下列表达式来引用 EventDispatcher 类：

Flash.events.EventDispatcher

（2）括号和分号。

- 在 ActionScript 3.0 中，主要包括大括号{}和小括号()两种。其中，{}用于将代码分成不同的块。而()是表达式中的一个符号，具有最高的优先级别。另外在定义和调用函数时，要将所有的参数放在括号中。
- 分号用在 ActionScript 语句的结束处，用来表示该语句的结束。

注意，即使动作没有参数，后面的括号也不能省略，如 play()。

（3）区分大小写。

ActionScript 3.0 是一种区分大小写的语言。大小写不同的标识符会被视为不同。如下面的代码创建两个不同的变量：

var num1:int;   //声明变量 num1
var Num1:int;   //声明变量 Num1

（4）关键字。

在 ActionScript 中，保留了一些标识符给 ActionScript 使用，这些标识符就是关键字。在编写脚本时，不能用关键字作为变量、函数或自定义对象的标识，而且在脚本代码中使用关键字必须要小写。表 9-4 列出了 ActionScript 3.0 常用的关键字。

表 9-4 ActionScript 3.0 常用的关键字

as	break	case	catch	class	const	continue	default
delete	do	else	extends	false	finally	for	function
if	implements	import	in	instanceof	interface	internal	is
native	new	null	package	private	protected	public	return
super	switch	this	throw	to	true	try	typeof
use	var	void	while	with			

（5）注释。

ActionScript 3.0 代码支持两种类型的注释：单行注释和多行注释。注释的内容不会被执行，以灰色显示，长度不受限制。

- 单行注释以"//"开头并持续到该行的末尾。如，下面的代码包含一个单行注释：

    var someNumber:Number = 3; // 单行注释

- 多行注释以"/*"开头，以"*/"结尾。如：

    /* 这是一个可以跨多行代码的多行注释 */

（6）常量。

常量是指具有无法改变的固定值的属性。ActionScript 3.0 使用 const 语句来创建常量。只能为常量赋值一次，而且必须在最接近常量声明的位置赋值。

按照惯例，ActionScript 中的常量全部使用大写字母，各个单词之间用下画线字符（_）分隔。如，MouseEvent 类定义将此命名惯例用于其常量，而每个常量都表示一个与鼠标输入相关的事件：

```
package Flash.events
{
    public class MouseEvent extends Event
    {
        public static const CLICK:String              = "click";
        public static const DOUBLE_CLICK:String       = "doubleClick";
        public static const MOUSE_DOWN:String         = "mouseDown";
        public static const MOUSE_MOVE:String         = "mouseMove";
                ...
    }
}
```

9.1.4 处理对象

ActionScript 3.0 是一种面向对象（OOP）的编程语言，每个对象都是由类定义的。可将类视为某一类对象的模板或蓝图，类定义中可以包括变量和常量以及方法，前者用于保存数据值，后者是封装绑定到类的行为的函数。在 ActionScript 面向对象的编程中，任何类都可以包含三种类型的特性：属性、方法、事件。

1．属性

属性是对象的特征，如影片剪辑的位置、大小、透明度等，可以像处理单个变量一样处理属性。如：

```
mymc.x=100;    //将影片剪辑实例 mymc 移动到 x 坐标为 100（像素）的位置
mymc.rotation=triangle.rotation;   //旋转 mymc 实例以便与 triangle 实例的旋转相匹配
mymc.scaleX = 1.5;   //缩放 mymc 实例的水平比例，使其宽度为原始宽度的 1.5 倍
```

注意以上几个示例的通用结构：对象名称（变量名）.属性名称。将变量（mymc 和 triangle）用做对象的名称，后跟点运算符（.）和属性名（x、rotation 和 scaleX）。

下面的例子通过输入数值控制影片剪辑的 rotation 属性，实现倒酒的效果。

（1）在"新建文档"对话框中选择"Flash 文件（ActionScript 3.0）"。

（2）将图像文件"酒杯.png"和"酒瓶.png"导入到舞台中。

（3）选中"酒瓶.png"，将其转换为影片剪辑元件"酒瓶"。选择"酒瓶"实例，指定其实例名称为"jiu"。

（4）选择文本工具，在舞台右下角输入静态文本"倾斜度："。在"属性"面板的"文本类型"下拉列表框中选择"输入文本"选项，单击按钮，创建有黑色边框的输入文本框，并命名其实例名为"qingxie"。

（5）执行"窗口→公用库→按钮"菜单命令，在打开的"公用库"面板中双击"buttons bar"的文件夹图标，将其文件列表中的"bar green"按钮拖曳到舞台，命名实例为"btn"。

（6）调整舞台中各个对象的位置，效果如图9-4所示。

（7）插入新图层，重命名为"AS"。

（8）选中"AS"层的第1帧，按F9快捷键，打开"动作-帧"面板，输入如下代码：

```
1    function btn_clickHandler(event:MouseEvent):void {
2        var temp:Number = Number(qingxie.text);
3        jiu.rotation=temp;
4    }
5    btn.addEventListener(MouseEvent.CLICK,btn_clickHandler);
```

（9）按 Ctrl+Enter 快捷键预览动画，在文本框中输入"80"，单击按钮，显示如图 9-5 所示倾倒酒瓶效果。

图 9-4　舞台中各对象的排布

图 9-5　倾倒酒瓶效果

2．方法

"方法"是指可以由对象执行的操作。例如，如果在 Flash 中使用时间轴上的几个关键帧和动画制作了一个影片剪辑元件，则可以播放或停止该影片剪辑，或者指示它将播放头移到特定的帧。

mymc.play();

```
//指示名为 mymc 的影片剪辑实例开始播放
mymc.stop();
//指示名为 mymc 的影片剪辑实例停止播放
mymc.gotoAndPlay(2);
//指示名为 mymc 的影片剪辑实例跳转到第 2 帧开始播放
```

从上面的示例中可以发现方法和属性的使用非常相似，使用方法的通用结构为：

对象名称（变量名）.方法名();

小括号中存放动作的参数，如 gotoAndPlay()方法中的参数表示对象应转到哪一帧，而像 play()和 stop()这种方法，其自身的意义已经非常明确，因此不需要额外信息，但书写时仍然需要小括号。

3．事件

本质上，"事件"是所发生的、ActionScript 能够识别并可响应的事情。许多事件与用户交互有关，如用户单击按钮或按键盘上的快捷键。

编写处理事件的 ActionScript 代码，包括以下 3 个元素：

- 事件源：也称为"事件目标"，即发生事件的对象。如哪个按钮被单击，该按钮就是事件源。
- 事件：将要发生的事情。识别事件是非常重要的，因为许多对象都会触发多个事件。
- 响应：当事件发生时执行的操作。

编写处理事件的 ActionScript 代码时，要遵循以下基本结构（其中粗体显示的是占位符）：

```
function eventResponse(eventObject:EventType):void
{
        // 此处是为响应事件而执行的动作
}
eventSource.addEventListener(EventType.EVENT_NAME, eventResponse);
```

此代码执行两个操作：

- 首先，定义一个函数，函数提供一种将若干个动作组合在一起、用类似于快捷名称的单个名称来执行这些动作的方法。在创建事件处理函数时，必须选择函数名称（本实例为 eventResponse），指定一个参数（本实例为 eventObject），必须指明参数的数据类型。最后，在"{"与"}"之间编写在事件发生时执行的指令。
- 接下来，调用源对象的 addEventListener()方法。所有具有事件的对象都同时具有 addEventListener()方法，该方法有事件名称和事件响应函数名称两个参数。

 注意，如果将函数名称作为参数进行传递，则在写入函数名称时不使用括号。

下面利用按钮控制影片剪辑的播放和停止，通过该实例来看一下按钮处理事件的编写。

（1）在"新建文档"对话框中选择"Flash 文件（ActionScript 3.0）"。

（2）创建一个名称为"小球移动"的影片剪辑元件，实现小球从左到右的移动，并在时间轴的最后一帧添加 ActionScipt 代码"stop();"。

(3) 将 "库" 面板的 "小球移动" 元件拖到舞台上, 并命名实例为 "myball"。

(4) 在 "公用库" 面板中, 双击 "playback rounded" 的文件夹图标, 将其文件列表中的 "rounded grey play"、"rounded grey stop"、"rounded grey back" 按钮依次拖曳到舞台中的合适位置, 并分别将实例命名为 "play_btn"、"stop_btn"、"back_btn"。

(5) 单击 "图层 1" 的第 1 帧, 按 "F9" 快捷键, 打开 "动作-帧" 面板, 输入如下代码:

```
1  //指示名为myball的影片剪辑实例停止播放
2  myball.stop();
3  //创建事件处理函数play_btn_clickHandler
4  function play_btn_clickHandler(event:MouseEvent):void {
5      myball.play();
6  }
7  //调用 addEventListener()方法, 在事件 (单击按钮 play_btn) 发生时调用事件处理函数play_btn_clickHandler 来实现影片剪辑myball的播放
8  play_btn.addEventListener(MouseEvent.CLICK,play_btn_clickHandler);
9  //停止按钮
10 function stop_btn_clickHandler(event:MouseEvent):void {
11     myball.stop();
12 }
13 stop_btn.addEventListener(MouseEvent.CLICK,stop_btn_clickHandler);
14 //返回按钮
15 function return_btn_clickHandler(event:MouseEvent):void {
16     myball.gotoAndStop(1);
17 }
18 return_btn.addEventListener(MouseEvent.CLICK,return_btn_clickHandler);
```

(6) 按 Ctrl+Enter 快捷建, 测试动画。单击 Play 按钮, 小球开始移动, 如图 9-6 所示; 单击 Stop 按钮, 小球停止移动, 如图 9-7 所示; 单击 Return 按钮, 小球回到初始位置, 如图 9-8 所示。

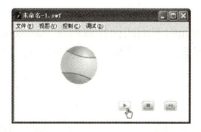

图 9-6 小球开始向右移动

图 9-7 小球停止移动

图 9-8 小球回到初始点

4．创建对象实例

在 ActionScript 中使用对象之前，该对象首先必须存在。创建对象的步骤之一是声明变量，且必须为变量指定实际值。创建对象的过程称为对象"实例化"，即创建特定类的实例。

第一种方法是，直接在"属性"面板中为对象指定实例名，Flash 会自动声明一个拥有该实例名的变量，创建一个对象实例并将该对象存储在该变量中。

第二种方法是，使用 ActionScript 创建对象实例。ActionScript 为 Number、String、Boolean、XML、Array、RegExp、Object 和 Function 数据类型定义了文本表达式，可以直接通过赋值的方式创建对象实例。对于其他数据类型而言，要创建一个对象实例，应使用 new ClassName()格式，如下所示：

```
var raceCar:MovieClip = new MovieClip();    //创建一个影片剪辑实例 raceCar
var birthday:Date = new Date(2006, 7, 9);   //创建实例时，有时还可以在类名后的小括号里指定参数值
```

通常，将使用 new 运算符创建对象称为"调用类的构造函数"。new 运算符还可用于创建已在库中定义、但没有放在舞台上的影片剪辑元件的实例。具体方法参照后续的实例。

9.2 应用 ActionScript 创建交互式动画

9.2.1 运算符和流控制

1．运算符

运算符是用于执行计算的特殊符号，具有一个或多个操作数并返回相应的值。运算符可以是一元、二元或三元的。

有些运算符是"重载的"，这意味着其行为因传递给它们的操作数的类型或数量而异。例如，加法运算符（+）就是一个重载运算符，其行为因操作数的数据类型而异。如：

```
trace(5 + 5);        //输出数字 10
trace("5" + "5");    //输出字符串"55"
```

ActionScript 3.0 的运算符分为主要运算符、后缀运算符、一元运算符、乘法运算符、加法运算符、按位移动运算符、关系运算符、等于运算符、按位逻辑运算符、逻辑运算符、条件运算符、赋值运算符 12 类运算符。表 9-5 按优先级递减的顺序列出了 ActionScript 3.0 中的运算符。该表内同一行中的运算符具有相同的优先级。

表 9-5　ActionScript 3.0 的运算符

组	运算符
主要	[] {x:y} () f(x) new x.y x[y] <></> @ :: ..
后缀	x++ x--

续表

组	运算符
一元	++x --x + - ~ ! delete typeof void
乘法	* / %
加法	+ -
按位移位	<< →→ →→→
关系	< > <= >= as in instanceof is
等于	== != === !==
按位"与"	&
按位"异或"	^
按位"或"	|
逻辑"与"	&&
逻辑"或"	||
条件	?:
赋值	= *= /= %= += -= <<= >>= >>>= &= ^= |=
逗号	,

2．流控制

"流控制"就是用于控制执行哪些动作。ActionScript 中提供了几类流控制元素。

（1）函数。

函数类似于快捷方式，提供了一种将一系列动作组合到单个名称下的方法，并可用于执行计算。函数对于处理事件尤为重要，但也可用做组合一系列指令的通用工具。语法结构如下：

    function 函数名(以逗号分隔的参数列表)
    {
    函数体,调用函数时要执行的 ActionScript 代码
    }

如，下面的例子定义了一个带参数的函数，然后将字符串"hello"用做参数值调用该函数。

    function traceParameter(Param:String)
    {
        trace(Param);
    }
    traceParameter("hello"); // 在"输出"面板输出 hello

（2）条件语句。

条件语句提供一种方法，用于指定仅在某些情况下才执行某些指令或针对不同的条件执行不同的指令集。最常见的一类条件语句是 if 语句。

（3）循环。

使用循环结构，可指定计算机反复执行一组指令，直到达到设定的次数或条件改变为止。

9.2.2 应用 if 条件语句——单词拼写练习

ActionScript 3.0 提供了三个可用来控制程序流的基本条件语句。

1. if...else 语句

if...else 条件语句用于测试一个条件，如果该条件存在，则执行一个代码块，否则执行 else 后的替代代码块。如：

```
if (x>0) {
    trace("x>0");
} else {
    trace("x<=0");
}
```

如果不想执行替代代码块，可以仅使用 if 语句，而不用 else 语句。

2. if...else if 语句

可以使用 if...else if 条件语句来测试多个条件。如：

```
if (x>0) {
    trace("x>0");
} else if (x<0) {
    trace("x<0");
} else {
    trace("x=0");
}
```

如果 if 或 else 语句后面只有一条语句，则无须用大括号括起后面的语句。但是，建议始终使用大括号，因为以后在缺少大括号的条件语句中添加语句时，可能会出现意外的行为。

下面的"单词拼写练习.fla"实例，根据条件语句来判断单词拼写是否正确，并根据判断结果给出评价。实例中用到了 if 条件语句及 gotoAndPlay()和 gotoAndStop()语句，本例主要讲解 ActionScript 代码，具体动画的操作过程请用户根据提示完成。

如图 9-9 所示，给出了实例的时间轴结构。"背景"层放置动画的背景画面；"物品"层放置了三种进行单词拼写的物品，用户也可以根据需要多放置一些物品；"按钮"层则是针对具体情况放置的相应按钮；"文本框"层放置了一个输入文本框，用来输入单词；"确认结果"层则是根据判断给出"Good"或"Bad"评价。

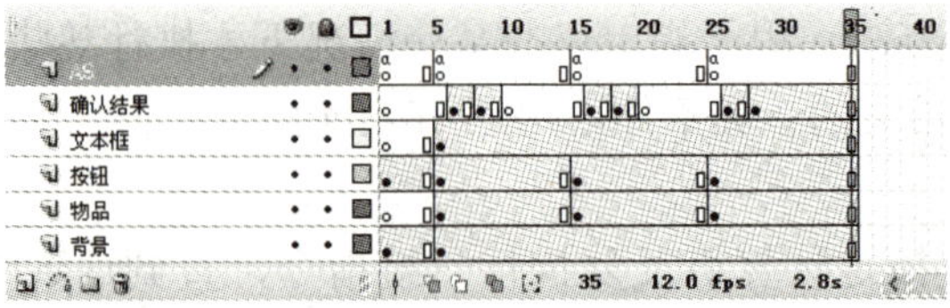

图 9-9 时间轴结构

图 9-10 和图 9-11 分别是第 1 帧和第 5 帧的效果，第 15、25 帧的效果是将鱼分别换成铅笔和鸡蛋，不过第 25 帧的 按钮被 按钮替换。

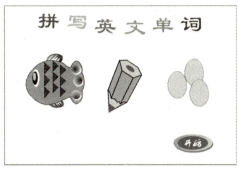

图 9-10　第 1 帧效果图

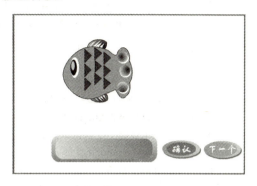

图 9-11　第 5 帧效果图

播放动画时，首先要停在第 1 帧，并且单击 按钮跳转到第 5 帧进行单词拼写。在第 5 帧的输入文本框中输入单词后，单击 按钮可以跳转到第 6 帧或者第 8 帧给出"Good"或"Bad"评价。单击 按钮可以跳转到第 15 帧开始下一个物品的单词拼写。

注意各元素的命名。输入文本框的实例名称为"txt"，第 1 帧的 按钮的实例名称为"play_btn"，第 5 帧的 按钮的实例名称为"confirm_btn"、 按钮的实例名称为"next_btn"。第 15 帧的 按钮的实例名称为"confirm2_btn"、 按钮的实例名称为"next2_btn"。第 25 帧的 按钮的实例名称为"confirm3_btn"、 按钮的实例名称为"end_btn"。

（1）"AS"层中第 1 帧的代码如下：

```
1    stop();
2    //创建事件处理函数，使动画跳转到第 5 帧开始播放
3    function play_btn_clickHandler(event:MouseEvent):void {
4            gotoAndPlay(5);
5    }
6    //单击第 1 帧的 按钮（play_btn）时，调用函数 play_btn_clickHandler 来实现影片的跳转播放
7    play_btn.addEventListener(MouseEvent.CLICK,play_btn_clickHandler);
```

（2）"AS"层中第 5 帧的代码如下：

```
1    stop();
2    //创建事件处理函数，判断单词拼写的正误
3    function confirm_btn_clickHandler(event:MouseEvent):void {
4            if (txt.text=="fish"||txt.text=="FISH") {
5                    gotoAndStop(6); //拼写正确跳转到第 6 帧
6            } else {
7                    gotoAndStop(8); //拼写错误跳转到第 8 帧
8            }
9    }
10   //当单击第 5 帧的 （confirm_btn）按钮时，调用函数 confirm_btn_clickHandler 判断拼写正误
11   confirm_btn.addEventListener(MouseEvent.CLICK,confirm_btn_clickHandler);
12   function next_btn_clickHandler(event:MouseEvent):void {
```

```
13        gotoAndPlay(15);
14    }
15  //当单击第 5 帧的 [下一个]（next_btn）按钮时，调用函数 next_btn_clickHandler 跳转到第 15 帧
16  next_btn.addEventListener(MouseEvent.CLICK,next_btn_clickHandler);
```

（3）"AS"层中第 15 帧的代码如下：

```
1   stop();
2   //控制第 15 帧的 [确认] 按钮判断单词正误
3   function confirm2_btn_clickHandler(event:MouseEvent):void {
4         if (txt.text=="pencil"||txt.text=="PENCIL") {
5               gotoAndPlay(16);
6         } else {
7               gotoAndStop(18);
8         }
9   }
10  confirm2_btn.addEventListener(MouseEvent.CLICK,confirm2_btn_clickHandler);
11  //控制第 15 帧的 [下一个] 按钮
12  function next2_btn_clickHandler(event:MouseEvent):void {
13        gotoAndPlay(25);
14  }
15  next2_btn.addEventListener(MouseEvent.CLICK,next2_btn_clickHandler);
```

（4）"AS"层中第 25 帧的代码如下：

```
1   stop(),
2   //控制第 25 帧的 [确认] 按钮判断单词正误
3   function confirm3_btn_clickHandler(event:MouseEvent):void {
4         if (txt.text=="egg"||txt.text=="EGG") {
5               gotoAndStop(26);
6         } else {
7               gotoAndStop(28);
8         }
9   }
10  confirm3_btn.addEventListener(MouseEvent.CLICK,confirm3_btn_clickHandler);
11  //控制第 25 帧的 [结束] 按钮
12  //创建事件处理函数，退出 Flash Player
13  function end_btn_clickHandler(event:MouseEvent):void {
14        fscommand("quit");
15  }
16  end_btn.addEventListener(MouseEvent.CLICK,end_btn_clickHandler);
```

3．switch 语句

switch 语句的功能大致相当于一系列 if…else if 语句，但是它更便于阅读。switch 语句不是对条件进行测试以获得布尔值，而是对表达式进行求值并使用计算结果来确定要执行的代码块。代码块以 case 语句开头，以 break 语句结尾。如，下面的 switch 语句基于由 Date.getDay() 方法返回的日期值输出星期值：

```
1   var someDate:Date = new Date();
2   var dayNum:uint = someDate.getDay();
3   switch (dayNum) {
4          case 0 :
5                  trace("Sunday"); break;
6          case 1 :
7                  trace("Monday"); break;
8          case 2 :
9                  trace("Tuesday"); break;
10         case 3 :
11                 trace("Wednesday"); break;
12         case 4 :
13                 trace("Thursday"); break;
14         case 5 :
15                 tracc("Friday"); brcak;
16         case 6 :
17                 trace("Saturday"); break;
18         default :
19                 trace("Out of range");  break;
20  }
```

9.2.3 应用 for 循环语句——闪烁星空

使用循环语句可以按照指定的次数或者在满足特定的条件时重复执行某条语句或某段程序。较为常用的循环语句包括 for 语句、for...in 语句、for each...in 语句、while 语句和 do...while 语句。

1. for 语句

for 循环用于循环访问某个变量以获得特定范围的值。必须在 for 语句中提供 3 个表达式：一个设置初始值的变量，一个用于确定循环何时结束的条件语句，以及一个在每次循环中都更改变量值的表达式。如下面的代码循环 5 次。变量 i 的值从 0 开始到 4 结束，输出结果是 0~4 的 5 个数字，每个数字各占 1 行。

```
var i:int;
for (i = 0; i < 5; i++)
{
    trace(i);
}
```

下面利用 for 循环制作一个星空闪烁的效果。具体操作如下：

（1）导入背景图片"夜空.jpg"到舞台中，重命名"图层 1"为"背景"。

（2）插入一个新图层，命名为"AS"。

（3）请用户发挥想象力，利用前面学过的知识，制作影片剪辑"闪烁的星星"。

（4）打开"库"面板，在"闪烁的星星"上右击鼠标，从弹出菜单中选择"链接"命令，打开"链接属性"对话框，选中"为 ActionScript 导出"复选框，在激活的"类(C)"文本框中输入"star"。

（5）单击"AS"层的第 1 帧，在"动作-帧"面板中，输入如下代码：

```
1   var num:uint = 150;
2   var i:uint;
3   for (i=1; i<num; i++) {
4       var newstar=new star ();
5       // Math.random()返回一个介于 0～1 之间的随机数
6       newstar.x = Math.random()*480 ;
7       newstar.y = Math.random()*200;
8       newstar.scaleX=newstar.scaleY=Math.random()/5;
9       newstar.alpha=Math.random();
10      addChild(newstar);
11  }
```

2. for...in 语句

用于循环访问对象属性或数组元素。如使用 for...in 循环访问数组中的元素：

```
var myArray:Array = ["one", "two", "three"];
for (var i:String in myArray) {
    trace(myArray[i]);
}
// 输出：
// one
// two
// three
```

3. for each...in 语句

用于循环访问集合中的项目，它可以是 XML 或 XMLList 对象中的标签、对象属性保存的值或数组元素。与 for...in 循环不同的是，for each...in 循环中的迭代变量包含属性所保存的值，而不包含属性的名称。

```
var myObj:Object = {x:20, y:30};
for each (var num in myObj) {
    trace(num);
}
// 输出：
// 20
// 30
```

循环访问数组中的元素：

```
var myArray:Array = ["one", "two", "three"];
for each (var item in myArray) {
    trace(item);
}
```

```
// 输出：
// one
// two
// three
```

如果对象是密封类的实例，则将无法循环访问该对象的属性。

4．while 语句

if 语句相似，只要条件为 true，就会反复执行。如下面的代码与 for 循环示例生成的输出结果相同：

```
var i:int = 0;
while (i < 5) {
    trace(i);
    i++;
}
```

使用 while 循环（而非 for 循环）的一个缺点是，如果省略了用来递增计数器变量的表达式，循环将成为无限循环。

5．do...while 语句

do...while 循环是一种 while 循环，它保证至少执行一次代码块。如下面的代码显示了 do...while 循环的一个简单示例，即使条件不满足，该示例也会生成输出结果。

```
var i:int = 5;
do
{
    trace(i);
    i++;
} while (i < 5);
// 输出：5
```

9.3 Flash CS3 的内置行为

行为是针对常见任务预先编写的脚本，使用行为可以在不编写代码的情况下将代码添加到文件中。行为提供的功能有：帧导航、加载外部 SWF 文件和 JPEG 文件、控制影片剪辑的堆叠顺序，以及加载、卸载、播放、停止、直接复制或拖动影片剪辑等。此外，还可以使用行为控制声音和视频回放。

但是行为仅对 ActionScript 2.0 及更早版本可用，ActionScript 3.0 不支持行为。如果在 Flash 文档（ActionScript 3.0）中添加行为会弹出如图 9-12 所示的提示信息。单击 发布设置… 按钮，打开"发布设置"对话框，修改 Flash 的发布参数。有关"发布设置"的具体知识请参照 11.3 节。

执行"窗口→行为菜单"命令，或按 Shift+F3 快捷键，打开"行为"面板，使用"行为"面板给触发对象添加行为。方法为：首先在文档中选择一个触发对象（如影片剪辑或按钮），单击"行为"面板上的 按钮，弹出菜单，如图 9-13 所示，从中选择要添加的行为选项即可。单击 按钮，可将所选行为删除。

图 9-12 提示信息

图 9-13 "行为"面板

下面通过添加行为的方法，在 Flash 文档中加载图像。

（1）在"新建文档"对话框中选择"Flash 文件(ActionScript 2.0)"，按 Ctrl+S 快捷键，将文档保存为"xingwei.fla"。

（2）按 Shift+F3 快捷键，打开"行为"面板。

（3）单击"行为"面板上的 按钮，弹出菜单，从中选择"影片剪辑→加载图像"命令，打开如图 9-14 所示的"加载图像"对话框。

（4）输入要加载的 JPG 文件的路径名和文件名。本实例中，图像"美女.jpg"和"xingwei.fla"位于同一个目录。所以直接输入文件名："美女.jpg"，单击 确定 按钮。

（5）这样，该行为就添加到了对象中，并显示在"动作"面板中，如图 9-15 所示。

（6）按 Ctrl+Enter 快捷键，测试影片。

图 9-14 "加载图像"对话框

图 9-15 "加载图像"脚本

如果选择了舞台中的触发对象，如影片剪辑，再单击"行为"面板上的 按钮，会弹出不同的菜单选项。Flash 的行为主要是用来控制影片剪辑实例的，其功能和用途见表 9-6。

表 9-6　Flash 常用行为的功能和使用

行　　为	功　　能	选择或输入
加载图像	将外部 JPEG 文件加载到影片剪辑或屏幕中	JPEG 文件的路径和文件名 接收图形的影片剪辑或屏幕的实例名称
加载外部影片剪辑	将外部 SWF 文件加载到目标影片剪辑或屏幕中	外部 SWF 文件的 URL 接收 SWF 文件的影片剪辑或屏幕的实例名称
卸载影片剪辑	从 Flash Player 中删除通过 loadMovie()加载的影片剪辑	影片剪辑的实例名称
直接重制影片剪辑	直接重制影片剪辑或屏幕	要直接重制的影片剪辑的实例名称 从原本到副本的 X 轴及 Y 轴偏移像素数
转到帧或标签并在该处播放	从特定帧播放影片剪辑	要播放的目标剪辑的实例名称 要播放的账号或标签
转到帧或标签并在该处停止	停止影片剪辑，并根据需要将播放头移到某个特定帧	要停止的目标剪辑的实例名称 要停止的帧号或标签
移到最前	将目标影片剪辑或屏幕移到堆叠顺序的顶部	影片剪辑或屏幕的实例名称
上移一层	将目标影片剪辑或屏幕在堆叠顺序中上移一层	影片剪辑或屏幕的实例名称
移到最后	将目标影片剪辑移到堆叠顺序的底部	影片剪辑或屏幕的实例名称
下移一层	将目标影片剪辑或屏幕在堆叠顺序中下移一层	影片剪辑或屏幕的实例名称
开始拖动影片剪辑	开始拖动影片剪辑	影片剪辑或屏幕的实例名称
停止拖动影片剪辑	停止当前的拖动操作	

9.4　知识进阶——ActionScript 的高级应用

9.4.1　构造日期对象——电子台历

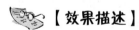【效果描述】

本实例使用日期对象来制作电子台历，模拟了时钟效果，如图 9-16 所示。实例所在位置：教学资源/CH09/效果/电子台历.fla。

【技术要点】

创建 Date 对象实例，Date 对象常用方法的使用，以及影片剪辑实例的 rotation 属性。

【操作步骤】

如图 9-17 所示，给出了该实例的时间轴结构，制作过程中可以参考。

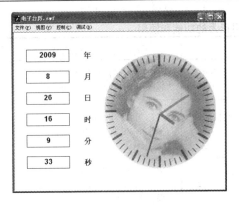
图 9-16　电子台历效果图

图 9-17　时间轴结构

1．新建文档并导入图像

（1）在"新建文档"对话框中选择"Flash 文件(ActionScript 3.0)"。

（2）导入图片"美女.jpg"到舞台中。选中舞台中的图像"美女.jpg"，在"变形"面板中约束宽高比，将其缩放为 75%。

（3）将图像转换为名为"美女"的图形元件。

（4）选中"美女"实例，在"属性"面板中的"颜色"下拉列表中选择"Alpha"值，调整为 40%。

（5）双击"图层 1"，重命名为"背景美女"。

2．制作时钟的表盘（模拟时钟）

（1）插入新图层，命名为"表盘颜色"。

　　　由于导入的图像是黑白色调，为了增加点浪漫、有活力的感觉，添加了一个"表面颜色"图层。实际操作中，用户不制作该层也可以。

（2）选择椭圆工具 ，绘制一个正圆。正圆的尺寸就是表盘的大小，以刚好盖住美女头部为宜。在"颜色"面板中选择"放射状"填充样式，颜色设置为如图 9-18 所示效果。从左到右的 3 个颜色值分别为：玫红色（#E61ADC）、Alpha 值（0%）、玫红色（#E61ADC）、Alpha 值（24%），浅玫红色（#FACFFA）、Alpha 值（66%）。

（3）插入新图层，命名为"表盘"。绘制如图 9-16 所示的表盘。用户可以使用"变形"面板的 按钮绘制时间刻度。

　　　提示：用户可以绘制一截线段（线段的长短参照表盘整点刻度的长短），将其转换为一个名为"刻度"的图形元件，然后使用"变形"面板每旋转"6 度"生成一个副本，直至完成一个圆周。然后将需要加粗的 12 个刻度实例，即整点刻度分别分离，再进行线型加粗。

（4）绘制表针：分别创建"时针"、"分针"和"秒针"影片剪辑。将其排布在图 9-19 所示的位置，并在"属性"面板中将实例分别命名为"shizhen"、"fenzhen"和"miaozhen"。

第 9 章 控制影片播放效果——交互式动画

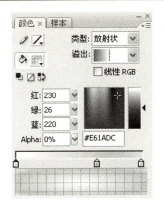

图 9-18 椭圆颜色设置

图 9-19 绘制时钟的表盘

 注意，使用任意变形工具 将"时针"、"分针"和"秒针"实例的旋转注册点调整到各自的底部。

（5）插入新图层，命名为"遮罩表盘"。选择"表盘颜色"层绘制的正圆，按 Ctrl+C 快捷键复制图形。在"遮罩表盘"层第 1 帧，按 Ctrl+Shift+V 快捷键，将其粘贴到当前位置。为了与原图形区别开来，可以将"遮罩表盘"层的正圆的颜色做修改（修改颜色时注意锁定"表盘颜色"层）。

（6）选中"遮罩表盘"层，右击鼠标，从弹出菜单中选择"遮罩层"。此时，"表盘"层被默认为"被遮罩层"。

（7）将"背景美女"层和"表盘颜色"层也设置为被遮罩层。

 要实现一般图层到被遮罩层的转换，可以拖动图层名称左侧 图标向右拖动；也可以在"图层属性"对话框中进行设置。

3．在文本框中显示时间（数字时钟）

（1）插入新图层，命名为"文本显示时间"。

（2）选择文本工具 ，在"属性"面板中，设置"文本类型"为"动态文本"、字体为"_sans"、字号为"20"、颜色为黑色、加粗显示。单击 图标，显示文本边框。

（3）再复制 5 个文本框。

（4）调整这 6 个动态文本框的位置，在舞台左侧排成一列，自上而下分别命名其实例名称为："nian"、"yue"、"ri"、"h"、"m"、"s"。

（5）在 6 个动态文本框后面分别输入文字"年"、"月"、"日"、"时"、"分"、"秒"。

（6）在所有图层的第 2 帧处插入普通帧。

4．输入 ActionScript 代码

（1）插入新图层，命名为"AS"。

（2）单击第 1 帧，按"F9"快捷键，打开"动作-帧"面板，输入如下代码：

```
1    //数字显示
```

```
2    var mydate = new Date();
3    nian.text = mydate.getFullYear();
4    yue.text = mydate.getMonth()+1;
5    ri.text = mydate.getDate();
6    h.text = mydate.getHours();
7    m.text = mydate.getMinutes();
8    s.text = mydate.getSeconds();
9    //模拟时钟
10   var h1,m1,s1;
11   h1 = mydate.getHours();
12   m1 = mydate.getMinutes();
13   s1 = mydate.getSeconds();
14   if (h1→12) {
15       h1 = h1-12;
16   }
17   if (h1<1) {
18       h1 = 12;
19   }
20   h1 = (h1+m1/60)*30;
21   m1 = (m1+s1/60)*6;
22   s1 = s1*6;
23   shizhen.rotation=h1;
24   fenzhen.rotation=m1;
25   miaozhen.rotation=s1;
```

5．保存影片

（1）保存文档为"电子台历.fla"。

（2）按 Ctrl+Enter 快捷键，测试影片。

【小结一下】

本例为创建 Date 对象实例，使用 Date 对象的常用方法制作时钟；并根据前面讲过的遮罩原理制作模拟时钟的表盘，然后计算出各表针的 rotation 属性值。通过本实例，用户要学会如何使用对象的属性和方法。

9.4.2 应用随机函数——飘落的雪花

【效果描述】

本实例制作了雪花漫天飘落的效果，如图 9-20 所示，实例所在位置：教学资源/CH09/效果/飘落的雪花.fla。

【技术要点】

使用引导层制作雪花飘落的影片剪辑，for 循环和 if 条件语句的使用，以及随机函数 Math.random()的使用。

第 9 章　控制影片播放效果——交互式动画

图 9-20　飘落的雪花

【操作步骤】

1. 新建文档并设置文档属性

（1）在"新建文档"对话框中选择"Flash 文件(ActionScript 3.0)"。

（2）设置文档尺寸为 480×360px，背景颜色为黑色。

2. 制作影片剪辑"飘雪"

（1）创建"名称"为"飘雪"的影片剪辑元件。选择文本工具，在"属性"面板中，设置字体为"Wingdings"、字号为"12"、颜色为白色，加粗。输入字母"T"，此时出现雪花的形状。分离文字为形状，调整雪花如图 9-21 所示。

绘制雪花时，为方便起见，可先把舞台显示比例扩大为 800%。

（2）将雪花形状转换为"名称"为"雪花"的图形元件。

（3）在"图层 1"的第 100 帧处插入关键帧，在第 1～100 帧间创建补间动画。

（4）插入运动引导层，并使用铅笔工具，在该层绘制雪花的路径，如图 9-22 所示。

图 9-21　绘制雪花　　　　　　　　　　图 9-22　绘制引导线

（5）锁定引导层，选中 图标。将第 1 帧的"雪花"实例与引导线的顶端对齐，第 100 帧的"雪花"实例与引导线的底端对齐。

（6）单击场景名称 ，完成元件"飘雪"的编辑。

注意，由于雪花元件尺寸很小，所以在吸附到引导线时可以将舞台的显示比例放大。

3．制作动画

（1）导入图片"xuejing.bmp"到舞台中。

（2）将导入的图片缩放为 75%。将 X、Y 坐标设置为（0，0）。

（3）将"图层 1"重命名为"背景图片"。

（4）在"背景图片"层上方插入一个图层，命名为"AS"。

（5）打开"库"面板，在"飘雪"元件上右击鼠标，从弹出菜单中选择"链接"命令，打开"链接属性"对话框，选中"为 ActionScript 导出"复选框，在"类（C）"文本框中输入"snow"。

（6）在"背景图片"层的第 100 帧处插入帧，在"AS"层的第 2、第 30 帧分别插入关键帧。

（7）单击"AS"层的第 1 帧，打开"动作-帧"面板，输入如下代码：

```
1    var c:uint = 1; // c 是循环控制变量
2    var maxyz:uint = 30; // 最多雪花数
```

（8）单击"AS"层的第 2 帧，打开"动作-帧"面板，输入如下代码：

```
1    for (var i:uint=1; i<maxyz; i++) {
2        var temp:Object=new snow();
3        temp.x=Math.random()*750;
4        temp.y=-10;
5        temp.scaleX=temp.scaleY=Math.random();
6        addChildAt(temp,i);
7    }
```

（9）单击"AS"层的第 30 帧，打开"动作-帧"面板输入如下代码：

```
1    if (c == maxyz) {
2        c = 1;
3    } else {
4        c = c+1;
5    }
6    // 如果雪花数量达到了最大数，循环控制变量重置为 1；否则递增 1
7    gotoAndPlay(2);
```

4．保存影片

（1）保存文档为"飘落的雪花.fla"。

（2）按 Ctrl+Enter 快捷键，预览动画。

【小结一下】

本例综合使用了条件语句和循环语句制作出雪花纷飞的效果。用户在编写 ActionScript 代码时一定要熟练掌握流控制元素的使用。

9.5 实训及指导

实训一　鼠标跟随特效

1．实训题目：鼠标跟随特效。
2．实训目的：巩固鼠标跟随影片剪辑的制作方法，熟练掌握鼠标跟随程序的编写。
3．实训内容：ActionScript 动画实例"实训 1.fla"。

【效果描述】

本例跟随效果如图 9-23 所示。用户可以发挥想象力，用其他的影片剪辑跟随鼠标，也会收到让人意想不到的炫丽效果。本例所在位置：教学资源/CH09/效果/实训 1.fla。

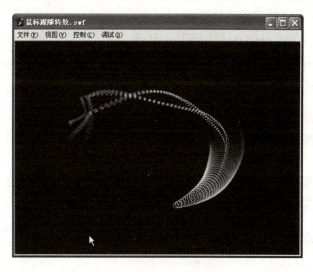

图 9-23　鼠标跟随效果

【技术要点】

首先制作跟随鼠标的影片剪辑，然后编写鼠标跟随程序。

【操作步骤】

1．新建文档并设置影片属性

（1）在"新建文档"对话框中选择"Flash 文件(ActionScript 3.0)"。

（2）设置背景颜色为黑色。

2．制作跟随鼠标的影片剪辑

（1）创建"名称"为"跟随 MC"的影片剪辑元件，进入元件编辑模式。

（2）将"图层 1"重命名为"圆放大"，选择舞台显示比例为 800%。

（3）使用椭圆工具，在舞台上绘制一个无填充的白色描边正圆，大小为 10×10px，X、Y 坐标为（−5，−5）。将其转化为"名称"为"圆"的图形元件。

（4）在第 50 帧插入关键帧。将"圆"实例的"缩放"设为"700%"，设置"Alpha"值为"0%"。

（5）在第 1～50 帧间创建补间动画。

（6）插入"图层 2"。在第 1 帧，画两个白色的小矩形，上面的矩形大小为 3.5×3.5px，下面的矩形为 5×5px，设置大小两个矩形的垂直间距为 20px。

（7）选择两个矩形，将其转换为"名称"为"矩形"的图形元件，在"属性"面板中将实例改为宽高为 1×1px。

（8）在"图层 2"的第 100 帧处插入关键帧，选择矩形实例，将"缩放"值设为"1000%"，"旋转"设为"90 度"。在"属性"面板中设置"Alpha"值为"0%"。

（9）在"图层 2"的第 1～100 帧间创建补间动画；并在"属性"面板中设置"缓动"值为"−100"；"旋转"选择"顺时针"。

（10）在"图层 2"上方插入"图层 3"。复制"图层 2"的所有帧到"图层 3"。

> 粘贴"图层 2"的全部帧到"图层 3"后，要注意删除"图层 3"后面多余的帧，使得两个时间轴长度保持一致。

（11）锁定"图层 2"。

（12）分别将"图层 3"第 1 帧和第 100 帧的实例旋转"90 度"。这样就和"图层 2"中的实例构成"十"字形。

（13）这时影片剪辑制作完毕。为了便于日后查看，可将"图层 2"重命名为"竖向旋转为横向"，将"图层 3"重命名为"横向旋转为竖向"，如图 9-24 所示。

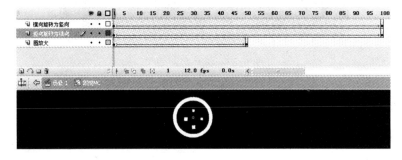

图 9-24　跟随影片剪辑的时间轴结构

3．编写鼠标跟随程序

（1）进入主场景编辑模式。将"图层 1"重命名为"动画"，插入新图层，重命名为

"AS"。

（2）打开"库"面板，在元件列表中，右击元件"跟随 MC"，从弹出菜单中选择"链接"命令，打开"链接属性"对话框，选中"为 ActionScript 导出"复选框，在"类(C)"文本框中输入"movie"，单击 确定 按钮。

（3）将"库"面板中的"跟随 MC"拖入舞台，将其实例名称命名为"m"。

（4）在"动画"层的第 3 帧处插入普通帧。

（5）在"AS"层的第 2、3 帧分别插入关键帧。

（6）单击"AS"层的第 1 帧，打开"动作-帧"面板，输入如下代码：

```
1  var i:int=1;
2  m.visible = false;
3  var mymc:movie;
```

（7）单击"AS"层的第 2 帧，打开"动作-帧"面板，输入如下代码：

```
1   if (i>80) {
2         i=1;
3   }
4   m.x+=(root.mouseX-m.x)/30;
5   m.y+=(root.mouseY-m.y)/30;
6   this["mymc"+i]=new movie();
7   this["mymc"+i].x=m.x;
8   this["mymc"+i].y=m.y;
9   addChild(this["mymc"+i]);
10  i=i+1;
```

（8）单击"AS"层的第 3 帧，打开"动作-帧"面板，输入如下代码：

```
1  gotoAndPlay(2);
```

4．保存影片

（1）保存文档为"鼠标跟随特效.fla"。

（2）按 Ctrl+Enter 快捷键，预览动画。

实训二　下雨效果

1．实训题目：制作下雨效果。
2．实训目的：掌握 ActionScript 的程序控制语句。
3．实训内容：ActionScript 动画实例"实训 2.fla"。
4．实训指导：具体操作可参照 9.4.2 节飘落的雪花的制作。

【效果描述】

细细的雨滴斜落在地面上，激起小小的水波纹，效果如图 9-25 所示。

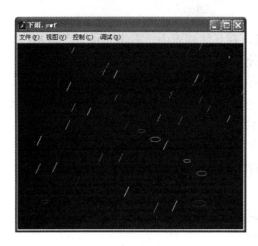

图 9-25　下雨效果

第 10 章 提高创作水平
——应用模板与组件

任务

使用模板和组件制作令人满意的交互式动画。

目标

- 掌握模板的使用
- 熟悉常用组件
- 掌握组件的使用

10.1 应 用 模 板

10.1.1 芝麻开门——制作幻灯片

【效果描述】

本例为使用"照片幻灯片放映"模板制作花卉相册,如图 10-1 所示。右上角的圆形控制面板上有 3 个按钮:单击 按钮可以浏览上一幅图片,单击 ▶ 可以浏览下一幅图片,单击 ▶▶ 按钮幻灯片可以自动放映,上方的 3 个蓝色圆点变成绿色后,显示下一幅图片。实例所在位置:教学资源/CH10/效果/制作幻灯片.fla。

图 10-1 幻灯片效果

【技术要点】

使用"照片幻灯片放映模板"生成相册的框架，再查看每一图层中的具体内容，修改细节。

【操作步骤】

1. 根据模板新建文件

（1）执行"文件"→"新建"命令，在"新建文档"对话框中单击"模板"选项卡，打开"从模板新建"对话框。

（2）在"类别"中选择"照片幻灯片放映"，则右侧的"模板"项目列表中自动选中"现代照片幻灯片放映"，如图10-2所示。单击 确定 按钮，自动从模板生成一个Flash文档。

图10-2 选择"照片幻灯片放映"模板

2. 分析模板时间轴结构

从模板生成的文档的时间轴结构和"库"面板分别如图10-3和图10-4所示。可以隐藏其他的图层，逐个查看每个图层放置的内容。

图10-3 时间轴结构

图10-4 "库"面板

经分析，在"picture layer"层中存放着要放映的照片；"transparent frame"层放置相册的透明框；"_overlay"层在相框的上侧和下侧各放置了一个水平背景条；"Captions"层放置对每幅照片进行描述的文本，位于舞台左下角；"Title,Date"层放置的文本，在舞台左上角为整个相册进行文本描述；"_controller"层是交互控制层，控制照片的放映；"_actions"层的第 1 帧添加了脚本"stop()"。

3．修改从模板生成的文档

（1）在"库"面板中，如果将文件夹"photos"中的图片全部删除，则留下如图 10-5 所示的模板框架。

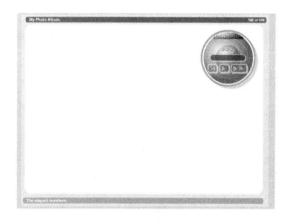

图 10-5　模板框架

（2）执行"文件"→"导入"→"导入到库"命令，导入 4 幅大小均为 640×480px 的图片。
（3）在"库"面板中，将导入的图片移动至到"photos"文件夹中。
（4）从"库"面板中，将 4 幅图片分别拖放在图层"picture layer"的第 1、2、3、4 帧。
（5）调整图片在舞台中的位置，在"属性"面板中将每幅图片的 X、Y 坐标都设为（0，0）。
（6）选择"Title，Date"层，将原来的文本"My Photo Album"改为"花卉相册"。
（7）单击"Captions"层，在该层的 4 个关键帧中，分别为每幅图片进行文字描述。
（8）保存文档为"制作幻灯片.fla"。
（9）按 Ctrl+Enter 快捷键，测试影片。

　自动放映模式的默认时间延迟为 4 秒，用户可以选择"mc, controller"实例组件，在"组件检查器"中更改延迟参数值。

【小结一下】

利用模板制作影片，一定要先分析图层的内容，然后再对由模板生成的文档进行修改。可以在"picture layer"层插入空白帧，放入更多的照片；在"Captions"层插入关键帧对照片进行描述。

10.1.2 模板的应用

Flash 附带了多个帮助用户简化工作的模板，使用这些模板制作动画时，通常只需要修改文档的内容，而不需要编写脚本代码。

Flash CS3 提供的模板有："BREW 手机"、"全球手机"、"广告"、"日本手机"、"测验"、"照片幻灯片放映"、"用户设备"。其中，使用"BREW 手机"、"全球手机"、"日本手机"模板可以为相应的手机创建 Flash Lite 应用程序和内容。使用"广告"模板可以创建由互动广告局（IAB）定义并被业界广泛接受的标准的丰富媒体类型和大小，例如发布长条、矩形、横幅广告。使用"测验"模板可以创建在线测验。使用"照片幻灯片放映"模板可以创建自定义照片库，用户只需添加图像和文本。使用"用户设备"模板可以创建用于 Chumby、iRiver Clix、iRiver U10 等移动设备的 Flash Lite 内容。

 Flash 文件很小巧，适于传输速率介于 9.6～60kbps 的无线运营商网络。由于移动设备的存储容量有限，因此占用内存小的 Flash 文件非常理想。

模板的使用很简单：执行"文件→新建"菜单命令，在"新建文档"对话框中单击"模板"选项卡，打开"从模板新建"对话框。选择相应的模板，单击 确定 按钮，从模板生成一个 Flash 文档。最后修改该文档，保存文档后就可以测试影片了。

10.2 应用组件

除模板外，Flash 还提供了一些用于制作交互动画的组件。组件是带有参数的影片剪辑元件，通过设置参数可以修改组件的外观和行为，配合 ActionScript 脚本，可以制作出具有交互功能的动画。

10.2.1 组件的相关操作

1．"组件"面板

组件存储在"组件"面板中。执行"窗口→组件"菜单命令，或按快捷键 Ctrl+F7，即可打开"组件"面板。单击组件前面的田图标，可展开其列表。如图 10-6 所示，为 ActionScript 3.0"组件"面板；图 10-7 所示为 ActionScript 2.0"组件"面板。ActionScript 3.0 组件分为 UI（User Interface）组件和 Video 组件两类。

- UI 组件：用于设置用户界面的交互操作，主要包括 Button、CheckBox、ComboBox、Label、List、NumericStepper、ProgressBar、RadioButton、ScrollPane、TextArea、TextInput 等组件。
- Video 组件：可以快捷顺利地实现视频，主要用于对播放器中的播放状态和播放进度等属性进行交互操作。主要包括 FLVPlayback、BackButton、BufferingBar、ForwardButton、MuteButton、PauseButton、PlayButton、StopButton 以及 VolumeBar 等组件。

第 10 章 提高创作水平——应用模板与组件

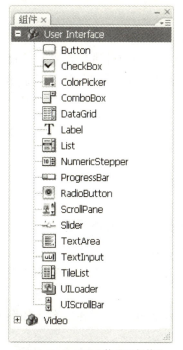

（a）ActionScript 3.0 的"UI 组件"　　（b）ActionScript 3.0 的"Video 组件"

图 10-6　ActionScript 3.0"组件"面板　　　　图 10-7　ActionScript 2.0"组件"面板

2．组件的添加和删除

若要在 Flash 文档中添加组件，首先要打开"组件"面板，然后将选中的组件从"组件"面板中拖到舞台上或者在"组件"面板中双击，添加到该文档的组件也显示在"库"面板中。用户可以将组件从"库"面板中拖到舞台上，引用该组件的多个实例。还可以使用 ActionScript 代码创建组件。

若要删除组件实例，可以选中舞台上的组件实例，按 Delete 键。但"库"面板中的组件仍然存在，在"库"面板中选择组件后单击面板下方的 🗑 按钮就可以彻底删除。

3．设置组件参数

选择舞台中的组件，执行如下操作之一可以设置组件的参数。

- 选择"属性"面板的"参数"选项卡。
- 执行"窗口"→"组件检查器"命令，打开"组件检查器"面板。

4．更改组件外观

外观就是 Flash 用于绘制组件的图形元素。"设置外观"是通过修改或替换组件的图形的过程。ActionScript 3.0 的 UI 组件具有内置的外观。

用户可以在舞台上双击组件实例，直接编辑其外观样式。这种组件的外观及其他资源位于其时间轴的第 2 帧上。双击组件实例时，Flash 将自动跳到第 2 帧并打开该组件外观的调色板。

5．设置组件文本标签的样式

用户可以使用任意变形工具或者"修改→变形"菜单命令，对组件进行水平和垂直方向上的变形。但是调整组件实例的大小并不会更改图标或标签的大小，这时只能通过添加动作脚本来实现。

10.2.2 UI 组件及其应用

在 Flash CS3 提供的组件中，使用最多的是 UI 组件。

1．Button（按钮）组件

Button 组件是一个可调整大小的矩形按钮，可以执行鼠标或快捷键盘的交互事件，用户可以通过鼠标或空格键按下该按钮以在应用程序中启动操作。Button 的应用非常广泛，例如，大多数表单都有"提交"按钮，通常演示文稿也包含"上一个"、"下一个"和"返回"按钮。

在"属性"面板或"组件检查器"面板中可以为 Button 组件实例设置各参数，如图 10-8 所示，列出了 Button 组件的各项参数。

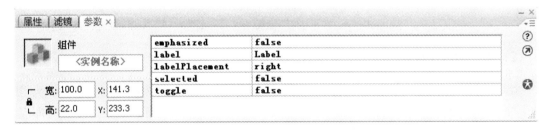

图 10-8　Button 组件的参数

用户也可以编写 ActionScript 代码，利用 Button 类的属性、方法和事件来设置 Button 实例的各参数。

下面通过一个小例子来更改 Button 的 selected_over 外观的颜色。

（1）在"新建文档"对话框中选择"Flash 文件(ActionScript 3.0)"。

（2）从"组件"面板中将 Button 组件拖到舞台上。

（3）选择 Button 组件实例，在"属性"面板的"参数"选项卡中，将 label 参数设为 Button，toggle 参数设置为 true。

（4）双击 Button 组件实例，自动跳转到 Button 影片剪辑的第 2 帧，打开其外观调色板，如图 10-9 所示。

（5）双击 selected_over 外观，在元件编辑模式下打开它。

（6）用"选择"工具框选中小圆角矩形，将其颜色改为红色，将其应用于 selected_over 外观的背景。

（7）单击舞台上方编辑栏左侧的按钮，返回到文档编辑模式。

（8）按 Ctrl+Enter 快捷键，测试影片。单击按钮，将鼠标指针移动到 Button 上方时，就显示 selected_over 状态的红色背景。

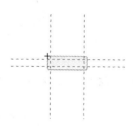

图 10-9 编辑 Button 组件的外观　　　　图 10-10 编辑 selected_over 外观

2．CheckBox（复选框）组件

CheckBox 组件是一个可以选中或取消选中的方框。当它被选中后，框中会出现一个复选标记。复选框和按钮一样，也是表单或 Web 应用程序中的一个基础部分。例如，如果应用程序需要收集有关购买轿车的信息，那么可以使用 CheckBox 来选择轿车特征。CheckBox 组件的参数如图 10-11 所示。

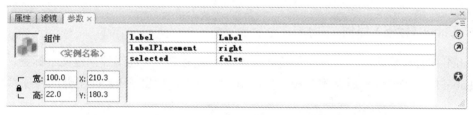

图 10-11　CheckBox 组件的参数

下面以一个实例来具体讲解如何更改 CheckBox 标签文本的字号和颜色。

（1）在"新建文档"对话框中选择"Flash 文件(ActionScript 3.0)"。
（2）将 CheckBox 组件从"组件"面板拖动到舞台上，并为其指定实例名称"myCb"。
（3）选择该组件实例，在"属性"面板的"参数"选项卡中，将 label 参数设为"听音乐"。
（4）在主场景第 1 帧的"动作"面板中，输入以下代码：

```
myCb.setSize(150,22);//指定组件的宽、高
var myTf:TextFormat = new TextFormat();
//相当于如下两行代码：var myTf: TextFormat；myTf= new TextFormat();
myTf.size = 20;//设置 TextFormat 对象的字号
myTf.color = 0xFF0000;//设置 TextFormat 对象的字体颜色为红色
myCb.setStyle("textFormat", myTf); //对组件实例 myCb 设置样式属性
```

（5）为了对比效果，不妨在刚才的 CheckBox 组件的下方再放上 3 个组件实例。分别将它们的 label 参数设为"登山"、"看小说"、"书法"。

（6）按 Ctrl+Enter 快捷键，测试影片，效果如图 10-12 所示。

用户也可以使用该方法更改其他组件实例的文本格式，如字体、字号、颜色、粗体、斜体等。如图 10-13 所示，是对 Button 组件的外观和标签文本的样式设置的效果，代码请参照：教学资源/CH10/效果/Button 组件.fla。

图 10-12　CheckBox 组件效果　　　图 10-13　Button 组件效果

3．ComboBox（下拉列表）组件

ComboBox 组件允许用户从弹出的下拉列表中选择所需要的选项，选中选项的标签将出现在 ComboBox 顶端的文本字段中。ComboBox 可以是静态的，也可以是可编辑的。可编辑的 ComboBox 允许用户在列表顶端的文本字段中直接输入文本。ComboBox 组件的参数如图 10-14 所示。

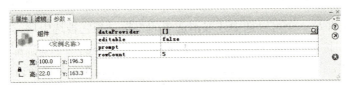

图 10-14　ComboBox 组件的参数

4．Label（标签）组件

Label 组件没有边框，可以显示单行文本，通常用于为其他组件创建文本标签，也可以使用 Label 组件来替代普通文本字段。如图 10-15 所示，列出了 Label 组件的各项参数。

图 10-15　Label 组件的参数

5．List（列表框）组件

List 组件是一个可滚动的单选或多选列表框，可显示图形及其他组件。在单击标签或数据参数字段时，会出现"值"对话框，用户可以使用该对话框来添加显示在列表中的项。List 组件参数较多，如图 10-16 所示。

图 10-16　List 组件的参数

6. RadioButton（单选按钮）组件

使用 RadioButton 组件主要用于从一组选项中选择唯一的选项。该组件必须用于至少有两个 RadioButton 实例的组才有意义。在任何给定的时刻，都只有一个组成员被选中。用户可以设置 groupName 参数，以指示单选按钮属于哪个组。RadioButton 组件的参数如图 10-17 所示。

 如果将一组内有多个单选按钮的 selected 参数值设为 true，则会选中最后实例化的单选按钮。

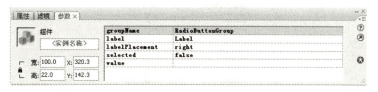

图 10-17　RadioButton 组件的参数

7. ScrollPane（滚动窗格）组件

ScrollPane 组件可以为某个大小固定的区域提供滚动条，从而可以很方便地观看尺寸过大的对象，如影片剪辑、JPEG 文件、GIF 文件、PNG 文件，以及 SWF 文件。滚动窗格可以限制这些媒体类型所占用的屏幕区。例如，如果有一幅大图像，而在应用程序中只有很小的空间来显示它，则可以将它加载到 ScrollPane 中。滚动窗格可以显示从本地磁盘或 Internet 加载的内容。ScrollPane 组件的参数如图 10-18 所示。

可以执行如下操作实现用 ScrollPane 组件显示一幅花卉图片的目的。

（1）在新建 Flash 文档中，导入一幅图片到舞台，将图片转换为名称为"huahui"的影片剪辑元件。删除舞台上的影片剪辑实例。

（2）在打开的"库"面板中，选择"huahui"元件，右击鼠标，从弹出的菜单中选择"链接"命令。在"链接属性"对话框中选中□为 ActionScript 导出(X) 后，单击 确定 按钮。

（3）将 ScrollPane 组件从"组件"面板拖到舞台上，使用任意变形工具 调整滚动窗格的大小。选中 ScrollPane 组件实例，设置 ScrollDrag 参数值为"true"，source 参数值为"huahui"。

（4）保存文档。按 Ctrl+Enter 快捷键，预览组件效果，如图 10-19 所示。

图 10-18　ScrollPane 组件的参数　　　图 10-19　ScrollPane 组件应用

8．TextArea（文本域）组件

TextArea 组件是一个带有边框和可选滚动条的多行文本字段。当在文本框中输入文本后，文本会自动换行；当超出文本域显示框范围时，文本域会自动地生成滚动条，通过滚动条可以改变文字的显示范围。TextArea 组件的参数如图 10-20 所示。

图 10-20　TextArea 组件的参数

9．TextInput（文本域）组件

TextInput 组件和 TextArea 组件都可以提供文本输入，不同的是 TextInput 组件只能提供单行文本的输入，而且还可以将其设置为文本必须隐藏的密码字段。如图 10-21 所示，列出了 TextInput 组件的各项参数。

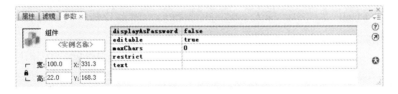

图 10-21　TextInput 组件的各项参数

10.3　知识进阶——应用模板与组件提高动画创作速度

10.3.1　应用测验模板——制作知识问卷

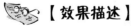【效果描述】

本实例是一个综合多题型的第十一届全运会知识问卷，每答完一道题，可以查看答题结果，可以通过控制按钮翻页到下一道题。右边带有三角形的按钮是控制翻页的按钮，单击翻页按钮可以翻到下一道测验题。在答题时，按钮为灰色时表示处于不可操作状态，只有当查看了答题结果，按钮才变为可操作状态。当所有的测验题全部答完以后，再单击该按钮，能得到一个显示测验成绩的页面。如图 10-22 所示，为其中一个填空题，实例所在位置：教

第 10 章 提高创作水平——应用模板与组件

学资源/CH10/效果/制作知识问卷.fla。

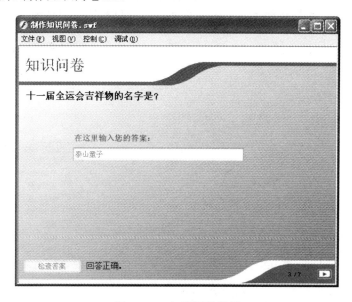

图 10-22 知识问卷效果

【技术要点】

使用"测验"模板生成一个答题问卷,然后将试题改为相关第十一届全运会的测试题目。

【操作步骤】

1. 根据模板新建文件

(1)打开"从模板新建"对话框,在"类别"中选择"测验",在"模板"列表中选择"测验_样式 1",单击 确定 按钮,自动从模板生成一个 Flash 文档。

(2)按 Ctrl+Enter 快捷键,试着运行影片,依次显示 8 个画面。第一个画面是"欢迎使用"画面,第 2~7 个画面提供 6 种类型的测验题,依次是"拖放配对题"、"填空题"、"热对象题"、"热区题"、"多项选择题"和"判断题"。第 8 个画面显示的是结果页面,可以看到测试成绩。

2. 分析模板时间轴结构

从模板生成的 Flash 文档的时间轴结构如图 10-23 所示。"Background"层是背景层,放置整个影片的背景图片。"Controls"层是控制层,用于设置测验题选项和用于跳转到下一帧。"Title"层是标题层,标题为"练习测验",本例改为"知识问卷"。"Actions"层是代码层,代码为"stop()"。

"Interactions"层是交互层,也是最重要的一层,所有的测验和交互操作都在这一层。它的第 1 帧用来显示"欢迎使用"字幕,也可以添加一些说明文字,本例将"欢迎使用"字幕改为"十一届全运会问答"。第 2~7 帧中,每帧显示一种题型,分别是"拖放配对题"、

"填空题"、"热对象题"、"热区题"、"多项选择题"和"判断题"。第 8 帧用于显示测验成绩。除"Interactions"层有 8 个关键帧外，其他几层都只有第 1 帧是关键帧。

图 10-23 "测试"模板时间轴结构

图 10-24 "库"面板

UI 组件在影片中有着至关重要的作用。"Controls"层的第 1 帧有一个"测验选项"的组件，用于设置测验的参数，可以控制测验页面是否随机显示，以及是否显示测验成绩等。"Interactions"层从第 2～7 帧每帧有一个组件，分别是拖放交互操作组件、填空交互操作组件、敲击对象交互操作组件、敲击区域交互操作组件、多项选择交互操作组件和 True 或 False 交互操作组件。这些组件用来设置不同类型测验题的参数。

3．修改填空试题

从模板生成的填空题的问题是："什么动物身上有黑白条纹？"现在要改为如图 10-22 所示的问题。

（1）单击"Interactions"层的第 3 帧，选中舞台左侧的"填空"影片剪辑实例，按 Ctrl+B 快捷键。

（2）选择"填空交互操作"组件，执行"窗口→组件检查器"命令，打开"组件参数"面板，如图 10-25 所示。

（3）在"问题"项中，输入新题目"十一届全运会吉祥物的名字是？"；"响应"项中输入试题的正确答案"泰山童子"。最多可以输入 3 个正确答案，只要用户答题符合其中一个就算正确。如果输入了多个答案，选中对应的"正确"复选框即可。

（4）在面板底部有 3 个标签，默认显示的是"开始"标签。单击"选项"标签，主要有 3 个参数设置项，如图 10-26 所示。

- 选中"反馈"复选框，可以设置答题之初和做出正确或错误选择后的提示。可以将原来的英文提示全部改为中文提示。如果不选择"反馈"项，将不会有提示，也不能判断答案是否正确。旁边的"尝试次数"输入 1，表示可以做 1 次。如果输入 3，表示错了可以更改，一共可以做 3 次。
- "学习跟踪"中的"权重"表示该题的比分。

● "导航"的默认值为"关",当选择"下一页按钮"单选框时,下边的参数设置就被激活,可以进一步设置。如果选择"自动转到下一帧",可以实现答题后影片自动转到下一帧并开始播放。

图 10-25 "组件检查器"面板

图 10-26 "组件检查器"面板的"选项"标签

(5)"资源"标签的参数也包括 3 个方面的设置:文本字段实例名称、UI 组件实例名称和控制按钮标签。前两项保留默认即可,如果想改动,必须和"属性"面板中的名称一致。

此外,"True or False"题也可以在"组件检查器"面板中修改试题的题目和答案,可以采用上述步骤进行修改。

4. 修改"敲击区域"题

如上所述,在"组件检查器"面板中修改试题的题目和答案。但"拖放题"、"敲击对象题"和"敲击区域题"和"多选题"情况与"填空题"有所不同。不仅要修改试题和答案,还要修改舞台上的影片剪辑。例如,要把第 5 帧改为如图 10-27 所示的效果,可进行如下操作。

原来有 6 个可选择的热区,都是影片剪辑实例,在"属性"面板中可以看到对应的实例名称分别为:HotSpot1、HotSpot2、HotSpot3、HotSpot4、HotSpot5、HotSpot6。下面要用实际测验题目中的选项替换。

(1)单击"Interactions"层的第 5 帧,选中舞台左侧的"敲击区域"影片剪辑实例,按 Ctrl+B 快捷键。将页面上的影片剪辑和"库"面板中对应的影片剪辑全部删除。

(2)导入准备好的 3 幅图片,分别将它们拖到舞台上,调整大小,分别转换为 3 个影片剪辑,实例名称分别设为"HotSpot1"、"HotSpot2"、"HotSpot3"。

(3)选择"热区交互操作"组件,执行"窗口→组件检查器"命令,打开"组件参数"面板。在"问题"项中输入新题目"第十一届全运会的徽标是哪一个?";下面的选项最多可以有 8 个,本题的选项设为 3 个,根据实际情况将答案项后面对应的"正确"复选框选中。本实例将第 1 个选项作为试题的正确答案,如图 10-28 所示。

图 10-27 "敲击区域题"修改效果

 影片剪辑的名称一定要和参数面板答案选项中的名称保持一致。

用同样的方法分别修改其他的题型。

5．添加和删除试题

一般情况下，测验题目个数和类型都很难与模板保持完全一致。比如，测验可能是 10 道填空题，或者是 10 道判断题和 10 道多选题。这时，就要将多余的题型删除，再添加一些题目。要删除某道题，删除它所在的帧就可以了。

要添加一道题，先添加一个空白关键帧，再从"库"面板中选择适当的元件（6 种元件代表 6 种题型），拖放到舞台，然后按照前面所讲的步骤进行有关设置。当然也可以通过复制相同题型的关键帧来完成。

 在改变了题量之后，"Interactions"层的帧数会改变，其余各层的帧数也应跟"Interactions"层保持相同。

6．实现随机出题

单击"Controls"层的第 1 帧，选中舞台左侧的"测验选项"组件，打开"组件检查器"面板，如图 10-29 所示。选中"随机化"复选框，则题目的显示顺序随机出现。另外，

图 10-28 "敲击区域"组件参数图

图 10-29 "测验选项"组件参数

选中"显示结果页面",则显示测验成绩。在"要问的问题"中输入整数"n",如果"n"的值大于总题量,则题目全部显示;如果小于总题量,则显示前 n 道问题。如果"n"的值为"0",则显示全部试题。一般保留默认值"0"即可。

【小结一下】

用 Flash 的测验模板制作课件方法简单,题型丰富、交互性强,可按需要扩展,基本能够满足课件制作者的个性化需求。

10.3.2 应用 UI 组件——制作留言板

【效果描述】

本例制作了一个留言板,可以在留言板上输入信息,如图 10-30 所示,单击 提交 按钮,显示如图 10-31 所示页面,单击 重写 按钮就可以清空内容重新填写留言信息。实例所在位置:教学资源/CH10/效果/留言板.fla。

   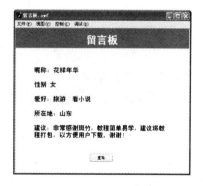

图 10-30 留言板效果图   图 10-31 显示留言信息

【技术要点】

本例中涉及了 Label 组件、TextInput 组件、RadioButton 组件、CheckBox 组件、ComboBox 组件、TextArea 组件以及 Button 组件的添加与设置。

【操作步骤】

1. 新建文档

在"新建文档"对话框中选择"Flash 文件(ActionScript 3.0)",设置舞台"尺寸"为 500×400px。

2. 制作"背景"层

(1)将"图层 1"重命名为"背景"。
(2)绘制一个填充颜色设为淡黄色(#FFFFCD)的无描边矩形,宽、高值分别为 500px 和 400px,X、Y 坐标值为(0,0)。

(3) 在矩形上方区域，绘制一个填充颜色为棕色（#935824）的矩形。在矩形中心位置，输入白色、黑体文字"留言板"。

3．在"组件"层添加组件

（1）在"背景"层上方插入新图层，命名为"组件"。

（2）打开"组件"面板，将如图 10-32 所示的多个组件从"组件"面板拖到舞台中的合适位置，设置相应的参数，并命名实例名称。

图 10-32　留言板中的组件

（3）在"组件"层的第 2 帧插入空白关键帧。在舞台下方放置一个 Button 组件，将其"Label"属性设为"重写"，实例名称设为"chongxie"，位置和第 1 帧中的"提交"按钮基本相同。

4．"显示留言"层

（1）在"组件"层上方插入一个图层，命名为"显示留言"。

（2）在"显示留言"层的第 2 帧插入空白帧，插入一个动态文本框，并设置字体为"黑体"、字号为"18"，实例名称为"liuyan"。

5．添加 AS 代码

（1）在"显示留言"层上方插入一个图层，命名为"AS"。在第 2 帧插入关键帧。

（2）单击第 1 帧，打开"动作-帧"面板，输入如下代码：

```
1   stop();
2   var temp:String="";
3   var xingbie:String="男";
4   var aihao:String="";
5   var suozaidi:String ="山东";
6   function tijiaoclickHandler(event:MouseEvent):void {
7       //取得当前的数据
8       temp="\r 昵称:"+nicheng.text+"\r";
9       temp+="\r 性别:"+xingbie+"\r";
10      temp+="\r 爱好:"+aihao+"\r";
11      temp+="\r 所在地:"+suozaidi+"\r";
```

```
12            temp+="\r 建议:"+jianyi.text+"\r";
13 //跳转
14            this.gotoAndStop(2);
15 }
16 tijiao.addEventListener(MouseEvent.CLICK, tijiaoclickHandler);
17 //性别
18 function clickHandler1(event:MouseEvent):void {
19            xingbie=event.currentTarget.label;
20 }
21 male.addEventListener(MouseEvent.CLICK, clickHandler1);
22 female.addEventListener(MouseEvent.CLICK, clickHandler1);

23 //爱好
24 function clickHandler2(event:MouseEvent):void {
25            aihao=aihao+event.currentTarget.label+"   ";
26 }
27 aihao1.addEventListener(MouseEvent.CLICK, clickHandler2);
28 aihao2.addEventListener(MouseEvent.CLICK, clickHandler2);
29 aihao3.addEventListener(MouseEvent.CLICK, clickHandler2);
30 aihao4.addEventListener(MouseEvent.CLICK, clickHandler2);

31 //所在地
32 function changeHandler(event:Event):void {
33            suozaidi= dizhi.selectedLabel;
34 }
35 dizhi.addEventListener(Event.CHANGE, changeHandler);
```

（3）单击第 2 帧，打开"动作-帧"面板，输入如下代码：

```
1 liuyan.text=temp;
2 stop();
3 function backclickHandler(event:MouseEvent):void {
4     gotoAndStop(1);
5 }
6 chongxie.addEventListener(MouseEvent.CLICK, backclickHandler);
```

影片的时间轴结构如图 10-33 所示。

图 10-33 留言板时间轴结构

6．测试影片

（1）保存文档为"留言板.fla"。

（2）按 Ctrl+Enter 快捷键，测试影片。

10.4 实训及指导

实训一 幻灯片和测验类课件

1. 实训题目：使用模板制作幻灯片和测验类课件。
2. 实训目的：巩固模板的使用方法，以及学习交互组件的参数设置。
3. 实训内容：模板的使用"幻灯片.fla"、"交互课件.fla"
4. 实训指导：请参照 10.1.1 节和 10.3.1 节的制作方法和操作步骤。

实训二 制作旅游调查问卷

1. 实训题目：制作旅游调查问卷。
2. 实训目的：练习常见 UI 组件的综合使用。
3. 实训内容：UI 组件实例"实训 2.fla"。
4. 实训指导：具体操作可参照 10.3.2 节制作留言板。

【效果描述】

效果如图 10-34 所示，实例所在位置：教学资源/CH10/效果/旅游调查问卷.fla。

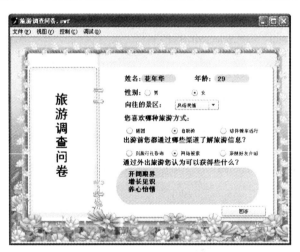

图 10-34 旅游调查问卷

第 11 章　让影片变得形式多样

——影片优化与发布

 任务

采取各种优化措施减少 Flash 影片的大小；预览动画、测试影片在不同带宽下的下载状态；将 Flash 文件导出为动画文件及图像；设置 Flash 影片的发布文件格式、版本、影片压缩格式。

目标

- 熟悉 Flash 影片的优化措施
- 掌握动画的导出方法
- 掌握发布影片的设置

11.1　优化与测试影片

Flash 影片发布到 Web 页面之前，应先测试并进行优化动画。测试是为了查看动画是否能产生预期的播放效果，优化是为了使 Flash 影片的体积更小，上传到 Web 页面后能更流畅地观看。

11.1.1　优化 Flash 影片

Flash 影片主要是通过互联网发布和传播的，考虑到网速的限制，在导出或发布影片之前应该采取优化措施减少影片的文件尺寸。

1．优化动画过程

（1）尽量多使用元件。在影片中多次出现的元素，一定要将其转换为元件。

（2）尽量使用补间动画。补间动画的关键帧比逐帧动画要少，所以文件容量也较小。

（3）尽量避免在同一时间内安排多个对象同时产生动作。有动作的对象也不要与其他静态对象安排在同一图层里。应该将有动作的对象安排在各自专属的图层内，以便加速 Flash 动画的处理过程。

（4）尽量缩小动作区域。限制在每个关键帧中发生变化的区域，使动作发生在尽可能小的区域内。

（5）尽量避免位图图像元素的动画，推荐用背景或者静态元素。如果一定要用，也应该将位图转换为矢量图。

（6）尽量使用 MP3 格式的声音文件。因为 MP3 文件既能保持高保真的音效，还可以在 Flash 中得到更好的压缩效果。对于用于背景音乐的声音文件，应该使用尽可能小的声音文件或对大的声音文件进行裁切后使用。在使用声音文件之前应该对添加到库中的声音进行适当的优化和压缩（详见第 5 章）。

（7）删除未使用的对象。删除不需要的帧，特别是关键帧、图层，以及"库"中未使用的对象。

2．优化绘制的图形

（1）尽可能使用实线，限制使用如虚线、点线、波浪线等其他线条类型。

（2）画线的时候应该首先考虑使用铅笔工具，而避免使用笔刷工具。

（3）在不影响效果的前提下，尽量少使用渐变色。

（4）尽量减少 Alpha 透明度的使用，这样会降低回放速度。

（5）对绘制好的矢量图形，最好在分离状态下对其执行"优化"命令之后再使用，因为该命令可以删除一些不需要的曲线以减小文件容量。

3．优化文本和字体

（1）限制字体和字体样式的数量。

（2）尽量少用嵌入字体。使用系统默认字体可以得到更小的文件容量。

（3）尽量不要将文本分离为图形。

4．优化动作脚本

（1）在"发布设置"的"Flash"选项卡中选择"省略 trace 动作"复选框（详见 11.2 发布影片）。

（2）尽量使用本地变量而不是全局变量。

（3）将经常重复的代码定义为函数。

11.1.2 测试影片

在正式发布和导出影片之前，需要对影片进行测试。通过测试可以发现影片在下载过程中，是否会因为帧的数据量太多而出现停顿。

"带宽设置"以图形化方式查看下载性能，它会根据指定的调制解调器的传输速率，以图形的方式显示为影片中每个帧发送了多少数据。

 既可以测试影片中某个场景的下载特性，又可以测试整个影片的下载性能。

以"飞入文字音效.fla"为例，介绍测试影片下载性能的方法。

（1）打开要测试的动画"飞入文字音效.fla"。

（2）执行"控制→测试场景"或"控制→测试影片"命令，这时就可以在影片测试窗口观看动画。

（3）在影片测试窗口中，执行"视图→下载设置"菜单命令，在级联子菜单中选择一个下载速度来确定模拟的数据流速率，如图 11-1 所示。如果要自定义一个下载速度，选择"自定义"命令。

（4）执行"视图→带宽设置"菜单命令，测试窗口上方显示下载性能图表，下方为动画播放区，如图 11-2 所示。在图表左侧显示的数据如下：

- "影片"栏：显示影片的下载性能，包括影片的尺寸、帧速率、影片大小、播放时间、预加载时间。
- "设置"栏：显示当前设置的网络传输条件。
- "状态"栏：显示当前在右侧窗口中被选中的动画的某一帧位置、数据量及整个动画已经下载的数据量，被选中的帧显示为绿色。

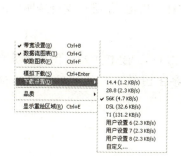

图 11-1　"下载设置"选项

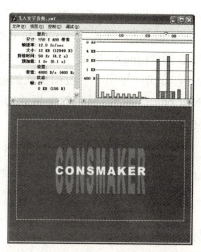

图 11-2　下载性能图表

在图表的右侧，显示时间轴标题和图表。在该图表中，每个交错的浅色或深色的矩形条表示影片中的一个单独的帧。矩形条越长，该帧的数据量越大（以 bit 为单位）。时间轴标题下面的红色平行线是动画传输率的警告线，它的位置由传输条件决定。当矩形条高于红色平行线时，说明在播放到这一帧时可能会产生停顿等待该帧数据的加载。

（5）执行"视图→帧数据表"命令，单独显示每帧的数据量。该视图便于查看哪些帧导致数据流延迟。

（6）执行"视图→模拟下载"命令，打开或隐藏测试窗口下方的 SWF 文件。如果隐藏了 SWF 文件，则文档在不模拟 Web 连接的情况下就开始下载。

（7）单击图表右侧的矩形条，矩形条变为绿色，则播放窗口会停止动画播放，并在左侧窗口中显示对应帧的状态。

（8）关闭测试窗口，返回 Flash 动画的主场景，完成测试。

11.2　导　出　影　片

可以将 Flash 影片导出为各类型的动画文件格式，如 Flash 影片、QuickTime、Windows AVI 或 GIF 动画；也可以导出为静态图像格式，如 GIF、JPEG、PNG、BMP、PICT 等。执行

"文件→导出→导出影片"或执行"文件→导出→导出图像"菜单命令，如图 11-3 所示。

图 11-3 "导出"菜单

1．导出图像

将影片中的当前帧或当前所选图像导出为一幅静态图像或单帧图像。其中：
- Adobe Illustrator (.ai)：是 Flash 与其他矢量绘图工具之间交换图形的最好格式。这种格式支持曲线、线条类型、填充信息的精确转换。
- GIF 图像(.gif)：导出一个 GIF 格式的静止图像文件。
- JPEG 图像(.jpg)：导出一个 JPEG 格式的静止图像文件。
- 位图(.bmp)：导出一个位图格式的静止图像文件。
- PNG(.png)：导出一个 PNG 格式的静止图像文件，PNG 是唯一支持透明度的跨平台位图格式。

 将 Flash 图形导出为位图文件（如 GIF、JPEG、BMP）后，图像会丢失其矢量信息，仅以像素信息保存。若要再次编辑导出图像，只能使用图像编辑器（如 Adobe Photoshop）。

2．导出影片

将 Flash 影片导出为动画格式，还可以导出为序列文件，即为影片中的每一帧创建一个带编号的静止图像文件，并将文档中的声音导出为 WAV 格式文件。
- Flash 影片(.swf)：是 Flash 动画的默认文件格式，需 Flash Player 播放器播放。
- Windows AVI(.avi)：是标准的 Windows 动画格式，该格式基于位图格式，所以高分辨率或较长的动画会使文件容量很大。
- QuickTime(.mov)：是 Apple 公司开发的一种音频、视频文件格式。具有扩平台、存储空间要求小等特点，已成为数字媒体软件技术领域的事实上的标准。
- GIF 动画(.gif)：可导出一个包含多个连续画面的 GIF 动画文件。
- WAV 音频(.wav)：将当前影片中的所有声音输出到一个 WAV 格式的文件中。
- 序列文件：如 GIF 序列文件(.gif)、位图序列文件(.bmp)、JPEG 序列文件(.jpg)、PNG 序列文件(.png)、Adobe Illustrator 序列文件(.ai)等。导出一组图像，影片中的每一帧对应一个文件。

11.3 发布影片

影片测试完成后，就可以发布了。默认情况下，发布命令将创建 SWF 文件、并将影片插入到浏览器窗口中的 HTML 文档中。

第 11 章 让影片变得形式多样——影片优化与发布

发布命令还将生成一个 JavaScript 文件，删除了该文件，SWF 文件就不能在浏览器中正常播放。

除了以 SWF 格式发布影片外，还可以以多种媒体格式发布影片，如 GIF、JPEG、PNG、QuickTime 等。此外，还可以将影片发布为能够独立运行的程序(.exe)。

11.3.1 输出影片设置

在发布前，先选择文件的发布格式，执行"文件→发布设置"菜单命令，弹出"发布设置"对话框，如图 11-4 所示，共有 8 种格式的文件。单击复选框选择所需格式类型，每选择一种格式类型，在对话框的上方就出现关于该类型的选项卡。

图 11-4 "发布设置"对话框

在这 8 种格式中，只有 Windows 放映文件和 Machintosh 放映文件两种格式没有相应参数需要设置，所以当选取这两种格式时，不会增加格式选项卡。

系统会为发布的文件自动设置一个默认的名称：所有的文件名都将使用 Flash 文件的原始文件名，并在该文件名的后面加上各自的扩展名。用户也可以输入名称，为文件重命名。

设置完毕，单击 发布 按钮，将按照设定的属性发布影片。如果单击 确定 按钮，将关闭"发布设置"对话框，然后执行"文件→发布"命令发布影片。

11.3.2 芝麻开门——发布"展开画卷"为 SWF

【效果描述】

将第 8 章中的实例"展开画卷.fla"发布为 SWF 文件。

【技术要点】

为 Flash SWF 文件格式设置发布选项。

【操作步骤】

（1）打开动画"教学资源/CH08/效果/展开画卷.fla"。

（2）执行"文件→发布设置"，弹出"发布设置"对话框。默认情况下的影片发布方式是 SWF 格式。单击"Flash"选项卡，弹出设置 SWF 文件的属性对话框，如图 11-5 所示。

（3）从"版本"下拉列表中选择播放器版本；选择"加载顺序"，用于指定第 1 帧中图层的载入方式，此选项决定在速度较慢的网络或调制解调器连接时第 1 帧最先出现的部分；从"ActionScript 版本"下拉列表中选择动作脚本的版本（"展开画卷.fla"未用到动作脚本）。

（4）若要启用对已发布 Flash SWF 文件的调试操作，请选择以下任意一个选项：

- 生成大小报告：选择此项将生成一个名为"展开画卷.txt"的文本文件，在"输出"对话框中显示发布影片的文件大小。
- 允许调试：选中该项后，将激活调试器并允许远程调试影片。
- 压缩影片：该选项为默认选项，压缩影片以减小文件大小，缩短下载时间。
- 针对 Flash Player 6 进行优化："版本"选择 Flash Player 6，选中该选项进行优化。
- 导出隐藏的图层：是默认选项。导出 Flash 文档中所有隐藏的图层。若取消选择，则隐藏的所有图层（包括嵌套在影片剪辑内的图层）将不再导出。
- 导出 SWC：该选项可导出 .swc 文件。.swc 文件包含一个编译剪辑、组件的 ActionScript 类文件，以及描述组件的其他文件。

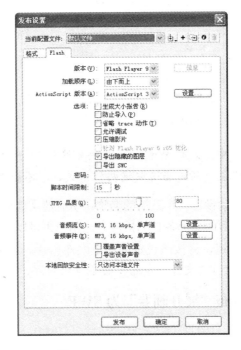

图 11-5　"Flash"选项卡

（5）如果选择了"防止导入"或"允许调试"选项，则可以在"密码"文本字段中设置密码。如果添加了密码，则其他用户必须输入该密码才能调试或导入 SWF 文件。

（6）若要控制位图压缩比例，可调节"JPEG 品质"滑块或输入一个值。

（7）若要为影片中的音频流或音频事件设置采样率和压缩，单击 设置 按钮，弹出"声音设置"对话框，根据需要进行设置。

（8）选择"覆盖声音设置"，可覆盖掉音频属性对话框中音频的属性设置，在创建小的低保真影片时可选此选项。

如果取消选择了"覆盖声音设置"选项,则 Flash 会扫描文档中的所有音频流(包括导入视频中的声音),然后按照各个设置中最高的设置发布所有音频流。如果一个或多个音频流具有较高的导出设置,就会增大文件大小。

(9)选择"导出设备声音",可导出适合于设备(包括移动设备)的声音而不是原始库声音。

(10)从"本地回放安全性"下拉列表中,选择要使用的 Flash 安全模型。"只访问本地"可使已发布的 SWF 文件与本地系统上的文件和资源交互,但不能与网络上的文件和资源交互。"只访问网络"可使已发布的 SWF 文件与网络上的文件和资源交互,但不能与本地系统上的文件和资源交互。

(11)单击 发布 按钮,即可发布影片。

11.3.3　发布为 HTML 文件

在 Web 浏览器中播放 Flash 影片需要创建含有动画的 HTML 文档,该文档由"发布"命令通过模板文档中的 HTML 参数自动生成。

在"发布设置"对话框的"HTML"选项卡中,可以设置 HTML 参数以确定影片出现在窗口中的位置、背景颜色、影片大小等,更改这些设置会覆盖已在 SWF 文件中设置的选项,如图 11-6 所示。

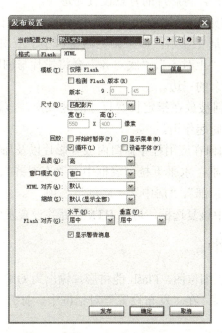

图 11-6　"HTML"选项卡

● 模板:选择要使用的已安装模板,默认选项是"仅限 Flash"。

如果选择的不是"图像映射"或"QuickTime"模板,则可以选择"检测 Flash 版本"复选框,下方出现的"版本"与在"Flash"选项卡中设置的版本相同。

- 尺寸：用于设置 HTML 文档中 object 和 embed 标签中 width 和 height 属性的值。共有三个选项："匹配影片"是默认选项，将尺寸设置为影片的实际大小；"像素"可以指定宽高的具体像素值；"百分比"指定影片相对于浏览器窗口的百分比。
- 开始时暂停：使影片处于暂停状态，直到用户单击播放按钮或从快捷菜单中选择播放命令后才开始播放。系统默认不选中此选项，即加载内容后就立即开始播放。
- 循环：系统默认选项，可使影片重复播放。取消选择此选项，则影片播放到最后一帧时就停止播放。
- 显示菜单：系统默认选项，在影片播放过程中右击鼠标，会弹出快捷菜单。
- 设备字体：（仅限 Windows）选中时会用消除锯齿的系统字体替换影片中指定但本地未安装的字体。
- 品质：该选项将在处理速度和外观之间确定一个平衡点，共有六个选项："低"主要考虑回放速度，基本不考虑外观，并且不使用消除锯齿功能。"自动降低"优先考虑速度，但是也会尽可能改善外观。
- "自动升高"在开始时是回放速度和外观两者并重，但在必要时会牺牲外观来保证回放速度。所有的输出都已消除锯齿，而且始终对位图进行光滑处理。
- 窗口模式：该选项控制 object 和 embed 标签中的 HTML wmode 属性。用来设置影片播放时的透明模式和位置，有三个选项："窗口"，影片的背景不透明并使用 HTML 背景颜色；"不透明无窗口"，影片的背景设置为不透明，并隐蔽网页上影片后面的内容；"透明无窗口"，将影片的背景设置为透明。
- HTML 对齐：该选项确定影片在浏览器窗口中的位置，有五个选项："默认"项使影片在浏览器窗口内居中显示，如果浏览器窗口小于应用程序，则会裁剪边缘。"左对齐"、"右对齐"、"上对齐"、"底对齐"会将影片与浏览器窗口的相应边缘对齐，并根据需要裁剪其余的三边。
- 缩放：确定影片如何被放在指定长宽尺寸的区域中，该设置只在输入的长宽尺寸与影片原始尺寸不符时起作用。
- Flash 对齐：设置如何在应用程序窗口内放置影片以及如何裁剪其边缘。包含水平和垂直两个下拉列表框，水平下拉列表框中有"左对齐"、"居中"、"右对齐"；垂直下拉列表框中有"顶部"、"居中"、"底部"三项。
- 显示警告消息：选中该复选框，可在 HTML 标签设置发生冲突时显示错误消息。

11.3.4 发布为 GIF 文件

标准 GIF 文件是一种压缩位图。Flash 能将影片输出为 GIF 格式，这样就可以在不使用任何插件的情况下观看动画。在"发布设置"对话框中，打开"GIF"选项卡，如图 11-7 所示。

- 尺寸：设置导出的位图图像的宽高值（以像素为单位），或者选择"匹配影片"使 GIF 和影片大小相同并保持原始图像的高宽比。
- 回放：确定发布为静态图像还是 GIF 动画。选择"动画"时，可设置"不断循环"或输入重复次数。
- 选项：是一组复选框，用来设置 GIF 位图的显示属性，包括五个选项："优化颜色"、

"交错"、"平滑"、"抖动纯色"、"删除渐变"。
- 透明：用于确定影片背景的透明度以及将 Alpha 设置转换为 GIF 图像的方式。包含三个选项："不透明"、"透明"、"Alpha"。
- 抖动：可以指定如何组合可用颜色的像素来模拟当前调色板中没有的颜色。包括三个选项："无"、"有序"、"扩散"。
- 调色板类型：定义图像的调色板。有四个选项："Web 216 色"、"最合适"、"接近 Web 最适色"、"自定义"。要自定义调色板，单击"调色板"右侧的 图标，在"打开"对话框中选择合适的调色板。
- 最多颜色：设置 GIF 图像中使用的颜色数量。当选择了"最合适"或"接近 Web 最适色"调色板时，该项为可编辑状态。颜色数量越少，生成的文件也越小，但可能会降低图像的颜色质量。

图 11-7 "GIF"选项卡

11.3.5 发布为 JPEG 文件

JPEG 格式可将图像保存为高压缩比的 24 位位图。通常，GIF 格式对于导出线条绘画效果较好，而 JPEG 格式更适合显示包含连续色调（如照片、渐变色或嵌入位图）的图像。和 GIF 一样，Flash 将影片的第 1 帧输出为 JPEG 文件，但也可以通过输入帧标签来标记要导出的其他关键帧。如图 11-8 所示。

图 11-8 "JPEG"选项卡

- 尺寸：设置输出位图图像的宽、高值（以像素为单位），或者选择"匹配影片"使 JPEG 图像和舞台大小相同并保持原始图像的高宽比。
- 品质：拖动滑块或输入一个值来控制 JPEG 文件的压缩率。压缩程度越大，文件越小，但图像品质越差。通过尝试不同的设置找到文件大小和图像品质之间的最佳平衡点。
- 渐进：可在 Web 浏览器中逐步显示 JPEG 图像，从而可在低速网络连接上以较快的速度显示加载的图像。类似于 GIF 图像中的"交错"选项。

11.3.6 发布为 PNG 文件

PNG 是唯一支持透明度的跨平台位图格式，也是 Fireworks 的默认文件格式。选择"发布设置"对话框中的"PNG"选项卡，打开如图 11-9 所示对话框，"PNG"选项卡和"GIF"选项卡有许多选项相同。

图 11-9 "PNG"选项卡

- 位深度：设置创建图像时要使用的每个像素的位数和颜色数。位深度越高，文件就越大。对于 256 色图像选择"8 位"，对于真彩色选择"24 位"，"24 位 Alpha"用于有透明度的真彩色。
- 过滤器选项：选择一种逐行过滤方法以使 PNG 文件的压缩性更好。包含六个选项："无"、"下"、"上"、"平均"、"线性函数"、"最合适"。

11.3 实训及指导

实训一 优化影片"花之伞.fla"

1．实训题目：优化影片"花之伞.fla"并测试其下载性能。
2．实训目的：掌握影片的优化方法，测试影片的下载性能。
3．实训内容：影片的优化与测试。

实训二 导出"展开的画卷.fla"为 avi 动画

1．实训题目：将"展开的画卷.fla"导出为 avi 动画。
2．实训目的：巩固导出影片的方法。

3．实训内容：导出 avi 动画。

实训三　发布影片"星空小屋.fla"为 PNG 文件

1．实训题目：发布影片"星空小屋.fla"为 PNG 文件。
2．实训目的：巩固发布影片的方法。
3．实训内容：发布为 PNG 文件。

第三部分
Flash动画技术的领域应用

第12章　Flash动画的领域应用实例

第 12 章 Flash 动画的领域应用实例

任务

了解 Flash 动画技术在行业领域中的应用规范，应用 Flash 技术制作多媒体课件、网络广告、MV、Flash 网站、Flash 故事短片、Flash 手机游戏的制作。

目标

- 掌握应用 Flash 技术制作多媒体课件的方法
- 掌握应用 Flash 技术制作网络广告的方法
- 掌握应用 Flash 技术制作 MV 的方法
- 掌握应用 Flash 技术制作网站的方法
- 掌握应用 Flash 技术制作故事短片的方法
- 掌握应用 Flash 技术制作手机游戏的方法

12.1 多媒体教学领域应用

多媒体教学是个逐渐兴起的概念，它的意思是通过"多媒体"形式促进教学。多媒体教学课件是利用多种媒体形式实现和支持计算机辅助教学的软件。多媒体教学课件的制作必须服务于教学，其目的是改革教学手段和提高教学质量。

12.1.1 多媒体课件制作规范

要达到良好的教学效果，多媒体课件的制作需要遵循一定的规范。

（1）界面要美观大方。好的多媒体课件能充分调动学习者的各种感官，使其在轻松愉快的情境中接受知识，增强学习兴趣，提高学习者的记忆力，达到最佳的学习状态。同时，界面要友好、操作方便。

（2）讲究科学性。教学目的明确，内容准确，表述规范，文本、图形、动画、音响、视频等各种媒体使用合理，搭配得当，层次分明。注意引导式启发，防止呆板的说教，要充分利用计算机的交互特性，不失时机地穿插学与教的信息交流。

（3）有丰富的表现力。优秀的多媒体课件可以更加自然、逼真地表现多姿多彩的视听世界，对宏观和微观事物进行模拟和表现。多媒体课件是为学生更好地理解课本知识而设计的，在设计上应源于课本又高于课本，突出教学重点、难点，扩充课本之外的知识。

（4）制作要遵循教学规律。好的多媒体课件要像一位优秀的导师，按照一定的教学方法，循序渐进，按照一定的教学规律让学生逐渐掌握所呈现的知识。要有知识的前导、知识导航、内容的连接要合理。

（5）良好的交互性。多媒体课件不仅可以在内容的学习使用上提供良好的交互控制，而且可以运用适当的教学策略，指导学生学习，更好地体现出"因材施教的个别化教学"。通常以超文本结构作为课件中各学习单元之间的链接结构，运用"按钮"和"热字"的形式作为控制链的出入口。对于一个内容丰富的大型课件，给出导航图也是非常有必要的。

（6）要考虑到学习者的层次。不同年龄阶段的学生，在心理特征、认知结构、思维方式上存在很大差异，在同一教学环境下，接受知识信息的能力也各有不同。

在多媒体课件制作过程中，对其中的各个元素的运用也要有所讲究。

- 文字——文字是多媒体课件中一项必不可少的内容，是学生获取知识的重要来源。课件的文字内容应力求简明扼要，突出重点，可用热字、热区的交互形式呈现，阅读完后可自行消失。文字与背景的色彩对比要明显，文字颜色以亮色为主，背景颜色以暗色为主。
- 图形、图像——图形、图像所表达的信息远远超过文字，是课件最重要的媒体形式。图形、图像一定要清晰规整，若将图形、图像作为学习的内容时，图形、图像要尽可能大并放于屏幕中心位置。作为背景的图像要简洁明了、颜色淡雅，这样的设计能够突出主体。
- 视频动画——动画画面的设计应简洁生动，构图均衡统一，色彩配置和谐明快，动作自然流畅，动画的色调与界面整体风格相符，动画的布局合理。设计时应注意画面中动的成分不宜过多，每个动画都要有目的性，不能单纯为装饰画面而动。
- 声音——课件单凭视觉元素传递信息，会给人单调和枯燥的感觉，合理地加入一些声音对画面可起到辅助作用，能更好地表达教学内容，增强学生的学习兴趣。

12.1.2 芝麻开门——制作多媒体教学课件

项目背景：根据多媒体课件制作规范，选择合适的教学方法和表现手段，自己选择题目，制作一个多媒体教学课件。

项目要求：界面友好，教学过程清晰，各元素设置合理，符合教学规律。

12.1.3 创意与构思

（1）选题。

多媒体课件的选题不是随意的，而是根据学习的需要设定的。在选题时应注意选择那些内容抽象或者过程复杂，难于用口头描述，学生理解吃力，适用于多媒体教学形式的题材。课件尽量做到实用性，以解决某一特定问题为主要教学目标。本多媒体课件的选题为"追击问题"，是小学数学中的典型问题。通过多媒体课件的形式对问题进行展现和阐释，让学生更加容易地理解和掌握问题。课件截图如图12-1所示。

（2）需求分析。

作为一个数学问题的呈现和解决方案，首先需要考虑如何实现所要展示的功能。对"追击问题"的解决，需要通过几个模块来实现，项目需求分析的设计如图12-2所示。对项目进行五个模块的分类：课程导入、例题示范、巩固练习、知识拓展和课后作业。在第2、3、4个模块中分别进行了子模块的设置。例题示范部分包含有情景模拟、解题思路、列式计算三个子模块；巩固练习部分包含提示、做题、答案三个子模块；知识拓展模块包含思路

1 和思路 2 两个子模块。

同时，作为一个学习类的多媒体课件，界面的设计要尽量柔和、简洁。画面尽量采用暗色调，用来保护眼睛，在本课件中采用蓝色调。字体要求规整，层次分明，按钮设置要合理，操作要流畅。

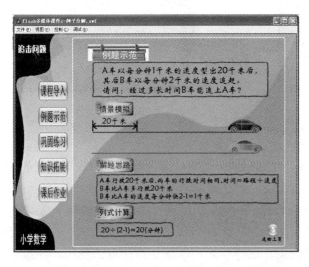 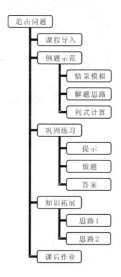

图 12-1　教学课件截图　　　　　　　　图 12-2　多媒体课件需求分析

12.1.4　技术分析

界面设计——绘图能力。首要的问题就是界面设计，这是考察前几章的绘图能力。

按钮设置——跳转场景和帧。按钮的设置是较为关键的部分，作为课件导航的按钮要精确地实现每一个场景的跳转。在场景中的二级按钮也要实现帧与帧之间的跳转。

文本设置——在课件中使用了动态文本、输入文本、输出文本，如图 12-3 所示。这是学生在学习了第 4 章文本之后进行的实战演练。

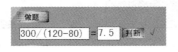

图 12-3　文本应用效果

12.1.5　设计与实现

1. 界面设计

（1）新建一个 Flash 文档，在"文档属性"对话框中进行如下设置：文档尺寸为 800×600px，背景颜色为黑色（#000000）。

（2）在时间轴面板中双击"图层 1"，更改图层名为"背景"。

（3）创建一个名称为"背景"的影片剪辑元件。进入元件编辑环境，绘制课件的界面。

① 将"图层 1"改名为"蓝底 1"。选择矩形工具，设置笔触颜色为"#D7E4ED"，

透明度为"73%"，填充颜色为"#6699FF"。

② 为了使图形不显得呆板，选择钢笔工具绘制不规则的路径，如图 12-4 所示。使用选择工具调整图形，效果如图 12-5 所示。

图 12-4　绘制不规则路径

图 12-5　调整路径

③ 新建一个图层，更名为"蓝底 2"，选择矩形工具，笔触设置为无，填充颜色设置为"#F1F8FF"和"#68B0F8"组成的线性渐变，透明度设置为"70%"，用同样的方法增加一个不规则形状。这样，背景图就有了灵动感，效果如图 12-6 所示。

④ 新建一个图层，更名为"白"。选择矩形工具，笔触颜色设置为无，绘制一个白色矩形。在第 1 帧处，将矩形透明度设置为 100%，在第 10 帧处插入一个关键帧，设置矩形透明度为 0%，并添加形状渐变。这样，矩形添加了透明度的变化，界面就有了动感。

⑤ 新建一个图层，更名为"动作"。在第 10 帧处插入一个关键帧，添加动作"stop()"。

设计完成的界面效果如图 12-7 所示。

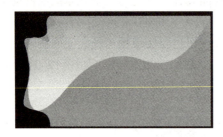
图 12-6　背景图效果

图 12-7　动感界面

2．按钮设计

根据项目需求分析需要设置 5 个导航按钮。

（1）创建一个名称为"课程导入"的按钮元件。进入元件编辑环境：

选择绘制图工具，在弹起帧上绘制按钮的形状如图 12-8 所示，在矩形上方输入文字"课程导入"。在指针经过、按下、点击帧处分别插入关键帧，并在指针经过帧处调整矩形和文字大小为 110%，添加声音"sound265（idel to over）"。

图 12-8　在弹起帧绘制按钮形状

按住任一游标快捷键←↑→↓，可以快速画出圆角矩形。为使按钮有质感，可以添加渐变效果如图 12-8 所示。

（2）按以上步骤和方法，依次设置"例题示范"、"巩固练习"、"知识拓展"、"课后作业"四个导航按钮和一个"进入/返回"按钮，制作步骤不再一一列出。

3．主场景设计

返回主场景，新建一个图层，命名为"导航按钮"。将五个导航按钮纵向排列在界面的左侧，进入按钮放在右下方。这样一个主场景就完成了，如图 12-9 所示。

根据项目需求分析，共需六个场景才能完成课程的设计。六个场景的主要框架是一样的，不同的是右边的区域。因此，需要把主场景依次复制到其他的所有场景中。

4．分场景设计

（1）场景 1：选中主场景中的所有帧，右击鼠标，在弹出的快捷菜单中选择"复制帧"项。新建一个场景，在第一帧处右击，在弹出的快捷菜单中选择"粘贴帧"项。

新建一个图层，命名为"文本"，在工作区域选择文字工具输入题目"追击问题"。选中文本"追击问题"，执行"插入"→"时间轴特效"→"效果"→"展开"命令，打开"展开"对话框，开展模式选择"两者皆是"，其他参数选择默认值。场景效果如图 12-10 所示。

（2）场景 2：按场景 1 的方法，首先将主场景复制到该场景。然后新建一个图层，命名为"文本"，输入一段文本。新建一个图层，命名为"子导航按钮"，在工作区右下角设置"返回上页"按钮，效果如图 12-11 所示。

图 12-9　插入导航的界面

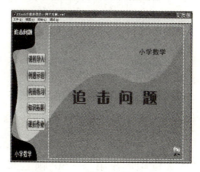

图 12-10　场景 1 效果

图 12-11　场景 2 效果

（3）场景 3：按场景 1 的方法，首先将主场景复制到该场景中。在该场景中设置了"例题示范"、"情景模拟"、"解题思路"和"列式计算"四个模块,其中后三个为子导航按钮,效果如图12-12所示。

图12-12 场景3效果

① 创建按钮元件:新建按钮元件"情景模拟",绘制弹起帧、指针经过帧的效果如图12-13、图12-14所示。应用同样的方法,创建"解题思路"和"列式计算"两个子导航按钮元件。

② 创建影片剪辑:新建影片剪辑元件"汽车红",以一个具体的汽车图片为模型,绘制出一个汽车图片。以同样方法创建影片剪辑元件"汽车蓝"。

③ 回到场景3,新建一个图层,命名为"子导航按钮",将"例题示范"标题、"情景模拟"、"解题思路"和"列式计算"按钮放置在场景中,并调整好位置。

④ 新建一个图层,命名为"例题示范"。在第1帧处,输入"例题示范"标题下的文字。

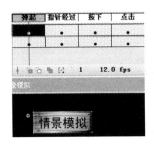   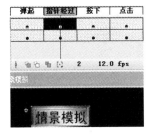

图12-13 弹起帧效果   图12-14 指针经过帧效果

⑤ 新建一个图层,命名为"线1"。在第5帧处插入关键帧,绘制一条短线。在第50帧处插入关键帧,在第5~50帧之间做短线逐渐延长的形状补间。新建一个图层,命名为"线2"。在第20帧处插入关键帧,绘制一条短线。在第50帧处插入关键帧,在第20~50帧之间做逐渐延长的形状补间。

⑥ 新建一个图层,命名为"汽车红",将影片剪辑"汽车红"拖曳到舞台,在第5~50帧之间做位置右移的动画补间,和"线1"的运动位移相一致。按同样方法,新建图层"线2",在第20~第50帧之间做"汽车蓝"位置右移的动画补间,和"线2"的运动位移相一致。

⑦ 新建一个图层,命名为"线3",标出"汽车红"与"汽车蓝"追赶的路程差20千米。

⑧ 新建一个图层,命名为"解题思路",在第51帧处插入关键帧,将"解题思路"按钮拖曳到场景中,并在按钮下方设置相关文字。

⑨ 新建一个图层,命名为"列式计算",在第52帧处插入关键帧,将"列式计算"按钮拖曳到场景中,并在按钮下方设置相关文字。

场景3的时间轴结构如图12-15所示。

第 12 章 Flash 动画的领域应用实例

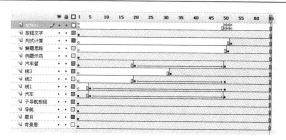

图 12-15 场景 3 的时间轴结构

（4）场景 4：按场景 1 的方法，首先将主场景复制到该场景。在该场景中设置了"巩固练习"、"提示"、"做题"和"答案"四个模块，其中后三个为子导航按钮。效果如图 12-16 所示。

图 12-16 场景 4 效果

① 新建一个图层，命名为"子导航按钮"，将"巩固练习"标题和相关文字，以及"提示"、"做题"和"答案"三个按钮放在第一帧，并排列好位置。如图 12-16 所示。

② 新建一个图层，命名为"提示"，在第 5 帧处插入关键帧，输入"提示"的相关文字。

③ 新建一个图层，命名为"做题"，在第 10 帧处插入关键帧，输入"做题"的相关文本。关于文本的设置参见本节的 "6.输入文本设置"。

④ 新建一个图层，命名为"答案"，在第 15 帧处插入关键帧，输入"答案"的相关文字。场景 4 的时间轴结构如图 12-17 所示。

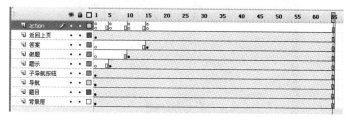

图 12-17 场景 4 的时间轴结构

（5）场景 5：按场景 1 的方法，首先将主场景复制到该场景。在该场景中设置了"知识拓展"、"思路"两个模块，添加了"思路 1"和"思路 2"两个按钮。效果如图 12-18 所示。

① 新建一个图层，命名为"子导航按钮"，在第 1 帧处设置"知识拓展"标题，并输入相关文字。设置"思路 1"、"思路 2"两个按钮，使用绘图工具绘制出呈现思路的灰色图版，调整好各个元素的相关位置，如图 12-18 所示。

② 新建一个图层，命名为"思路 1"，在第 5 帧处插入关键帧，在灰色图版的左边输入

思路 1 的相关文字。

图 12-18　场景 5 效果

③ 新建一个图层，命名为"思路 2"，在第 10 帧处插入关键帧，在灰色图版的右边输入思路 2 的相关文字。

场景 5 的时间轴结构如图 12-19 所示。

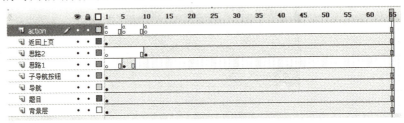

图 12-19　场景 5 的时间轴结构

（6）场景 6：按场景 1 的方法，首先将主场景复制到该场景。

将"图层 1"改名为"课后作业"，设置"课后作业"标题及相关内容。为调节气氛，可以在场景中增加几个"问号"影片剪辑，如图 12-20 所示。

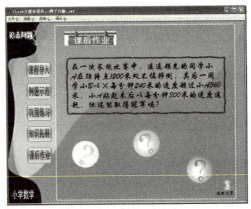

图 12-20　场景 6 效果

5．动作设置

在每一个场景中，都需要添加一个新图层，命名为"动作"。

（1）场景 1 动作设置。

在"动作"图层中第 65 帧处插入关键帧，设置动作 stop()。同时，还需要对窗口左侧的五个导航按钮和右边的"进入"按钮设置如下相应动作。

课程导入：on (release) {
　　　　　　　　　　gotoAndPlay("sence2",1);
　　　　　　　　　　}

例题示范：on (release) {
　　　　　　　　　　gotoAndPlay("sence3",1);
　　　　　　　　　　}

巩固练习：on (release) {
　　　　　　　　　　gotoAndPlay("sence4",1);
　　　　　　　　　　}

知识拓展：on (release) {
　　　　　　　　　　gotoAndPlay("sence5",1),
　　　　　　　　　　}

课后作业：on (release) {
　　　　　　　　　　gotoAndPlay("sence6",1);
　　　　　　　　　　}

进入：on (release) {
　　　　　　　　　　gotoAndPlay("sence2",1);
　　　　　　　　　　}

（2）场景2动作设置。

五个导航按钮的设置同场景1。在"动作"图层的第1帧上设置stop( )动作。

（3）场景3动作设置。

五个导航按钮的设置同场景1。在"动作"图层的第1、50、51、52帧设置stop( )动作。

情景模拟：on (release) {
　　　　　　　　　　gotoAndPlay(1);
　　　　　　　　　　}

解题思路：on (release) {
　　　　　　　　　　gotoAndPlay(51);
　　　　　　　　　　}

列式计算：on (release) {
　　　　　　　　　　gotoAndPlay(52);
　　　　　　　　　　}

（4）场景4动作设置。

五个导航按钮的设置同场景1。在"动作"图层的第1、5、10、15帧处分别插入关键帧，并设置stop( )动作。

题示: on (release) {
    gotoAndPlay(5);
    }

做题: on (release) {
    gotoAndPlay(10);
    }

答案: on (release) {
    gotoAndPlay(15);
    }

（5）场景 5 动作设置。

思路1: on (release) {
    gotoAndPlay(5);
    }

思路2: on (release) {
    gotoAndPlay(10);
    }

（6）场景 6 动作设置。

五个导航按钮的设置同场景 1，在"动作"图层的第 1 帧设置 stop( )动作。

（7）判断按钮的动作设置。

```
on (release) {
    if (input<>"7.5") {
    output = "×";
    } else {
        output = " √ ";
    }
}
```

6．输入文本设置

场景 4 的文本设置如图 12-21（a）～图 12-21（e）所示。

（a）"列式"文本框属性设置

图 12-21　场景 4 的文本设置

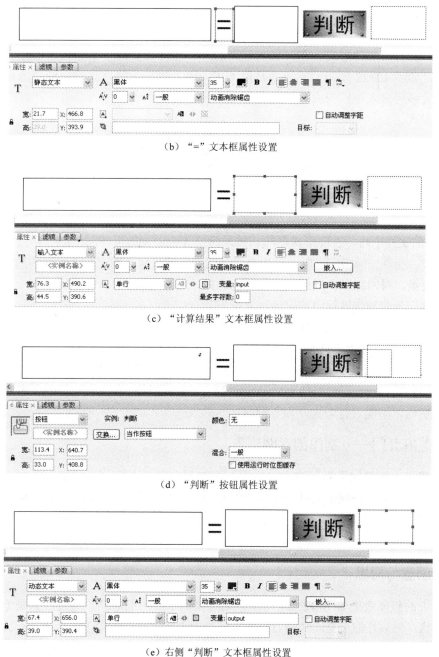

(b)"="文本框属性设置

(c)"计算结果"文本框属性设置

(d)"判断"按钮属性设置

(e)右侧"判断"文本框属性设置

图 12-21　场景 4 的文本设置（续）

12.2　网络广告领域应用

网络广告是利用网站上的广告横幅、文本链接、多媒体的方法，在互联网刊登或发布广告，通过网络传递到互联网用户的一种高科技广告运作方式。与传统的四大传播媒体（报纸、杂志、电视、广播）广告相比，网络广告具有得天独厚的优势，是实施现代营销媒体战略的重要一部分。

12.2.1 网络广告创作规范

网络广告有很多种形式，在网页上看到的广告包含 Banner、Button、通栏、竖边、巨幅等形式，如图 12-22 所示。它通常是以 GIF、JPG、Flash 等格式建立的图像文件，定位在网页中大多用来表现广告内容。同时网络广告还有文本链接广告、电子邮件广告、插播式广告等形式。

图 12-22　诺基亚网络广告

Flash 的文件小巧、表现形式多样、技术简单等特点使得用 Flash 制作网络广告成为较常见的形式。在制作网络广告时，首先要确立网络广告目标，确定网络广告预算，然后进行广告信息决策，对网络广告媒体的资源进行选择，最后是网络效果监测和评价。

在网络广告的制作过程中还应该注意以下几点：

① 广告设计主题一定要鲜明，形式要新颖、不落俗套，信息内容的把握要精确。

② 网络广告设计力求具有一定的吸引力，争取在最短的时间内吸引人们的眼球。

③ 网络广告的字节数要控制在一定的范围内，以保证网络的下载和播放速度。

④ 重要的一点是，网络法规体系还不健全，监管滞后。在制作过程中一定要注重网络广告的真实性，不能盲目夸大，误导顾客。

12.2.2 芝麻开门——制作创意网广告

项目背景：很多网页为了追求点击率，会在知名网站上插入广告来宣传自己的网站。创意网是一个标志设计制作网站。本项目即是为这个网站做一个 Flash 矩形广告。

项目要求：界面冲击力强，吸引大众眼球，符合网络广告创作规范，大小为 300×250px。

12.2.3 创意与构思

本广告的整体效果如图 12-23 所示。创意采取了简明的原则，通过一只画笔绘出一只灯泡的形状，然后灯泡点亮，如同点亮了头脑中的创意灵感，如图 12-24 所示。为了能够引起人们的注意，在设计的过程中还采用了类似灯光闪耀的效果，因为闪耀的、运动的东西能够比静止的、单调的画面更能吸引人的注意力，如图 12-25 和图 12-26 所示。

图 12-23　矩形网络广告

图 12-24　简明原则的效果

图 12-25　闪耀的灯光效果（1）　　　　图 12-26　闪耀的灯光效果（2）

12.2.4　技术分析

本实例的主要技术要素包含两点，一是实现铅笔描绘灯泡轮廓的过程，二是实现灯泡灯光闪耀的感觉。

画笔描绘在很多 Flash 作品中被经常运用。灯泡的灯光闪耀可以通过两帧不同程度的放射状填充效果来交替实现，技巧相对较简单。

12.2.5　设计与实现

1．创建文档

创建一个 Flash 文档，在"文档属性"面板中设置文档尺寸为 300×250px，背景颜色为深灰色。

2．新建图形元件

（1）新建一个图形元件，命名为"灯泡"。在舞台中绘制灯泡的形状。如果不愿自己绘制，可以导入并使用光盘中的图片"灯泡.png"。

（2）去掉"灯泡.png"图片的背景色。选中图片，按 Ctrl+B 快捷键，或执行"修改"→"分离"命令，将图片打散。选择套索工具，在工具栏选项区选择魔棒工具，点选打散后的灯泡图片的白色区域，将背景删除，过程如图 12-27 所示。如果魔棒工具删除背景不够精细，可以借助橡皮擦工具进行精细修改。

（3）选择墨水瓶工具，设置笔触颜色（#cccccc），笔触高度（2px），笔触样式（实线）。在灯泡图片的周边单击，绘出灯泡的轮廓线，如图 12-28 所示。选择灯泡图形，剪切到新建的图层中，提取出灯泡轮廓如图 12-29 所示。

图 12-27　使用魔棒删除背景色　　图 12-28　使用墨水瓶绘出轮廓　　图 12-29　提取灯泡轮廓

（4）新建一个图形元件，命名为"铅笔"。在舞台中绘制一个铅笔的形状如图 12-30 所示，在这里不再详细介绍铅笔的绘制过程。

图 12-30　绘制铅笔形状

3. 制作"铅笔绘制灯泡轮廓"的动画效果

（1）回到场景 1，新建图层并命名为"绘画过程"。从第 2～10 帧，插入关键帧，将灯泡的轮廓从"灯泡"元件中剪切出来，粘贴到第 1～10 帧位置。将通过这 10 个关键帧的画面显示出灯泡的绘制过程。在第 1 帧处，使用橡皮擦工具将多余的轮廓线擦除，如图 12-31（a）所示。按相同的方法，在第 2～10 帧，分别使用橡皮擦工具，将多余的轮廓线擦除，其过程分解如图 12-31（b）～图 12-31（j）所示。

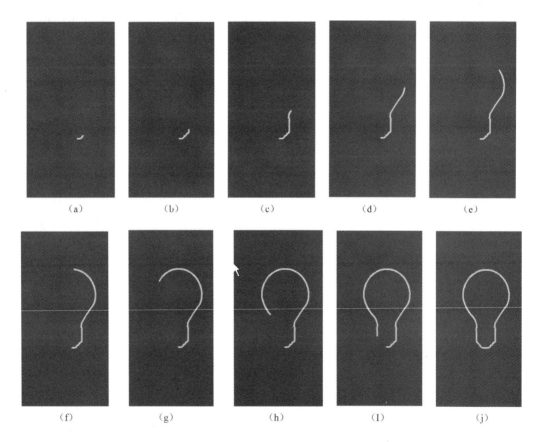

图 12-31　灯泡轮廓的绘画过程分解

（2）新建一个图层，命名为"画笔"。在第 1 帧处将铅笔元件调入舞台，并调整画笔的方向。从第 2～10 帧，添加 9 个关键帧，并在每一帧分别调整画笔的位置和方向，使笔尖的位置正好处于灯泡轮廓的绘画结束位置，如图 12-32 所示为第 4 帧铅笔的位置。

（3）在第 15 帧处插入关键帧，并设置画笔 Alpha 值为 0%，在第 10～15 帧之间创建补间动画，实现铅笔逐渐消失于舞台的效果，时间轴如图 12-33 所示。

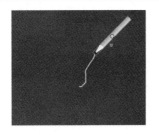
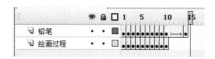

图 12-32　第 4 帧处铅笔的位置　　　图 12-33　铅笔的时间轴设置

4．制作"灯泡出现于舞台"的动画效果

新建一个图层，并命名为"灯泡"，在第 10 帧处插入关键帧，将"灯泡"元件拖入舞台创建实例，设置元件的"Alpha"值为 0%。在第 12 帧处插入关键帧，设置元件的"Alpha"值为 100%。在第 10~12 帧创建补间动画，通过透明度的变化实现灯泡逐渐显示出来的效果。时间轴设置如图 12-34 所示。

图 12-34　灯泡出现的时间轴设置

5．制作"灯泡闪耀"的动画效果

为了增加视觉冲击力，通过两帧不同的图片交替，实现灯泡闪耀的背景效果。遵循简明的原则，设置灯泡黑白闪耀的背景。

（1）新建图层"黑白闪耀"，在第 12 帧处插入关键帧，绘制一个比舞台大一点的椭圆形状，填充由白色到黑色的放射状渐变，效果如图 12-35 所示。

（2）在第 13 帧处插入关键帧，在"颜色"面板中对渐变色的填充做稍微的调整，使白色的光亮部分稍大一些，填充效果如图 12-36 所示。

（3）在第 14~19 帧分别插入关键帧，并设置两种不同填充效果的图形交替出现，以实现背景闪耀的效果。时间轴设置如图 12-37 所示。

  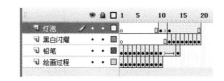

图 12-35　放射效果 1　　图 12-36　放射效果 2　　图 12-37　背景闪耀的时间轴

（4）新建图层"白色背景"，在第 20 帧处插入关键帧，按照舞台大小绘制一个白色的矩形作为新的背景色。

（5）在"灯泡"层的第 20 帧、第 27 帧处分别插入关键帧，并创建灯泡大小和位置的运动补间动画，实现让灯泡逐渐过渡到舞台的上半部分，面积也减小一些，目的是为舞台下方留出足够的空间用来写广告宣传语。时间轴设置和舞台效果如图 12-38 所示。

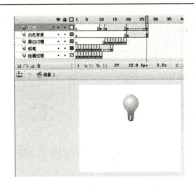

图 12-38 时间轴和舞台效果

（6）为了实现比较逼真的效果，为灯泡的周围添加灯光闪耀的效果。新建图层"灯光闪耀"，在第 28 帧处添加关键帧，用椭圆工具绘制一个比灯泡稍大一点的圆形，填充由浅蓝色（#A5DEEB）到白色（#FFFFFF）的放射状渐变，在第 29 帧处添加关键帧，将放射状渐变调整为（#96D9E9）和（#FFFFFF）。模仿步骤（1）的黑白闪耀效果，通过两帧不同的渐变效果交替出现，实现灯光闪耀效果。从第 30~90 帧，通过"复制/粘贴"关键帧的方式，延长闪耀的效果，时间轴设置如图 12-39 所示。

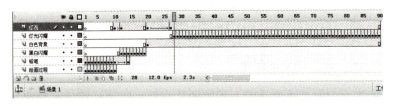

图 12-39 闪耀效果的时间轴

6. 为动画添加广告宣传语"要标志设计 上创意网"

（1）每一个字都需要新建一个图层。新建图层"要"在第 28 帧处插入关键帧，在舞台下方输入文字"要"，颜色（#0792B4），字号（22px）。在第 29 帧和第 30 分别插入关键帧，并在第 29 帧处更改文字的大小为 130%。通过 3 个关键帧，实现文字"小→大→小"的动态变化，使画面活泼而生动。按相同方法，剩余的 8 个字的动画设置和"要"的关键帧设置相似，并在时间上顺次延续，时间轴设置如图 12-40 所示。

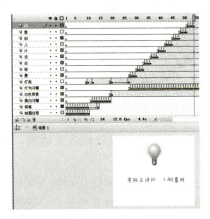

图 12-40 宣传语在时间轴上的关键帧设置

（2）新建图层"网址"，在第 55 帧处插入关键帧，在舞台上输入文本"www.chuangyi.com"，颜色为（#0792B4），字号为 14px。在第 60 帧处插入关键帧，并创建文字从舞台外渐渐进入舞台中央的运动补间。

（3）新建图层"创意网"，在第 61 帧处插入关键帧，输入文本"创意网"，颜色为（#FF9900），字号为 20px，在第 62、63、64、65 帧处分别插入关键帧。在这 5 帧中，分别调整文字在舞台中的位置稍做移动，实现下落、弹起、下落的轻微动态，调节气氛。在时间轴窗口中单击绘图纸外观按钮，舞台效果如图 12-41 所示。

图 12-41　"创意网"的舞台效果

7．为动画添加动作

新建图层"动作"，在第 90 帧处插入关键帧，设置动作"gotoAndPlay(1);"，实现动画循环播放效果。

至此，整个动画制作完成，时间轴设置和舞台效果如图 12-42 所示。

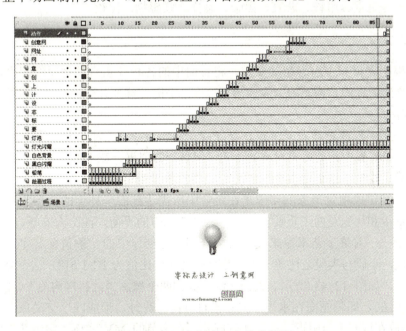

图 12-42　时间轴和舞台整体效果

8．测试影片，保存文档

按 Ctrl+Enter 快捷键测试影片效果，保存文档为"创意网广告.fla"。

12.3 音乐动画领域应用

音乐动画是 Flash 比较擅长的应用领域，Flash 音乐动画以精美的镜头呈现方式取胜，制作方式灵活，和音乐完美搭配，既赏心悦目，又能激发观众的情感。

12.3.1 画面和镜头创作规范

1．色彩

色彩是一种强大的、富含刺激性的设计元素，它能够传达信息，也能激发人的感情，有修养的色彩搭配会使作品达到事半功倍的效果。色彩有三个属性：色相、明度和饱和度。色相就是指色彩的相貌，如红、橙、黄、绿、蓝；明度是指色彩的明暗程度；饱和度也叫纯度，是指颜色的饱和程度。色彩的冷暖是色彩呈现给人的心理感受。每种颜色给人的心理感受都是不一样的。现列举几种颜色给人的感受如下：

红色系——温暖、热情、革命、炽热、血腥。联想物：太阳、火、血等。
黄色系——明亮、欢快、高贵、丰收、干枯。联想物：柠檬、阳光、黄袍、黄土。
蓝色系——平静、安宁、宽广、静谧、忧郁。联想物：蓝天、大海、夜幕。
绿色系——和平、生机、清新、希望、恐怖。联想物：绿野、春天、毒药。
白色系——纯洁、明亮、安静、和平、恐怖。联想物：白雪、婚纱、和平鸽、丧白。
黑色系——沉重、肃穆、悲哀、黑暗、恐怖。联想物：黑夜。

2．构图

构图是根据题材和主题思想的要求，将画面中的各种要素合理地组织起来，构成一个和谐的完整画面的过程。构图的一般规律有对称、平衡、黄金分割、对比、多样统一、变化和谐及节奏等。

对称——指图形或物体对某个点、直线或平面而言，在大小、形状和排列上具有一一对应的关系。自然界中到处可见对称的形式，如鸟类的羽翼、花木的叶子等。对称的形态在视觉上有自然、均匀、协调、典雅、庄重、完美的朴素美感。

平衡——指组成视觉形象的诸因素在组合中所需达到的一种美的分布关系。在平衡感的构成中，重量和体积是两个重要的因素。造型艺术中的平衡，能给人安静、平衡感。

黄金分割——对许多艺术家来说"黄金分割"是创作中的一条黄金定律。把一段直线分为长短两段，小段与大段之比等于大段与全段之比，比值为 1∶1.618。这个分割点就被称为黄金分割点，如图 12-43 所示。人们还经常提到两个概念"九宫格构图"（如图 12-44）和"三分构图法"，即将画面在水平方向和垂直方向三等分，形成四个交叉点，也叫"兴趣点"。把主体放在这四个点附近，就会比较好看，在本节的 MV 实例"雪绒花"中，构图也采用了这种方法，如图 12-45 所示。

第 12 章　Flash 动画的领域应用实例

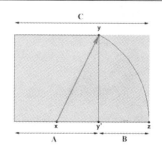

图 12-43　黄金分割点

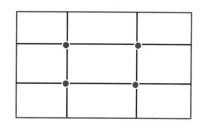

图 12-44　九宫格构图

对比统一——把反差很大的两个视觉要素成功地搭配在一起，使人感受到鲜明强烈的感触。它能使主题更加鲜明，视觉效果更加活跃。对比主要通过色调的明暗、冷暖，形状的大小、数量的多少，排列的疏密，位置的上下、左右、高低、远近，形态的虚实、黑白等多方面的对立因素来达到，如图 12-46 所示。

图 12-45　黄金分割构图

图 12-46　对比统一构图

3. 画面景别与镜头

画面的景别是物体在画面中呈现出来的大小范围。景别一般分为五种：远景、全景、中景、近景和特写。如图 12-47（a）至图 12-47（e）所示。

远景——人物在画面中的比例小于二分之一。景物占大部分空间，如图 12-47（a）所示。

全景——人物占到画面的四分之三，可以看到人物的全身，如图 12-47（b）所示。

中景——人物的膝盖以上，及人物的大半部分呈现在画面中，如图 12-47（c）所示。

近景——人物的胸部以上，表现人物的动作和反应，如图 12-47（d）所示。

特写——人物的肩部以上，用来表现细微的动作和表情，如图 12-47（e）所示。

（a）远景

（b）全景

（c）中景

图 12-47　画面景别

（d）近景

（e）特写

图 12-47　画面景别（续）

Flash 动画的画面镜头也有多种处理方式，最常用的有推、拉、摇、移。

推镜头——摄像机镜头向物体推近，呈现在画面上就是物体由小到大的过程。上图 12-47（a）～图 12-47（e）所呈现的 5 幅图就是一个推镜头的过程。

拉镜头——摄像机镜头远离物体，呈现在画面上就是物体由大到小的过程。将上图 12-47（a）～图 12-47（e）中的 5 幅图倒过来播放，就是一个拉镜头的过程。

摇镜头——摄像机镜头的位置不变，转动镜头方向，类似于摇头过程，如图 12-48 所示。

图 12-48　摇镜头

移镜头——摄像机位置改变。呈现在画面上，物体相对于摄像机镜头的位置发生了改边。如图 12-49 所示，就是一个镜头往左轻微移动的过程。

图 12-49　移镜头

12.3.2　芝麻开门——MV 创作

项目背景：根据画面及镜头创作规范，自选题材，创造 Flash 音乐动画。

项目要求：画面色彩和构图美观，镜头设置合理，画面与音乐节奏要和谐搭配。

12.3.3　创意与构思

本小节的 MV 创作取材于电影《音乐之声》/《the sound of music》中的插曲《雪绒花》/

《Edelweiss》，歌词如下。

雪绒花，雪绒花，清晨迎着我开放。小而白，洁而亮，见我快乐的摇晃。白雪般的花儿愿你芬芳，永远开花生长。雪绒花，雪绒花，永远祝福我家乡。

《雪绒花》MV 场景选定在开着雪绒花的草原，人物设定为一个小女孩，设定 7 个镜头。下面是分镜头稿本，见表 12-1。

表 12-1 MV《雪绒花》分镜头稿本

镜头号	景 别	拍摄技巧	镜头切换	画 面	声音（歌词）
1				片头——"雪绒花"三字出现	无
2	远景	摇	淡出	草原 朝阳	前奏
3	中景	固定	淡入	草原 两只雪绒花绽放朝阳升起	雪绒花，雪绒花，清晨迎着我开放
4	全-中	推	淡出	草原 小女孩手捧一朵雪绒花	小而白，洁而亮
5	特写	固定	淡入，淡出	草原 双手捧雪绒花举起	见我快乐的摇晃，白雪般的花儿愿你芬芳
6	近景	移	淡入，淡出	小女孩躺在草地 雪绒花在她身旁绽放	永远开花生长。雪绒花
7	远景		淡入	满草地的雪绒花 一朵逐渐放大的小女孩如梦境般躺在花蕊中	雪绒花，永远祝福我家乡
8				片尾——replay	无

12.3.4 技术分析

制作 MV 最重要的是与音乐合理的搭配。在制作 MV 之前，要对选定的歌曲进行充分的研究，深入体会其中的旋律和歌词的意境，力求将歌曲中的感情完全融入到作品创作中去。

（1）对音乐的处理是 MV 最关键的部分，要确保声音和画面完全对位。同时对音乐做一些简单的处理，将声音的属性中的"同步"修改成数据流，并使用封套进行编辑，并自定义淡入淡出效果，如图 12-50 所示。

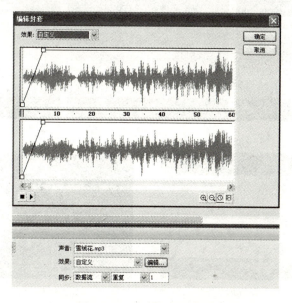

图 12-50 声音的属性设置

（2）在制作 MV 时，为了使画面美观，需要构建一个舞台框架。如图 12-51 所示为模仿宽银幕效果，制作了一个幕布，可以防止在影片播放时因为显示大小而影响影片的美观。

图 12-51　舞台幕布

（3）分镜头稿本的写作。要创作 Flash，分镜头稿本是一个很重要的环节。本实例稿本见表 12-1。

12.3.5　设计与实现

《雪绒花》MV 中的几个镜头设计如图 12-52（a）～图 12-52（h）所示。

图 12-52　MV 的镜头效果

1. 主场景和角色的绘制

通过分镜头稿本，需要绘制的元素见表 12-2。

表 12-2 MV 的绘制元素列表

场景	天空、白云、草原、草地
角色	人物侧面、人物正面、（正脸、侧脸、眼睛、鼻子、嘴巴、头发、衣服）
其他	太阳、花朵、花枝
按钮	花朵播放按钮
动画	花枝（逐帧开放）、衣服、头发随风逐帧飘动

（1）在 Photoshop 中绘制完成各元素后，以位图方式导入到 Flash 中。

（2）绘制角色。人物的绘制是比较困难的部分，动画中的角色，人物要可爱，表情要传神。人物的绘制分多个层次来完成。

① 侧脸的绘制。通过钢笔工具勾勒轮廓，效果如图 12-53（a）所示。

② 眼睛和嘴巴的绘制。通过线条工具和选择工具绘制，效果如图 12-53（b）、图 12-53（c）所示。

③ 头发的绘制需要分两层。一层是在脸的前面，一层在后面。通过钢笔工具、线条工具和颜料桶工具绘制，效果如图 12-53（d）、图 12-53（e）、图 12-53（f）所示。

④ 身体部分的绘制。通过钢笔工具、线条工具、选择工具以及颜料桶工具绘制，效果如图 12-53（g）所示。

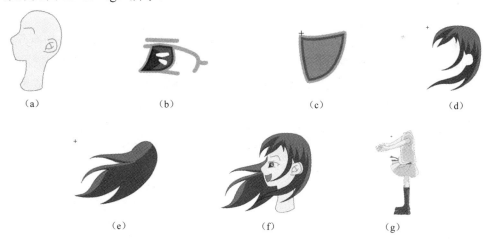

图 12-53 绘制角色

 绘制人物是比较难的部分。读者可以找来一部分平面图作为参照，或直接将图片放在下方图层中，以描摹方式进行绘制。经常练习，就会有明显的进步。

2. 逐帧动画的制作

在《雪绒花》MV 的制作中，有 3 处使用了逐帧动画，一处是雪绒花的逐渐开放，另一处是女孩随风飘动的头发和衣裙。

雪绒花生长开花的逐帧动画分解如图 12-54 所示。通过任意变形工具，可以将雪绒花的茎拉长，雪绒花的开放过程，需要逐帧绘制，同时可以采用选择工具更改花瓣的形状。

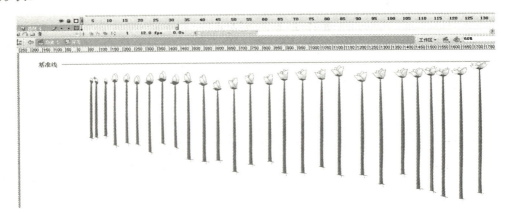

图 12-54　雪绒花生长开花逐帧动画分解

细心观察可以发现，在雪绒花的生长过程图中，画了一条基准线，在每一帧雪绒花的最高点不是呈逐渐上升趋势，而是有高有低，整体上升。这样的动画处理方式能体现出雪绒花拔节生长的欢快的动态。

以同样的方法，通过选择工具更改头发和衣服的形状。

3．镜头的切换

在 MV 制作中，镜头和镜头之间除了"硬切换"，有时候需要通过一些镜头切换方式来实现镜头之间的转换。在本例中使用了"黑场转换"、"白场转换"和"叠化转换"三种方式。

在时间轴中专门新建一个图层，命名为"黑场"，用来设置镜头黑场的转换效果。绘制一个黑色矩形框，在两个镜头转换的地方设置三个关键帧。在第一帧和最后一帧将黑色矩形框的颜色属性"Alpha"值设置为 0%，这样黑色矩形框是透明的。在中间一帧的"Alpha"值设置为 81%（可以是 50%～100%的任意数值，只要能体现出黑场效果即可），然后在三个帧之间设置补间形状，如图 12-55 所示。

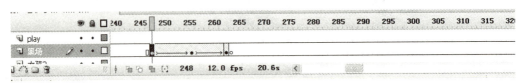

图 12-55　黑场转换的关键帧设置

同样的方式可以设置"白场转换效果"，把上一步骤中的黑色矩形框换成白色矩形框即可。

通过前后两个镜头各元素的 Alpha 值的改变实现镜头的"叠化转场"效果，将女孩和手中的雪绒花的 Alpha 值逐渐变为"0%"，这样前一个镜头就会逐渐消失，进而叠化上后一个镜头，效果如图 12-56 所示。

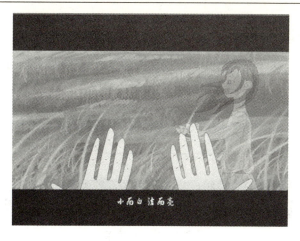

图 12-56　镜头叠化效果

4．动作设置

在《雪绒花》MV 制作中，设置了以下几个动作。

在片尾镜头的结束点，第 80 帧设置动作脚本"stop( );"；在片尾镜头的结束点，第 1080 帧设置动作脚本"stop( );"；在雪绒花生长的影片剪辑的最后一帧设置脚本"stop( );"；片头和片尾的按钮动作脚本均设置为：

```
on (release) {
    gotoAndPlay("81");
}
```

图 12-57　片头和片尾按钮

12.4　网站建设领域应用

网站建设大体可以分为两类，动态网站和静态网站。这里的动态网站指的不是 Flash 页面，而是由后台数据库所支持的页面，多为门户类网站。同样，此处的静态网站也不是指其画面为静止状态，很多纯 Flash 网站多为静态网站，如图 12-58 所示。

图 12-58　Flash 静态网站

12.4.1　Flash 网站设计规范

网站设计规范并不是三言两语就能概括的，在这里只是做简单说明。

首先，无论 Flash 网站的大小，一般都使用"Loading"，即进度条。进度条的使用是为了告知访问者当前的读取进度及剩余时间，它是用户体验当中的一部分，如图 12-59 所示。

图 12-59　进度条

其次是尽量使用矢量文件，因为矢量文件会大大降低 Flash 文件的大小，便于网络传播，如图 12-60 所示。

图 12-60　矢量图运用

再次，选择使用 Flash 制作网站，需要充分考虑将来如何推广。众所周知，Google 的搜索引擎无法搜索到 Flash 制作的网站，所以如果制作以资讯为主的网站，建议尽量少用 Flash。为了平衡这两者的关系，很多网站在局部使用 Flash，如菜单栏、广告等，如图 12-61 所示。对于个人网站，由于针对的层面较为单一，有自己的特定的宣传渠道和受众人群，为了达到较好的视觉冲击力，多使用全 Flash 建造网站。

图 12-61　Flash 网站

12.4.2 芝麻开门——Flash 个人网站

项目背景：根据所学网站建设知识，综合所学过的各种软件及设计理论，自选题材，设计一个全 Flash 个人网站。

项目要求：界面友好美观，各元素设置合理，层次分明，体现出个人的设计理念和个人风格。

12.4.3 创意与构思

制作一个设计师的个人网站，其最重要的部分莫过于作品展示，如何更好地展现作品，需要在设计初稿时就要做充分考虑。参考了部分网站的技术，本实例将使用拖曳效果，把三个主要内容做成 ICON 的形式置于页面中央。这样既增加了网站的趣味性，同时也达到了突出主题的效果，如图 12-62 所示。在色彩方面，因为单色在表现上更有冲击力，所以采用单色方案，用较为抢眼的大红色作为背景颜色，黄色和白色作为辅助颜色，其他色彩做点缀。如图 12-63 所示。需要注意的是，好的背景音乐和音效会为网站起到锦上添花的作用。

图 12-62 ICON 形式

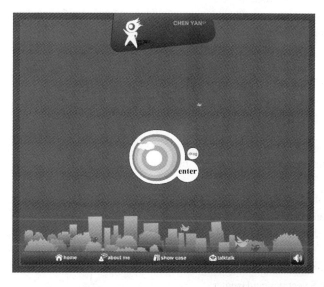

图 12-63 页面整体色彩和布局

12.4.4 技术分析

若打开速度慢，则可能使网站的浏览者因失去耐心而离开网站。本实例最主要的技术运用在于通过层（loadMovie）的使用，解决浏览速度问题。与 Photoshop 中的层类似，Flash 中的层只不过需要在离开时将"层"关闭（unloadMovie），且可以不断叠加。脚本如下：

（1）导入层。

```
loadMovieNum("top.swf",30);
loadMovieNum("enter2.swf",2);
loadMovieNum("background.swf",4);
loadMovieNum("music.swf",29);
```

（2）释放层。

```
unloadMovieNum(1);
unloadMovieNum(2);
random 复制：
numstars = 6;          // 复制数量
numlevels = 6;         // 复制层数
xmin = refrect._x;
ymin = refrect._y;
xmax = refrect._width;
ymax = refrect._height;
t = 1;
while (Number(t)<Number(numstars)) {
    duplicateMovieClip("brid_mc", t, t);// 需要复制的组件
    xspeed = int((t/numstars)*numlevels);
    setProperty(t, _x, Number(random(xmax))+Number(xmin));
    setProperty(t, _y, Number(random(ymax))+Number(ymin));
    setProperty(t, _xscale, xspeed*20);
    setProperty(t, _yscale, xspeed*20);
    t = Number(t)+1;
}
setProperty("brid_mc", _visible, 0);
setProperty("refrect", _visible, 0);
```

（3）设置右键菜单。

```
function design() {
    getURL("http://www.thecy.com.cn/", "_blank");
}
Stage.scaleMode = "noScale";
var newmenu = new ContextMenu();
newmenu.hideBuiltInItems();
var design = new ContextMenuItem("Powered by: Thecy", design);
newmenu.customItems.push(design);
newmenu.onSelect = menuHandler;
_root.menu = newmenu;
```

12.4.5 设计与实现

一般情况下，网站需要使用三个层，即底层（背景层）、中间层（内容）、顶层（可放置一些不变的内容，如菜单等），有时可以把底层和顶层合并。

网站素材尽量使用矢量文件，如果必须使用位图，需要把图片调整到合适的尺寸和角度。以下是网站制作过程的要点，关于代码详细内容见教学资源文件"CH12\效果\Flash 网站.fla"。

（1）index 文件。

在 index 文件中制作网站背景，输入需要载入的文件，设置脚本如下：

```
loadMovieNum("top.swf",30);
loadMovieNum("enter2.swf",2);
loadMovieNum("background.swf",4);
loadMovieNum("music.swf",29);
function design() {
getURL("http://www.thecy.com.cn/", "_blank");
}
Stage.scaleMode = "noScale";
var newmenu = new ContextMenu();
newmenu.hideBuiltInItems();
var design = new ContextMenuItem("Powered by: Thecy", design);
newmenu.customItems.push(design);
newmenu.onSelect = menuHandler;
_root.menu = newmenu;
```

以上代码可以实现让用户在第一时间看到网站的一部分，而不是一个空白画面。

（2）制作菜单。

在一个网站中，菜单及 logo 是不变的，所以置于最上层。在 index 文件中，要在 loadMovieNum 中设置层变量（30）。使用 loadMovieNum 调入 swf 文件时，其文件的背景是不会被导入的，如图 12-64 所示。

图 12-64　页面背景

（3）打开文件"enter2.swf"，双击打开 ENTER 1 MC，双击打开 ENTER 2 MC，在按钮

"drag"上写入以下脚本代码:

```
on (press) {
_parent.signal = 0;
startDrag("", true);
}
on (release) {
stopDrag();
_parent.signal = 1;
_root.barX = this._width;
}
on(rollOver){
_root.barX = this._width;
}
on(rollOut,dragOut){
_root.barX = 20;
}
```

用同样的方法制作"选择"按钮,如图12-65所示。

图12-65　按钮在页面中的布局

（4）为每个单独的模块制作相应的画面,如图12-66（a）～图12-66（c）所示。

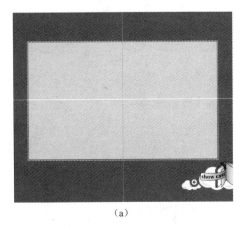

（a）

图12-66　各模块的页面效果

 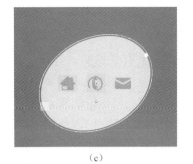

（b） （c）

图 12-66　各模块的页面效果（续）

12.5　故事短片动画领域应用

Flash 用来创作动画短片，已经屡见不鲜。Flash 动画可以表现那些微观的、无法用真实镜头表现的画面；也可制作出现实并不存在呈现幻想的画面，将梦想变成现实；可以脱离真人的扮演，创造符合主题的人物形象和场景，更容易把握和实现；可以通过夸张和变形，将诙谐幽默的成分发挥到极致。短小精悍的哲理小故事、科普小常识、穿插于影视作品中表现某种超现实的意念等都可以通过 Flash 的方式来实现。

12.5.1　动画运动规律规范

动画如何更好的创造运动？可以从一些经典动画片来寻找动画的运动规律。

1. 夸张

在动画片的运动表现中，最具特征的艺术特色就是夸张。夸张就像一面哈哈镜，把角色动作中最关键的、最能体现性格特征的部分夸大，激发出观众强烈的兴趣。夸张在一般情况下是对力的夸张，如重力、风力、弹力、惯性等。如图 12-67 动画《猫和老鼠》所示，小老鼠杰瑞在迅速停下的瞬间还要往前运动一段距离，身体后仰，这是对惯性的夸张。

2. 变形

变形是动画的运动表现中另一个具有显著特征的艺术特色。一种是纯形式的变形，即在运动过程中由一种形象逐渐转化为另一种形象，这种变形往往非常夸张和出人意料，具有很强的想象力。如图 12-68 所示，从书包变兔子这种变形在形状上存在内在的相似性。另外一种变形是指物体形态的变形，如图 12-69 所示，把物体拉长、压扁、扭曲等。

  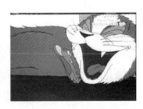

图 12-67　惯性夸张　　　图 12-68　纯形式变形　　　图 12-69　物体形态变形

3．障碍

节奏是指一种有规律的、连续进行的完整运动形式，动画节奏是将现实生活中的动作进行夸张化和极限化的处理。动画中常常故意加快或放慢动作的节奏，来传达更为深刻的意义。看过动画片《小马王》的观众肯定会对小马王跳过悬崖的镜头记忆犹新，这个过程被导演有意地放慢了。在腾空的段落用了十个镜头，通过俯拍、仰拍，特写、远景等镜头的紧密切换，将这一过程延长到半分多钟。这种慢节奏的处理，把小马王的勇敢和运动的美感淋漓尽致地表现了出来，悬念十足，如图12-70（a）～图12-70（j）所示。

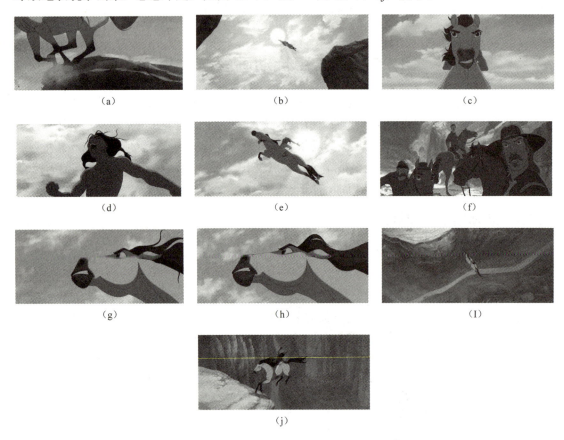

图12-70 动画片《小马王》腾空镜头分解

 在用 Flash 制作动画的时候，尽量模仿那些经典动画片的镜头和动作处理方式，会使作品显得更成熟、更地道。在上述三种运动规律的基础上，可以通过 Flash 制作弹性运动和惯性运动等运动形式。

弹性运动——当物体受到力的作用时，其形态和体积会发生改变。表现弹性是对现实生活中的弹力进行艺术化夸张。根据剧情或影片风格的需要，运用夸张变形的动画手法，表现出独特的弹性运动。第6章中的"跳动的小球"实例就是一种典型的弹性运动。

惯性运动——任何物体都有保持它原来的静止状态或匀速直线运动状态的性质，即惯性。根据动画具有夸张的特点，运用 Flash 可以将惯性的力度夸大。在本实例中，兔子的跳跃动作也是惯性作用的体现，在起跳瞬间，身体先回收，然后起跳，如图12-71所示。

图 12-71 惯性运动

12.5.2 芝麻开门——幽默动画短片创作

项目背景：根据了解的影视动画知识和动画运动创作规范，创作 Flash 动画短片"兔子的故事"。

项目要求：分镜头故事版，角色运动符合运动规律，镜头设置合理。

12.5.3 创意与构思

本实例讲述一个关于两只兔子的简短故事："他"和"她"是两只互不相干的孤独的兔子，一只在地上，一只在天上。但他们两个却有共同的特点，就是都怀有梦想，相信奇迹会出现。"他"种下了一千零一棵萝卜，每天悉心照料；"她"期待着第一千零一颗流星划过，许下第一千零一个愿望。当第一千零一棵萝卜长大，第一千零一颗流星划过，他们奇迹般的相遇了，从此，王子和公主过上了幸福的生活……

这个故事通过 11 个动画镜头来实现，在叙事上采用了平行蒙太奇的方式，即两条以上的情节线并行表现，分别叙述，最后统一在一个完整的情节结构中。如图 12-72（1）～图 12-72（11）所示，第 2、5、6、7 个镜头是叙述兔子"他"，第 3、4 个镜头是叙述兔子"她"，最后通过第 8、9、10、11 个镜头将两条主线融合在一起。

在叙述故事的同时，对于兔子跳动动作的分解及雨、雪、流星等天气情景的展现是讲解的重点。

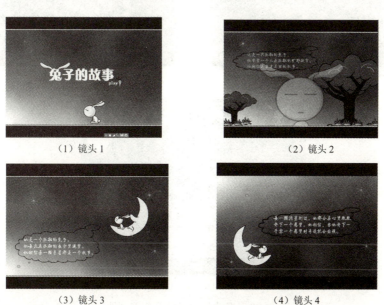

（1）镜头 1　　　　　　　　　　（2）镜头 2

（3）镜头 3　　　　　　　　　　（4）镜头 4

图 12-72 故事短片各镜头截图

（5）镜头5

（6）镜头6

（7）镜头7

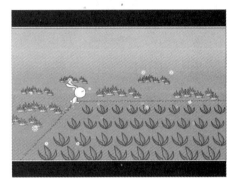
（8）镜头8

（9）镜头9

（10）镜头10

（11）镜头11

图12-72　故事短片各镜头截图（续）

12.5.4 技术分析

1. 兔子跳跃动作分解

动物的动作分解是 Flash 动画创作中比较难的部分，它一方面需要仔细观察生活，了解动物的生活习性和动作特点，另一方面需要较高的绘画能力。

兔子的跳跃通过六个动作实现，如图 12-73 所示。第一个动作是兔子身体有点回收的状态，这是力量的积蓄过程；第二个动作是身体复位，接下来准备起跳；第三个动作兔子的四只脚已经离地，后退用力伸直，前腿后曲；第四个动作跳跃到最高点，四肢完全伸开；第五个动作身体已经开始下降，前腿有着地趋势，后腿收起到身体；第六个动作身体复位，与第 1 个动作相同。

2. 大气的实现——雨

（1）新建图形元件"雨"，使用直线工具，设置颜色为白色，Alpha 值为 54%，在舞台上绘制几条斜线，如图 12-74 所示。

图 12-73 兔子跳跃动作分解

图 12-74 雨的形状

（2）新建影片剪辑元件"下雨"，将图形元件"雨"拖曳到第 1 帧，创建一个实例。在第 19 帧插入关键帧，将元件实例往斜下方拖动一段距离，然后在两帧之间创建补间动作。为了创造雨连续不断的下落效果，再添加两个图层，按以上方法，分别在图层 2 的第 11～30 帧之间创建补间动画，在图层 3 的第 25～30 帧之间创建补间动画。时间轴设置如图 12-75 所示。

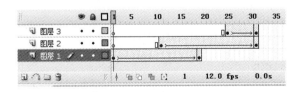

图 12-75 影片剪辑"下雨"的时间轴

（3）为了使下雨的效果更逼真，要制作雨落到物体上溅起的小水花效果。新建一个影片剪辑元件"水花 1"，插入四个关键帧，分别绘制四个不同的水花形状，如图 12-76 所示。

（4）为了使画面更生动，可以通过复制元件的方式制作一个在不同时间出现的小水花效果。在"库"面板中，右击元件"水花 1"，在弹出的快捷菜单中执行"直接复制"命令,在"直接复制"对话框中将名称改为"水花 2",并设置时间轴如图 12-77 所示。

 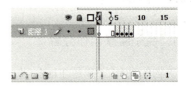

图 12-76　水花的形状　　　　　　　　图 12-77　"水花 2"的时间轴

3．天气的实现——雪

（1）新建图形元件"雪",用直线工具和多角星形工具和"变形"面板中的复制并应用变形按钮绘制雪花形状,如图 12-78 所示。

（2）新建影片剪辑元件"雪花飘落"。新建图层"雪",将图形元件"雪"拖入第 1 帧。新建引导层,用铅笔工具绘制一条光滑路径,使雪花沿着路径飘落。可以新建多个影片剪辑元件,绘制几个不同路径的雪花飘落效果。

4．天气的实现——流星

使用制作"下雨"效果的创作方式,制作流星,时间轴及图形形状如图 12-79 所示。并可以绘制几种不同的流星的形状来实现不同的流星雨效果。

 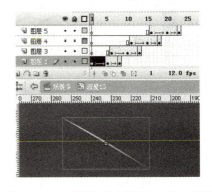

图 12-78　雪花形状　　　　　　　　图 12-79　流星的时间轴设置和舞台效果

12.5.5　制作步骤

1．创建文档并设置属性

新建 Flash 文档,设置文档尺寸为 800×600px,背景颜色为棕色。

2．绘制兔子形状

（1）新建图形元件"兔子侧面",绘制兔子的侧面图形形状,如图 12-80 所示。

（2）新建影片剪辑元件"兔子背面",绘制兔子的图形形状。在兔子的耳朵一层设置运动补间,设置耳朵摇动的效果。如图 12-81 所示。

第 12 章 Flash 动画的领域应用实例

图 12-80 绘制兔子侧面

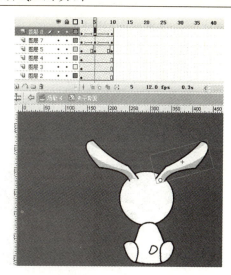

图 12-81 制作兔子背面效果

（3）新建影片剪辑元件"兔子正面"，绘制兔子的正面图形形状，在兔子的耳朵一层设置运动补间，实现耳朵摇动的效果，如图 12-82 所示。

3．制作镜头 1

（1）新建图层"背景"，设置一个蓝色的带有渐变的背景，如图 12-83 所示。

图 12-82 兔子耳朵运动补间

图 12-83 蓝色渐变背景

（2）新建图层"黑框"，绘制一个黑色矩形，并将中间部分镂空，将舞台不需要的区域遮盖起来，只露出舞台大小。

（3）新建影片剪辑元件"题目"。将图层 1 改名为"题目"，输入文字"兔子的故事"。新建 2 个图层"左耳"和"右耳"，分别创建兔子的左耳和右耳的运动补间动画。这样，题目"兔子的故事"就有了动感和幽默感，效果如图 12-84 所示。

（4）新建按钮元件"萝卜按钮"，在弹起、按下、点击三帧，绘制萝卜按钮图形形状。插入图层 2，并在指针经过帧添加按钮的声音"感叹时奏幻想空间.wav"。这样，按钮就绘制完成了，效果如图 12-85 所示。回到场景 1，新建图层"按钮"，将"萝卜按钮"拖到第 1 帧。

图 12-84　元件"题目"的效果

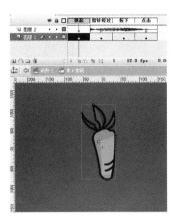
图 12-85　"萝卜按钮"的效果

（5）新建图层"兔子"，将"兔子侧面"影片剪辑拖到第一帧。

（6）新建图层"动作"，在第一帧设置动作"stop( );"，并为"萝卜按钮"设置动作：

```
on (release) {
gotoAndPlay(2);
}
```

至此，第一个镜头创作完成了，效果如图 12-86 所示。

图 12-86　镜头 1 的时间轴和舞台效果

4．制作镜头 2

（1）制作闪烁的星星。新建图形元件"光芒"，绘制星星的光芒如图 12-87（a）所示。新建图形元件"星光"，绘制星光如图 12-87（b）所示。新建影片剪辑元件"星星 1"，新建图层"光芒"和"星光",将"光芒"和"星光"拖到舞台上,分别创建运动补间,改变其大小,实现闪烁效果,如图 12-87(c)所示。

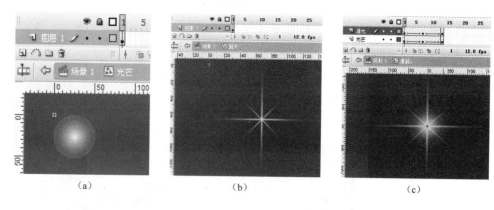

图 12-87 "闪烁的星星"效果

(2)新建图形元件"树",绘制树的形状如图 12-88(a)所示。
(3)新建图形元件"草",绘制草的形状如图 12-88(b)所示。

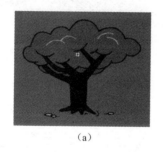 

图 12-88 树和草的形状

(4)新建图层"树草",将元件"树"和"草"拖到第二帧创建实例。按住 Alt 键拖曳,各复制一个元件实例,排列好位置。

(5)将"兔子背面"元件拖到"兔子"图层的第 2 帧,创建图形元件实例。

(6)新建图层"星",将影片剪辑元件"星星 1"拖到第 2 帧,创建影片剪辑元件实例。

(7)分别在"兔子"、"树草"图层的第 47 帧添加关键帧,创建运动补间,模拟推镜头的效果。

(8)新建图层"音乐",在第 2 帧处添加"I believe"音乐效果。时间轴和舞台效果如图 12-89 所示。

(9)新建图层"文字"和"对话框",在第 44~150 帧,设置淡入、淡出效果。

(10)新建图层"兔子 2",将元件"兔子正面"拖到第 69 帧,创建元件实例,在 128 帧、188 帧处扦入关键帧,设置 Alpha 值由 0%到 100%,再到 0%的变化,以实现镜头的叠化效果。

至此,第二个镜头创作完成了,时间轴和舞台效果如图 12-90 所示。

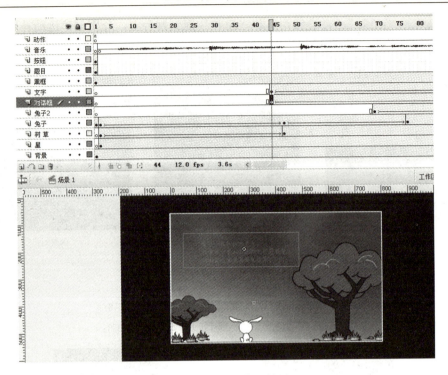

图 12-89 添加音乐效果

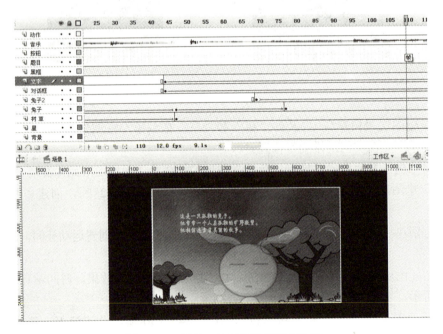

图 12-90 镜头 2 的时间轴和舞台效果

5. 制作镜头 3

(1) 新建场景 2,创建"黑框"图层,将不需要的舞台区域遮盖。

(2) 新建影片剪辑元件"月亮摇",设置运动补间动画,如图 12-91 所示。

第 12 章　Flash 动画的领域应用实例

图 12-91　影片剪辑 "月亮摇"

（3）新建图层 "背景"，设置影片背景。
（4）新建图层 "月亮摇"，将影片剪辑元件 "月亮摇" 拖到第 1 帧。
（5）新建图层 "星星"，将影片剪辑元件 "星星 1" 拖到第 1 帧。
（6）新建图层 "文字"，输入故事文字，更改 Alpha 值，设置淡入效果。
（7）新建图层 "黑场"，在第 74 帧处插入关键帧，绘制一个黑色矩形，并设置不同的 Alpha 值，创建运动补间动画，实现镜头黑场效果。

到此，镜头 3 制作完毕，时间轴和舞台效果如图 12-92 所示。

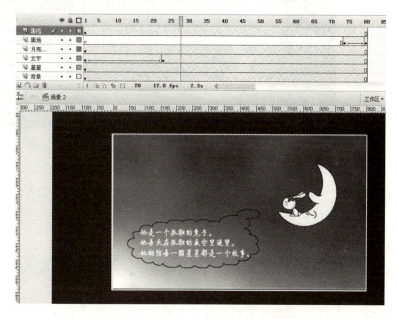

图 12-92　镜头 3 的时间轴和舞台效果

6．制作镜头 4

（1）新建场景 3，创建 "黑框" 图层，将不需要的舞台区域遮盖。

（2）新建图层"背景"，设置蓝色背景。

（3）新建图层"树"，将图形元件"树"拖到第 1 帧，调整位置到舞台左下角。

（4）新建图层"星星"，将影片剪辑元件"星星 1"拖到第 1 帧，调整好位置。

（5）新建图层"月亮摇"，将影片剪辑元件"月亮摇"拖到第 1 帧，调整位置到左舞台左右下角。

（6）新建两个图层"流星 1"和"流星 2"，使用图形元件"星星"，设置运动补间，制作流星划过效果。

（7）新建图层"文字"，输入故事文字，并创建淡入淡出的动画效果。

（8）新建图层"黑场"，在镜头开始和结束部分设置淡入淡出镜头效果。

至此，镜头 4 制作完毕，时间轴和舞台效果如图 12-93 所示。

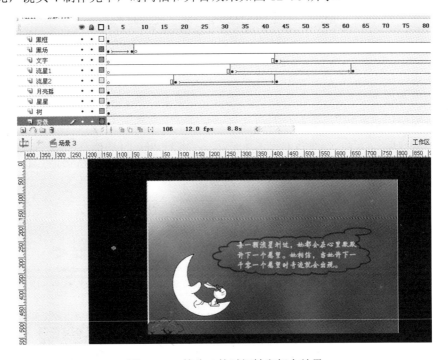

图 12-93　镜头 4 的时间轴和舞台效果

7. 制作镜头 5

（1）新建场景 4，设置"黑框"图层。将不需要的舞台空间遮盖。

（2）新建图层"背景"，设置蓝色背景和黄色土地。

（3）新建图层"草"，将图形元件"草"放置在这一层，按住 Alt 键多复制几个，调节位置。

（4）新建图层"太阳"，将影片剪辑元件"太阳"放置在这一层，调整位置到右上角。

（5）新建图层"文本"，将故事文本放置在这一层，设置淡入淡出效果。

（6）新建图层"兔子"，将影片剪辑元件"兔子跳动"放置在这一层。

至此，镜头 5 制作完毕。时间轴和舞台效果如图 12-94。

第 12 章　Flash 动画的领域应用实例

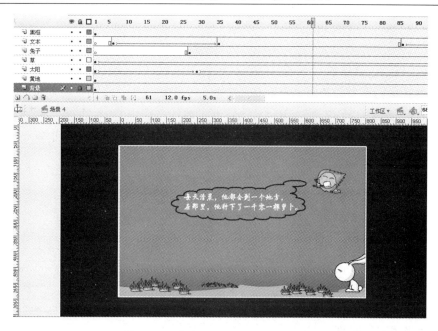

图 12-94　镜头 5 的时间轴和舞台效果

8．制作镜头 6

（1）新建场景 5，新建 "黑框" 图层。将不需要的舞台区域遮盖。

（2）新建几个图层，将 "绿色背景"、"草地"、"菜地"、"太阳"、"兔子侧面" 各元件分别拖到舞台上合适的位置。

至此，镜头 6 制作完毕，时间轴和舞台效果如图 12-95 所示。

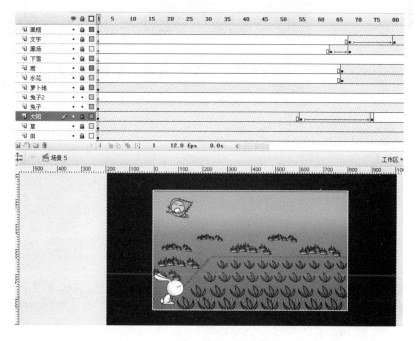

图 12-95　镜头 6 的时间轴和舞台效果

· 317 ·

9. 制作镜头 7

（1）新建图层"雨"和"水花"，在第 65～155 帧之间分别将影片剪辑元件"雨"和"水花"拖到各层创建元件实例，多复制几个元件实例，模拟逼真的下雨效果。

（2）新建图层"文本"，输入故事文字，并创建淡入淡出效果。

（3）新建图层"太阳"，将元件"太阳"拖到舞台创建实例，将其 Alpha 值降低直至消失，设置淡出效果。

至此，镜头 7 制作完毕，时间轴和舞台效果如图 12-96 所示。

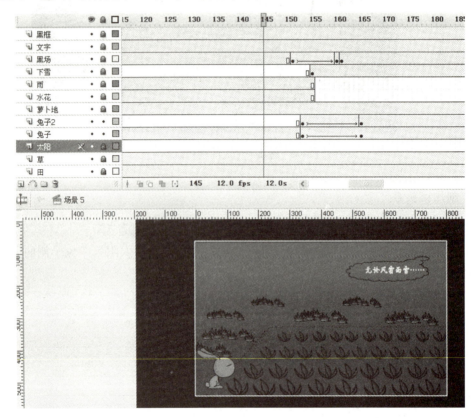

图 12-96　镜头 7 的时间轴和舞台效果

10. 制作镜头 8

（1）新建图层"下雪"，在第 154 帧插入关键帧，将影片剪辑元件"下雪了"拖到舞台上。

（2）新建图层"兔子 2"，在第 150 帧插入关键帧，将图形元件"兔子侧面"拖到舞台上，和图层"兔子"实现叠化效果。

（3）新建"黑场"图层，绘制黑色矩形。在第 150 帧、159 帧、160 帧处扞入关键帧，把黑色矩形的透明度值分别设置为 0%、100%、0%。在第 150～160 帧之间创建运动补间，实现黑场转换效果。在第 242～250 帧之间创建运动补间，实现镜头转换之间的淡入淡出效果。

至此，镜头 8 制作完毕，时间轴和舞台效果如图 12-97 所示。

第 12 章　Flash 动画的领域应用实例

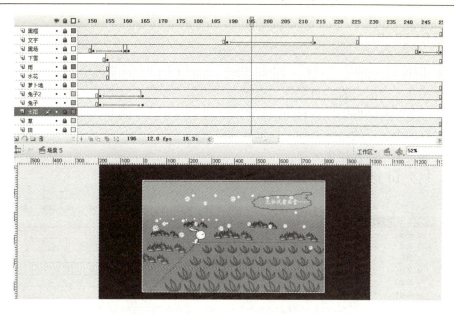

图 12-97　镜头 8 的时间轴和舞台效果

11．制作镜头 9

（1）新建场景 6。新建"黑框"图层，将不需要的舞台空间遮盖。

（2）新建几个图层，将"背景"、"月亮"、"兔子"、"萝卜"、"房子"、"树"、"星空"文本分别放置好位置。

（3）设置文本的淡入淡出效果和镜头结束处的黑场效果。

至此，镜头 9 设置完毕，时间轴和舞台效果如图 12-98 所示。

图 12-98　镜头 9 的时间轴和舞台效果

12. 制作镜头 10

（1）新建场景 7。新建"黑框"图层，将不需要的舞台区域遮盖。

（2）新建几个图层，将"背景"、"星星"、"树"、"草"、"土地"、"月亮"、两只兔子和文本等元件拖至舞台，调整好各自的位置。

（3）设置两个兔子的运动补间，模拟亲吻效果。

（4）设置文字的淡入淡出效果。

至此，镜头 10 制作完毕，时间轴和舞台效果如图 12-99 所示。

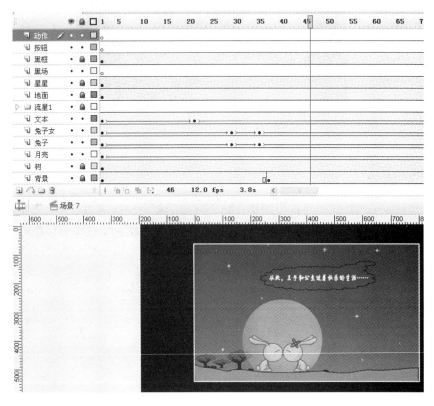

图 12-99 镜头 10 的时间轴和舞台效果

13. 制作镜头 11

（1）新建图层"兔子"，重新设置三个兔子（两只兔子和一只小兔子）的位置。

（2）新建图层"流星"，设置流星雨的位置。

（3）新建图层"月亮"，将月亮缩小，放置在背景的右上角。

（4）新建图层"按钮"，在最后一帧调整按钮元件实例的位置，并设置按钮的动作脚本：

```
on (release) {
gotoAndPlay(2);
}
```

（5）新建图层"动作"，在第 100 帧插入关键帧，扦入动作脚本"stop( );"。

至此，最后一个镜头制作完毕，时间轴和舞台效果如图 12-100 所示。

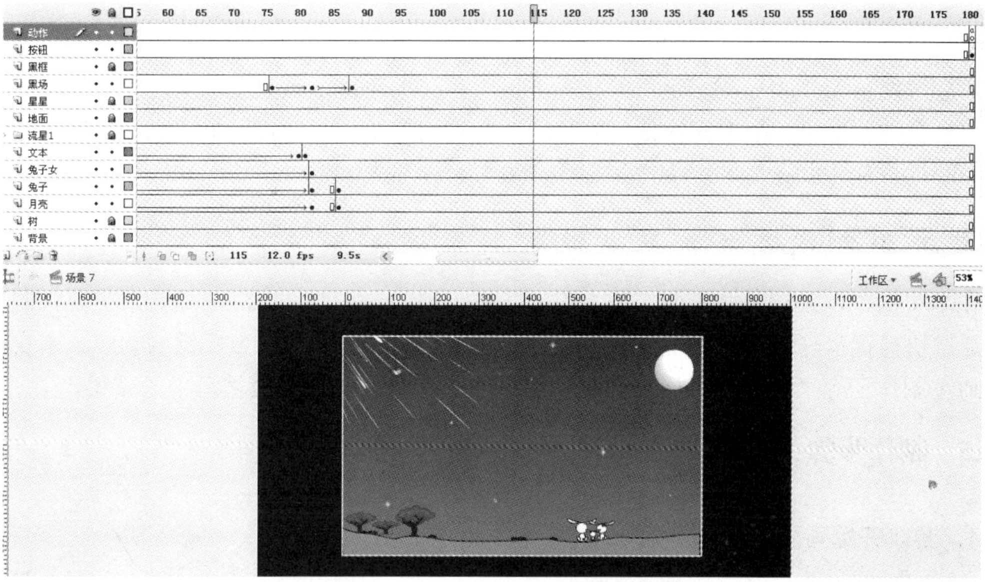

图 12-100　镜头 11 的时间轴和舞台效果

12.6　手机游戏领域应用

近几年来，Flash 动画不仅在网络上广为流传，而且已经逐渐向手机动画领域进军。Falsh 手机游戏文件量小，画面精美，创作风格不拘一格，手段各式各样，主题尽显幽默风趣。

12.6.1　手机游戏规范

手机动画和网络动画有一定的区别，因为手机动画的软件平台目前还有一定的限制。因此在做手机动画时对于动画特效和剧情也有所限制，尽量用最少的画面创造出最好的效果。

同时，手机的操作有一定的限制，按键包含 0~9 个数字键、确认键、返回键快及上下左右键等。在制作 Flash 手机游戏时，除了充分考虑到文件量要小，还要考虑到使用手机按键的操作问题。

另外，因为手机屏幕比较小，游戏界面不要太复杂，一定要简约精致。

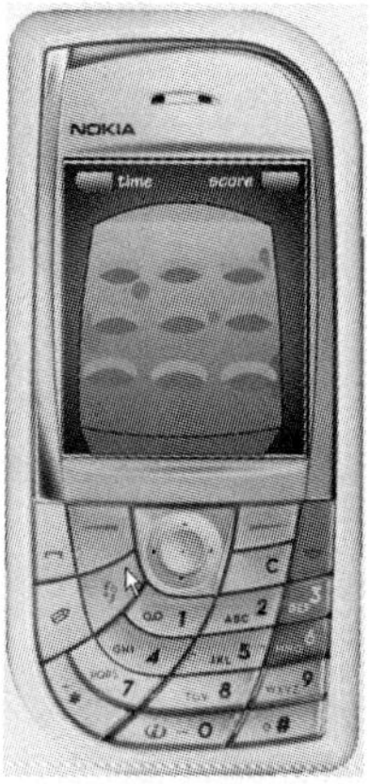

12.6.2　芝麻开门——砸金蛋游戏

项目背景：根据所学的 Flash 动画相关知识和手机游戏规范，创作 Flash 手机游戏"砸金蛋"，效果如图 12-101 所示。

图 12-101　手机游戏截图

项目要求：界面友好，简洁大方，游戏规则简单，操作简易，尽量吸引大众。

12.6.3 创意与构思

"砸金蛋"手机游戏规则简单,通过按手机中的按键 1~9 来敲打不断冒出的金蛋,每打中一个,便可加 1 分,总分为 60 分。手机屏幕左上角显示砸金蛋所用时间。在玩游戏的过程中需要眼明手快,根据完成任务的时间会有不同的结果。游戏结果按照游戏所耗时间分为 0~60 秒、60~80 秒、80~100 秒以及 100 秒以上四种结果。

12.6.4 技术分析

在本实例中,设置了九个洞控制金蛋的随机出现,这需要 random 函数来实现。砸金蛋的要通过快捷键盘输入动作实现,需要 on keypress 来控制 1~9 个数字键的响应。本实例中主要通过制作一个"打动画"影片剪辑实例来模拟金蛋冒出洞以及被砸中的效果。

12.6.5 制作步骤

1. 游戏开始画面的制作

(1)新建 Flash 文档,存储为"砸金蛋.fla"文件。

(2)将"图层 1"改名为"底图",在舞台中绘制一个由绿色到黑色(#000000)的放射状渐变矩形,其大小与舞台相同。

(3)创建新图层"动画元素"。在第一帧输入文字"砸金蛋",在舞台中下方绘制一个从浅黄色到深黄色放射状渐变的金蛋,在舞台下方输入文字"PLAY GAME",如图 12-102 所示。

至此,"砸金蛋"游戏的开始画面制作完成,接下来开始游戏动画的制作。

2. 游戏画面动画的制作

(1)新建图形元件"画面",在舞台中绘制黄色和橙色渐变的矩形。调节矩形的形状,并在矩形上添加深黄色的点缀,如图 12-103 所示。

图 12-102 第 1 帧效果

图 12-103 第 2 帧效果

(2)在"底图"图层的第 2 帧处插入关键帧,将图形元件"画面"拖入该帧。

(3)创建新图层"数字",在第 2 帧处插入空白帧,在舞台左上角和右上角各绘制一个不规则矩形。在左上角插入动态文本框,在"属性"面板中设置"变量"为"time",在文本框右侧输入静态说明文字"time"。在舞台右上角设置动态文本框,在"属性"面板中设置"变量"为"dishu",在文本框左侧输入静态说明文字"score"。

(4)创建一个名称为"打动画"的影片剪辑元件,将图层 1 改名为"洞",在第 1 帧处绘制洞口的形状,在第 6 帧插入普通帧。新建图层"蛋",在第 2 帧和第 5 帧设置运动补间,表现金蛋逐渐出洞的过程,如图 12-104 所示。在第 6 帧插入关键帧,绘制金蛋被砸中的形象如图 12-105 所示。在图层"蛋"上方新建遮罩图层,绘制一个圆形,遮罩洞下方的金蛋。新建图层"标签",将第 1 帧的"帧标签"设置为"keng",在第 5 帧和第 6 帧处插入关键帧,并依次设置"帧标签"为"dan1"和"dan2"。在"标签"图层之上创建图层"action",在第 1 帧和第 5 帧处,分别添加动作脚本"stop();"。

图 12-104　金蛋出洞的时间轴设置　　　　图 12-105　金蛋被砸的时间轴设置

(5)切换到主场景,在"动画元素"图层第 2 帧处插入空白关键帧,将影片剪辑元件"打动画"拖入该帧创建实例,并复制至九个,排列好位置,如图 12-106 所示。

(6)分别选择舞台中的"打动画"元件实例,在"属性"面板中依次设置不同的实例名称,从左到右由上及下依次为"dong1"、"dong2"、…、"dong9"。

(7)在"动画元素"图层第 15 帧处插入空白关键帧,设置该层动画插入到 15 帧处停止。

(8)在"底图"、"数字"图层第 16 帧处插入普通帧,设置动画播放时间为 16 帧。

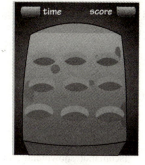

图 12-106　"打动画"实例布局设置

3. 结束画面动画的制作

(1)在"动画元素"图层第 16 帧处插入空白关键帧,在舞台的右上方创建一个动态文本框,设置"变量"名为"pingyu"。

(2)创建按钮元件"重播按钮"。将洞和金蛋的形状复制到舞台中,如图 12-107 所示。

(3)切换到场景 1,在舞台下方输入黑色文字"Reply"。

至此,"砸金蛋"手机游戏的场景内容全部制作完成,接下来开始添加 ActionScript 动作脚本。与其他游戏相比，手机游戏的 ActionScript 动作脚本有所不同，读者在其中要注意学习游戏的执行原理。

4．添加动作脚本

（1）创建按钮元件"按钮"，在舞台中绘制一个黑色矩形，并将"弹起"帧拖曳到"点击"帧处，如图 12-108 所示。

（2）在"动画元素"图层之上创建新图层"按钮"，将按钮元件"按钮"拖曳到舞台中，并调整为正好能覆盖舞台大小。分别在"按钮"图层第 2 帧和第 10 帧处插入关键帧，在第 16 帧处插入空白关键帧。

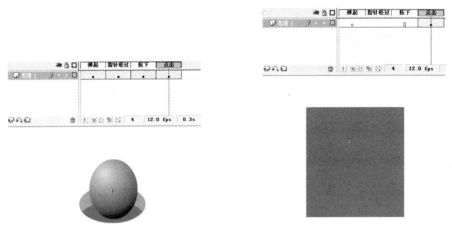

图 12-107　重播按钮　　　　　图 12-108　"按钮"元件

（3）在"按钮"图层之上创建新图层"标签"，并在该层第 2 帧处插入关键帧，设置此帧的"帧标签"为"start"；在第 16 帧处插入关键帧，设置此帧的"帧标签"为"over"。

（4）在"标签"图层之上创建新图层"action"，选择第 1 帧，在"动作"面板中输入如下动作脚本：

```
stop();
dishu=0
zongdishu=60
shengxia=60
time=0
fscomand("allowscale","false");
fscomand("showmenu","false");
fscomand("trapallkeys","false");
```

（5）在"action"图层第 2 帧处插入关键帧，在"动作"面板中输入如下动作脚本：

```
if(shengxia<=0){
gotoAndStop("over");
}
```

（6）在"标签"图层第 10 帧处插入关键帧，在"动作"面板中输入如下动作脚本：

```
a=random(9);
if(a= =0){
dong1ture=1;
```

```
    dong1.gotoAndPlay(2);
} else if (a= =1) {
    dong2ture=1;
    dong2.gotoAndPlay(2);
} else if (a= =2) {
    dong3ture=1;
    dong3.gotoAndPlay(2);
} else if (a= =3) {
    dong4ture=1;
    dong4.gotoAndPlay(2);
} else if (a= =4) {
    dong5ture=1;
    dong5.gotoAndPlay(2);
} else if (a= =5) {
    dong6ture=1;
    dong6.gotoAndPlay(2);
} else if (a= =6) {
    dong7ture=1;
    dong7.gotoAndPlay(2);
} else if (a= =7) {
    dong8ture=1;
    dong8.gotoAndPlay(2);
} else if (a= =8) {
    dong9ture=1;
    dong9.gotoAndPlay(2);
}
```

（7）在"标签"图层第 15 帧处插入关键帧，在"动作"面板中输入如下动作脚本：

```
time++;
if (a= =0) {
dong1ture=0
dong1.gotoAndStop(1);
} else if (a= =1) {
    dong2ture=0
dong2.gotoAndStop(1);
} else if (a= =2) {
    dong3ture=0
dong3.gotoAndStop(1);
} else if (a= =3) {
    dong4ture=0
dong4.gotoAndStop(1);
} else if (a= =4) {
    dong5ture=0
dong5.gotoAndStop(1);
} else if (a= =5) {
    dong6ture=0
dong6.gotoAndStop(1);
} else if (a= =6) {
    dong7ture=0
dong7.gotoAndStop(1);
} else if (a= =7) {
```

```
        dong8ture=0
dong8.gotoAndStop(1);
} else if (a= =8) {
        dong9ture=0
dong9.gotoAndStop(1);
}
gotoAndPlay("start");
```

（8）在"标签"图层第 16 帧处插入关键帧，在"动作"面板中输入如下动作脚本：

```
if (time<=60) {
pingyu = "干得好！完胜！"
}else if (time<=80&&time>=61) {
pingyu = "不错！向完胜努力！"
}else if (time<=100&&time>=81) {
pingyu = "继续努力！"
}else {
pingyu = "失败！多努力！"
}
```

（9）在舞台上选择第 1 帧处的"按钮"实例，在"动作"面板中输入如下动作脚本：

```
On (Keypress "<Enter>"){
Play();
Dong1true = 0
Dong2true = 0
Dong3true = 0
Dong4true = 0
Dong5true = 0
Dong6true = 0
Dong7true = 0
Dong8true = 0
Dong9true = 0
}
```

（10）在舞台上选择第 2 帧处的"按钮"实例，在"动作"面板中输入如下动作脚本：

```
on (keyPress "1") {
if (dong1ture= =1){
   dishu++;
   shengxia-=1;
   dong1.gotoAndPlay("dan2");
}
}
on (keyPress "2") {
if (dong2ture= =1){
   dishu++;
   shengxia-=1;
   dong2.gotoAndPlay("dan2");
}
}
on (keyPress "3") {
if (dong3ture= =1){
```

```
            dishu++;
            shengxia-=1;
            dong3.gotoAndPlay("dan2");
        }
    }
    on (keyPress "4") {
        if (dong4ture==1){
            dishu++;
            shengxia-=1;
            dong4.gotoAndPlay("dan2");
        }
    }
    on (keyPress "5") {
        if (dong5ture==1){
            dishu++;
            shengxia-=1;
            dong5.gotoAndPlay("dan2");
        }
    }
    on (keyPress "6") {
        if (dong6ture==1){
            dishu++;
            shengxia-=1;
            dong6.gotoAndPlay("dan2");
        }
    }
    on (keyPress "7") {
        if (dong7ture==1){
            dishu++;
            shengxia-=1;
            dong7.gotoAndPlay("dan2");
        }
    }
    on (keyPress "8") {
        if (dong8ture==1){
            dishu++;
            shengxia-=1;
            dong8.gotoAndPlay("dan2");
        }
    }
    on (keyPress "9") {
        if (dong9ture==1){
            dishu++;
            shengxia-=1;
            dong9.gotoAndPlay("dan2");
        }
    }
```

（11）在舞台上选择第 10 帧处的"按钮"实例，在"动作"面板中输入如下动作脚本：

```
    on (keyPress "1") {
        if (dong1ture==1){
```

```
        dishu++;
        shengxia-=1;
        dong1.gotoAndPlay("dan2");
    }
}
on (keyPress "2") {
    if (dong2ture= =1){
        dishu++;
        shengxia-=1;
        dong2.gotoAndPlay("dan2");
    }
}
on (keyPress "3") {
    if (dong3ture= =1){
        dishu++;
        shengxia-=1;
        dong3.gotoAndPlay("dan2");
    }
}
on (keyPress "4") {
    if (dong4ture= =1){
        dishu++;
        shengxia-=1;
        dong4.gotoAndPlay("dan2");
    }
}
on (keyPress "5") {
    if (dong5ture= =1){
        dishu++;
        shengxia-=1;
        dong5.gotoAndPlay("dan2");
    }
}
on (keyPress "6") {
    if (dong6ture= =1){
        dishu++;
        shengxia-=1;
        dong6.gotoAndPlay("dan2");
    }
}
on (keyPress "7") {
    if (dong7ture= =1){
        dishu++;
        shengxia-=1;
        dong7.gotoAndPlay("dan2");
    }
}
on (keyPress "8") {
    if (dong8ture= =1){
        dishu++;
        shengxia-=1;
        dong8.gotoAndPlay("dan2");
```

```
      }
    }
    on (keyPress "9") {
    if (dong9ture= =1){
        dishu++;
        shengxia-=1;
        dong9.gotoAndPlay("dan2");
      }
    }
```

(12) 在舞台上选择第 15 帧处的"按钮"实例,在"动作"面板中输入如下动作脚本:

```
on (keyPress "<Enter>") {
gotoAndPlay(1);
}
```

5.发布动画

(1) 执行"文件"→"发布设置"命令,弹出"发布设置"对话框,单击"Flash"选项卡,选择"版本"为"Flash Lite 1.0",其他选项都选择默认值。

(2) 按 Ctrl+Enter 快捷键弹出对话框,如图 12-109 所示,在"swf"选项中选择"设备设置",弹出"设备设置"对话框,如图 12-110 所示。

图 12-109 选择"设备设置"　　　　图 12-110 "设备设置"对话框

(3) 在"设备设置"对话框中,可以选择设备类型为"Nokia"中的"Nokia7610",单击对话框中间的"增加"按钮,在右侧的"测试设备"栏中增加设备。单击 确定 按钮,弹出如图 12-111 所示的测试界面,进行游戏测试。

图 12-111 测试界面

参 考 文 献

[1]　王智强 编著.Flash CS3 动画设计完全攻略.北京：中国电力出版社,2008
[2]　览众，陈琳，潘晓青 等编著.Flash CS3 视觉艺术完美表现.北京：中国水利水电出版社,2008
[3]　新视角文化行 编著．Flash CS3 动画制作实践从入门到精通.北京：人民邮电出版社,2008
[4]　魏敏，张卫红 编著．Flash 动漫设计基础.武汉：武汉大学出版社,2008
[5]　卓越科技 编著.Flash CS3 动画设计百练成精.北京：电子工业出版社,2009
[6]　蔡朝晖 编著.Flash CS3 商业应用实践.北京：清华大学出版社,2008
[7]　智丰工作室，邓文达，宋旸 编著．精通 Flash 动画设计-运动规律与动作实现.北京：人民邮电出版社，2009
[8]　王璞 主编．中文 Flash CS3 动画制作教程.西安：西北工业大学.2008
[9]　王太冲 宋映红 编著.Flash MX 入门与提高.北京清华大学出版社,2002
[0]　曾帅，代华，严欣荣 等编著.Flash CS3 从入门到精通.北京：清华大学出版社,2008
[11]　俞欣，洪光 编著.Flash CS3 动画制作案例教程.北京：北京大学出版社,2009
[12]　肖刚编著.Flash 游戏编程教程.北京：清华大学出版社,2009
[13]　汪端，海雷编著.Flash MX 2004 入门必做练习 60 例.北京：清华大学出版社,2004
[14]　詹建新，孔欣 主编.Flash 动画设计技术.北京：清华大学出版社 2009
[15]　谭小慧、韩红梅 主编.Flash 8 动画基础案例教程.北京：清华大学出版社,2009